大学计算机应用基础

主　编　邓永生　陈　敏

副主编　郑殿君　彭光彬　张永志

　　　　张　丹　柯圣腾　杨　力

U0190653

重庆大学出版社

内容提要

"大学计算机应用基础"是根据教育部高等学校大学计算机基础课程教学分委员会《关于进一步加强高等学校计算机基础教学的意见》中对"大学计算机基础"课程的教学要求及新形势下高校学生计算机基础课程的教学现状编写而成的。全书共 9 个项目,主要内容包括计算机基础知识、Windows 7 操作系统、Word 文字处理、Excel 表格处理、PowerPoint 演示文稿制作、数据库技术基础、计算机网络基本知识、多媒体技术基础及信息安全与防护等的使用。

本书既可作为计算机基础课程教材,也适用于成人教育及自学教材,还可作为计算机爱好者学习基础理论和操作能力的辅导书。

图书在版编目(CIP)数据

大学计算机应用基础 / 邓永生,陈敏主编. -- 重庆:
重庆大学出版社,2020.8
ISBN 978-7-5689-2281-4

Ⅰ.①大… Ⅱ.①邓… ②陈… Ⅲ.①电子计算机—
高等学校—教材 Ⅳ.①TP3

中国版本图书馆 CIP 数据核字(2020)第 112604 号

大学计算机应用基础

主 编 邓永生 陈 敏
副主编 郑殿君 彭光彬 张永志
        张 丹 柯圣腾 杨 力
策划编辑:王晓蓉
责任编辑:王晓蓉 姜 凤 版式设计:王晓蓉
责任校对:谢 芳 责任印制:赵 晟
*
重庆大学出版社出版发行
出版人:饶帮华
社址:重庆市沙坪坝区大学城西路 21 号
邮编:401331
电话:(023) 88617190 88617185(中小学)
传真:(023) 88617186 88617166
网址:http://www.cqup.com.cn
邮箱:fxk@cqup.com.cn(营销中心)
全国新华书店经销
重庆华林天美印务有限公司印刷
*
开本:787mm×1092mm 1/16 印张:20 字数:476 千
2020 年 8 月第 1 版 2020 年 8 月第 1 次印刷
印数:1—5 000
ISBN 978-7-5689-2281-4 定价:49.00 元

编委会

主　编：邓永生　重庆机电职业技术大学

　　　　陈　敏　重庆机电职业技术大学

副主编：郑殿君　重庆机电职业技术大学

　　　　彭光彬　重庆机电职业技术大学

　　　　张永志　重庆机电职业技术大学

　　　　张　丹　重庆机电职业技术大学

　　　　柯圣腾　无锡中兴教育管理有限公司

　　　　杨　力　重庆聚力创智科技有限公司

参　编：余　上　重庆机电职业技术大学

　　　　陈　垦　重庆聚力创智科技有限公司

前言

　　随着信息技术的飞速发展，计算机及网络应用已经广泛渗透到人们生活的各个方面，计算机技术正在改变着人们的工作、学习和生活方式，掌握计算机技术并具备良好的信息技术素养已成为培养高素质技能型人才的重要组成部分。目前高校的计算机基础教育步入了一个新的发展阶段，各专业对学生的计算机应用能力提出了更高的要求，为了适应当前高等教育教学改革的需要，满足大学计算机应用基础课程教学的需求，我们组织了多年在教学一线从事计算机课程教学和教育研究的教师，编写了这本《大学计算机应用基础》教材。

　　本书以教育部高等学校大学计算机课程教学指导委员会编制的《大学计算机基础课程教学基本要求》为编写依据，参照最新《全国计算机等级考试MS Office 考试大纲》，在编写过程中，集合学校和企业力量，将长期积累的教学经验和企业办公需求融入知识系统的各个部分，注重知识性和应用性的结合。

　　本书遵循"理论够用、重在应用"的指导思想，将知识点融入实例中，讲解细致，操作简单，内容丰富、实用，图文并茂，实践性强。本书最大的特色是紧扣最新考试大纲，按考试大纲落实章节分布。其次，为了巩固学生的学习成果，每一章均附有课后训练项目及练习题，以期激发学生的学习兴趣，并使学生获得能力的提高。

本书由重庆机电职业技术大学信息工程学院计算机基础教研室与校企合作单位共同编写，全书共分 9 个项目，其中项目一由余上编写，项目二由彭光彬编写，项目三由邓永生编写，项目四由郑殿君编写，项目五由张永志编写，项目六由陈敏编写，项目七由张丹编写，项目八由陈垦编写，项目九由柯圣腾编写。邓永生负责本书的策划、统稿、审阅和排版。学院院长张旭东教授、教务处处长江信鸿副教授给予大力指导和支持。

由于编者水平有限，书中难免有不足或疏漏之处，恳请读者批评指正。

编　者

2020 年 6 月

目录

项目一　计算机基础知识

计算机的应用已遍及生产、管理、科研、教育、生活等领域,成为现代化建设的重要技术支柱,也是"互联网+"时代知识结构和智能结构中不可缺少的重要部分。了解计算机的发展历程、计算机的组成结构,熟悉计算机的运行机制,是学好计算机并具备良好信息技术素养的重要基础。

知识目标

◆　了解计算机的发展、特点、分类及应用;
◆　掌握计算机系统的组成;
◆　掌握计算机中信息的表示方式;
◆　掌握不同数制之间的转换;
◆　了解程序设计的概念;
◆　了解计算机的工作原理。

技能目标

◆　熟悉影响计算机性能的因素并能组装计算机;
◆　熟练运用"模2取余""乘2取整"的方法进行十进制与二进制之间的转换;
◆　熟练运用正确的方法实现文字录入。

任务一　计算机概述

一、任务描述

刚刚加入计算机协会的小张,受协会主管安排,整理一份计算机硬件的普及资料,小张按照计算机的发展、特点、分类及应用领域进行归类整理,操作如下:

二、任务实施

1.计算机的发展

计算机从诞生至今可分为4个阶段,也称为4个时代,即电子管时代、晶体管时代、中小规模集成电路时代和大规模集成电路时代。

（1）第一代：电子管计算机（1945—1956年）

1946年2月14日，标志现代计算机诞生的ENIAC（Electronic Numerical Integrator and Computer）在美国费城公之于世。ENIAC由美国政府和宾夕法尼亚大学合作开发，使用了18 000个电子管，70 000个电阻器，有500万个焊接点，耗电160 kW，重30 t，占地150 m^2，其运算速度比Mark Ⅰ快1 000倍，ENIAC是第一台普通用途计算机，如图1-1所示。

图1-1　1946年世界上第一台电子计算机ENIAC诞生

第一代计算机的特点：操作指令是为特定任务而编制的，每种机器有各自不同的机器语言，功能受到限制，速度较慢；另一个明显的特征：使用真空电子管和磁鼓存储数据。

（2）第二代：晶体管计算机（1956—1963年）

1956年，晶体管和磁芯存储器管在计算机中使用，导致了第二代计算机的产生。第二代计算机体积小、速度快、功耗低、性能稳定。首先使用晶体管技术的是早期的超级计算机，主要用于原子科学的大量数据处理，这些机器价格昂贵，生产数量极少。1960年，出现了用于商业领域、大学和政府部门的第二代计算机，还有现代计算机的一些部件：打印机、磁带、磁盘、内存、操作系统等。计算机中储存的程序使得计算机有很好的适应性，可以有效地用于商业用途。在这一时期出现了更高级的COBOL和FORTRAN等语言，以单词、语句和数学公式代替了含混的二进制机器码，使计算机编程更容易。新的职业（程序员、分析员和计算机系统专家）和整个软件产业由此诞生。

（3）第三代：中小规模集成电路计算机（1964—1971年）

虽然晶体管比起电子管是一个明显的进步，但晶体管还是产生了大量的热量，这会损坏计算机内部的敏感元件。1958年，德州仪器的工程师Jack Kilby发明了集成电路IC，将3种电子元件结合到一片小小的硅片上。之后，科学家将更多的元件集成到单一的半导体芯片上。于是，计算机变得更小，功耗更低，速度更快。这一时期的发展还包括使用了操作系统，使得计算机在中心程序的控制协调下可以同时运行许多不同的程序。

（4）第四代：大规模集成电路计算机（1971年至今）

大规模集成电路（Large Scale Integration，LSI），可以在一个芯片上容纳几百个元件。到了20世纪80年代，超大规模集成电路（Very Large Scale Integration，VLSI）在芯片上容纳了几十万个元件，后来的ULSI将数字扩充到百万级。可以在硬币大小的芯片上容纳如此数量的元件使得计算机的体积和价格不断下降，而功能和可靠性不断增强。

1981 年,IBM 推出个人计算机用于家庭、办公室和学校。20 世纪 80 年代,个人计算机的竞争使得价格不断下跌,微机的拥有量不断增加,计算机继续缩小体积,从桌上到膝上再到掌上。与 IBM PC 竞争的 Apple Macintosh 系统于 1984 年推出 Macintosh,提供了友好的图形界面,用户可以用鼠标方便地进行操作。

对计算机发展的几个阶段,简要归纳于表 1-1。

表 1-1　计算机发展的 4 个阶段

发展阶段	起止年代	主要元件	主要元件图例	速度 /(次·s^{-1})	特点与应用领域
第一代	20 世纪 40 年代末至 50 年代末	电子管		5 000~10 000	体积巨大,运算速度较低,耗电量大,存储容量小,主要用来进行科学计算
第二代	20 世纪 50 年代末至 60 年代末	晶体管		几万至几十万	体积减小,耗电较小,运算速度较高,价格下降,不仅用于科学计算,还用于数据处理和事务管理,并逐渐用于工业控制
第三代	20 世纪 60 年代中期至 60 年代末	中、小规模集成电路		几十万至几百万	体积、功耗进一步减小,可靠性及速度进一步提高,应用领域进一步拓展到文字处理、企业管理、自动控制、城市交通管理等方面
第四代	20 世纪 70 年代初开始	大规模和超大规模集成电路		几千万至千百亿	性能大幅度提高,价格大幅度下降,广泛应用于各个领域,进入办公室和家庭。在办公自动化、电子编辑排版、数据库管理、图像识别、语音识别、专家系统等领域大显身手

2.计算机的特点

（1）快速的运算能力

电子计算机的工作基于电子脉冲电路原理，由电子线路构成其各个功能部件，其中电场的传播扮演主要角色。我们知道电磁场传播的速度是很快的，现在高性能计算机每秒能进行几百亿次以上的加法运算。

运算速度是指计算机每秒能执行多少条指令，常用的单位是 MIPS，即每秒能执行多少百万条指令。例如，主频为 2 GHz 的处理器的运算速度是 4 000 MIPS，即每秒 40 亿次。

（2）足够高的计算精度

电子计算机的计算精度在理论上不受限制，一般的计算机均能达到 15 位有效数字，通过一定的技术手段，可以实现任何精度要求。著名数学家挈依列曾经为计算圆周率 π 整整花了 15 年的时间，才算到小数点后第 707 位。现在将这件事交给计算机做，几个小时内就可计算到小数点后 10 万位。

（3）超强的记忆能力

计算机中有许多存储单元，用以"记忆"信息。内部"记忆"能力是电子计算机和其他计算工具的一个重要区别。由于具有内部"记忆"信息的能力，在运算过程中就可以不必每次都从外部去取数据，而只需事先将数据输入内部的存储单元中，运算时直接从存储单元中获得数据，从而大大提高运算速度。计算机存储器的容量可以做得很大，而且它的"记忆力"特别强。

（4）复杂的逻辑判断能力

人的思维能力本质上是一种逻辑判断能力，也可以说是因果关系分析能力。借助于逻辑运算，可以让计算机作出逻辑判断，分析命题是否成立，并可根据命题成立与否作出相应的对策。例如，数学中有个"四色问题"，说的是不论多么复杂的地图，要使相邻区域颜色不同，最多只需 4 种颜色就足够了。100 多年来，不少数学家一直想去证明它或者推翻它，却一直没有结果，这一问题成了数学中著名的难题。1976 年，两位美国数学家使用计算机进行了非常复杂的逻辑推理，验证了这个著名的猜想。

（5）按程序自动工作的能力

一般的机器是由人控制的，人给机器一个指令，机器就完成一个操作。计算机的操作也是受人控制的，但由于计算机具有内部存储能力，可将指令事先输入计算机存储起来，在计算机开始工作后，从存储单元中依次去取指令，用来控制计算机的操作，从而使人们不必干预计算机的工作，实现操作自动化，这种工作方式称为程序控制方式。

3.计算机的分类

（1）按信息的表示方式分类

• 数模混合计算机：综合了数字和模拟两种计算机的长处设计出来的，它既能处理数字量，也能处理模拟量，但这种计算机结构复杂、设计困难。

• 模拟计算机：用连续变化的模拟量即电压来表示信息，其基本运算部件是由运算放大器构成的微分器、积分器、通用函数运算器等运算电路组成的。模拟式电子计算机解题速度快,但精度不高、信息不易存储、通用性差,它一般用于解微分方程或自动控制系统设计中的参数模拟。

● 数字计算机:用不连续的数字量(即"0"和"1")来表示信息,其基本运算部件是数字逻辑电路。数字式电子计算机的精度高、存储量大、通用性强,能胜任科学计算、信息处理、实时控制、智能模拟等方面的工作。人们通常所说的计算机就是指数字式电子计算机。

(2)按应用范围分类

● 专用计算机:为解决一个或一类特定问题而设计的计算机。其硬件和软件的配置依据特定问题的需要而定,并不求全。专用计算机功能单一,配有解决特定问题的固定程序,能高速、可靠地解决特定问题。一般在过程控制中使用。

● 通用计算机:为解决各种问题而设计的、具有较强的通用性,有一定的运算速度和存储容量,带有通用的外部设备,配备各种系统软件和应用软件。一般的数字式电子计算机多属此类。

(3)按规模和处理能力分类

● 巨型机:通常是指最大、最快、最贵的计算机。巨型机一般用在国防和尖端科学领域,如战略武器(如核武器和反导弹武器)的设计、空间技术、石油勘探、长期天气预报以及社会模拟领域。世界上只有少数几个国家能生产巨型机,著名的巨型机如美国的克雷系列,我国自行研制的银河-Ⅰ(每秒运算1亿次以上)、银河-Ⅱ(每秒运算10亿次以上)和银河-Ⅲ(每秒运算100亿次以上)也都是巨型机。当今世界上运行速度最快的巨型机已达到每秒万亿次浮点运算。图1-2为中国自行研制的银河-Ⅲ巨型机。

图1-2 中国自行研制的
银河-Ⅲ巨型机

● 大型机:包括通常所说的大、中型计算机。它是在微型机出现之前最主要的计算机模式,即把大型主机放在计算中心的机房中,用户要上机就必须去计算中心的终端上工作。大型机经历了批处理阶段、分时处理阶段,最后进入了分散处理与集中管理的阶段。

● 小型机:由于大型机价格昂贵,操作复杂,只适用于大型企业和单位。在集成电路的推动下,20世纪60年代,DEC推出了一系列小型机,如PDP-11系列、VAX-11系列,HP-1000、3000系列;美国DEC公司生产的VAX系列机、IBM公司生产的AS/400系列机,以及我国生产的太极系列机都是小型计算机的代表。小型计算机一般为中小型企事业单位或某一部门所用,例如,高等院校的计算机中心都以一台小型机为主机,配以几十台甚至上百台终端机,以满足大量学生学习的需要。当然小型机的运算速度和存储容量都比不上大型机。

● 微型机:PC机的特点是轻、小、价廉、易用。PC机使用的CPU芯片平均每两年集成度增加一倍,处理速度提高一倍,价格却降低一半。随着芯片性能的提高,PC机的功能越来越强大。今天,PC机的应用已普及到各个领域:从工厂的生产控制到政府的办公自动化,从商店的数据处理到个人的学习娱乐,几乎无处不在、无所不用。目前,PC机占整个计算机装机量的95%以上。

图1-3　联想公司制造的工作站类型计算机

● 工作站:介于个人计算机(PC机)和小型机之间的一种高档微型机。通常配有高档CPU、高分辨率的大屏幕显示器和大容量的内外存储器,具有较强的数据处理能力和高性能的图形功能。它主要用于图像处理、计算机辅助设计(CAD)等领域。一般工作站如图1-3所示。

● 服务器:随着计算机网络的日益推广和普及,一种可供网络用户共享的、高性能的计算机应运而生,这就是服务器。服务器一般具有大容量的存储设备和丰富的外部设备,运行网络操作系统,要求较高的运行速度,对此很多服务器都配置双CPU。在服务器上的资源可供网络用户共享。

4.计算机的应用领域

计算机的应用领域已渗透社会的各行各业,从科研、生产、教育、卫生到家庭生活,几乎无所不在。

(1)科学计算(或数值计算)

科学计算是指利用计算机来完成科学研究和工程技术中提出的数学问题的计算。在现代科学技术工作中,科学计算问题是大量的和复杂的。利用计算机的高速计算、大存储容量和连续运算的能力,可以实现人工无法解决的各种科学计算问题。例如,建筑设计中为了确定构件尺寸,通过弹性力学导出一系列复杂方程,长期以来,由于计算方法跟不上而一直无法求解,计算机不但能求解这类方程,还引起了弹性理论上的一次突破。

(2)数据处理(或信息处理)

数据处理是指对各种数据进行收集、存储、整理、分类、统计、加工、利用、传播等一系列活动的统称。数据处理从简单到复杂已经历了3个发展阶段。

● 电子数据处理:以文件系统为手段,实现一个部门内的单项管理。

● 管理信息系统:以数据库技术为工具,实现一个部门的全面管理,从而提高工作效率。

● 决策支持系统:以数据库、模型库和方法库为基础,帮助管理决策者提高决策水平,提高运营策略的正确性与有效性。

目前,数据处理已广泛应用于办公自动化、企事业计算机辅助管理与决策、情报检索、图书管理、电影电视动画设计、会计电算化等各行各业。

(3)辅助技术(或计算机辅助设计与制造)

● 计算机辅助设计(Computer Aided Design,CAD):利用计算机系统辅助设计人员进行工程或产品设计,以达到最佳设计效果的一种技术,广泛应用于飞机、汽车、机械、电子、建筑和轻工等领域。例如,在电子计算机的设计过程中,利用CAD技术进行体系结构模拟、逻辑模拟、插件划分、自动布线等,从而大大提高了设计工作的自动化程度。

● 计算机辅助制造(Computer Aided Manufacturing,CAM):利用计算机系统进行生产设备的管理、控制和操作的过程。例如,在产品的制造过程中,用计算机控制机器的运行、处理生产过程中所需的数据、控制和处理材料的流动以及对产品进行检测等。使用 CAM 技术可以提高产品质量、降低成本、缩短生产周期、提高生产率和改善劳动条件。

> **知识拓展**
>
> 　　集成 CAD 和 CAM 技术,实现设计生产自动化,这种技术被称为计算机集成制造系统(Computer Integrated Manufacturing System,CIMS)。它的实现将真正做到无人化工厂(或车间)。

　　●计算机辅助教学(Computer Aided Instruction,CAI):利用计算机系统使用课件来进行教学。课件可以用制作工具或高级语言来开发制作,它能引导学生循序渐进地学习,使学生轻松自如地从课件中学到所需的知识。CAI 的主要特色是交互教育、个别指导和因材施教。

　　(4)过程控制(或实时控制)

　　过程控制是利用计算机及时采集检测数据,按最优值迅速地对控制对象进行自动调节或自动控制。采用计算机进行过程控制,不仅可以大大提高控制的自动化水平,还可提高控制的及时性和准确性,从而改善劳动条件、提高产品质量及合格率。因此,计算机过程控制已在机械、冶金、石油、化工、纺织、水电、航天等部门得到广泛应用。例如,在汽车工业方面,利用计算机控制机床及整个装配流水线,不仅可以实现精度要求高、形状复杂的零件加工自动化,还可以使整个车间或工厂实现自动化。

　　(5)人工智能(或智能模拟)

　　人工智能是利用计算机模拟人类的智能活动的技术,诸如感知、判断、理解、学习、问题求解和图像识别等。目前人工智能的研究已取得不少成果,有些已开始走向实用阶段。例如,能模拟高水平医学专家进行疾病诊疗的专家系统,具有一定思维能力的智能机器人等。

　　(6)网络应用

　　计算机技术与现代通信技术的结合构成了计算机网络。计算机网络的建立,不仅实现了一个单位、一个地区、一个国家中计算机与计算机之间的通信,各种软、硬件资源的共享,也大大促进了国际间的文字、图像、视频和声音等各类数据的传输与处理。

任务二　计算机中的信息表示方法

一、任务描述

　　小张在做计算机练习题时,发现计算机数据表示有很多形式,数值表示有二进制、八进制、十进制和十六进制,这些进制之间有什么关联,在实际应用中应如何处理和转换?

二、任务实施

　　计算机存储的信息包括数值数据和非数值数据两种,各种信息最终都是以二进制编码的形式存在的,即都是以 0 和 1 组成的二进制代码表示的。

1.计算机中常用数制以及数制之间的转换

在人类历史发展的长河中,先后出现过多种不同的记数方法,其中有一些沿用至今,如十进制和十六进制。

(1)进位计数制和非进位计数制

①进位计数制及其特点。

进位计数制的特点:表示数值大小的数码与它在数中所处的位置有关。

例如,十进制数 321.68,数码 3 处于百位上,代表 $3×10^2=300$,即 3 所处的位置具有 10^2 权;1 代表 $1×10^0=1$;而最低位 8 处于小数点后第二位,代表 $8×10^{-2}=0.08$。

②非进位计数制及其特点。

非进位计数制的特点:表示数值大小的数码与它在数中所处的位置无关。

典型的非进位计数制是罗马数字。例如,在罗马数字中,Ⅰ 总是代表 1,Ⅱ 总是代表 2,Ⅲ 总是代表 3,Ⅳ 总是代表 4,Ⅴ 总是代表 5 等。非进位计数制表示数据不便、运算困难,现已基本不用。

如上所述,数据用少量的数字符号按先后位置排列成数位,并按照由低到高的进位方式进行计数,通常将这种表示数的方法称为进位计数制。

在进位计数制中,每种数制都包含两个基本要素,即基数和位权。

● 基数:计数制中所用到的数字符号的个数。例如,十进制的基数为 10。

● 位权:一个数字符号处在某个位上所代表的数值是其本身的数值乘上所处数位的一个固定常数,这个不同数位的固定常数称为位权或权值。

(2)计算机科学中的常用数制

在计算机科学中,常用的数制是十进制、二进制、八进制、十六进制 4 种。

人们习惯于采用十进位计数制,简称十进制。但是由于技术上的原因,计算机内部一律采用二进制表示数据,而在编程中又经常使用十进制,有时为了表述上的方便还会使用八进制或十六进制。因此,了解不同计数制及其相互转换是非常必要的。

①十进制数及其特点。

十进制数(Decimal notation)的基本特点是基数为 10,用 10 个数码 0、1、2、3、4、5、6、7、8、9 来表示,且逢十进一。因此,对于一个十进制数而言,各位的位权是以 10 为底的幂。

例如,十进制数 $(3\ 826.59)_{10}$ 可以表示为:

$$(3\ 826.59)_{10}=3×10^3+8×10^2+2×10^1+6×10^0+5×10^{-1}+9×10^{-2}$$

②二进制数及其特点。

二进制数(Binary notation)的基本特点是基数为 2,用两个数码 0、1 来表示,且逢二进一。因此,对于一个二进制数而言,各位的位权是以 2 为底的幂。

例如,二进制数 $(101.011)_2$ 可以表示为:

$$(101.011)_2=1×2^2+0×2^1+1×2^0+0×2^{-1}+1×2^{-2}+1×2^{-3}$$

③八进制数及其特点。

八进制数(Octal notation)的基本特点是基数为 8,用 8 个数码 0、1、2、3、4、5、6、7 来表

示,且逢八进一。因此,对于一个八进制数而言,各位的位权是以 8 为底的幂。

例如,八进制数(53.17)$_8$可以表示为:

$$(53.17)_8 = 5 \times 8^1 + 3 \times 8^0 + 1 \times 8^{-1} + 7 \times 8^{-2}$$

④十六进制数及其特点。

十六进制数(Hexadecimal notation)的基本特点是基数为 16,用 16 个数码 0、1、2、3、4、5、6、7、8、9、A、B、C、D、E、F 来表示,且逢十六进一。因此,对于一个十六进制数而言,各位的位权是以 16 为底的幂。

例如,十六进制数(6D.B3)$_{16}$可以表示为:

$$(6D.B3)_{16} = 6 \times 16^1 + D \times 16^0 + B \times 16^{-1} + 3 \times 16^{-2}$$

⑤R 进制数及其特点。

扩展到一般形式,一个 R 进制数,基数为 R,用 0、1、…、R−1 共 R 个数字符号来表示,且逢 R 进一,因此,对于一个 R 进制数而言,各位的位权是以 R 为底的幂。

一个 R 进制数的按位权展开式为:

$$(N)_R = k_n \times R^n + k_{n-1} \times R^{n-1} + \cdots + k_0 \times R^0 + k_{-1} \times R^{-1} + k_{-2} \times R^{-2} + \cdots + k_{-m} \times R^{-m}$$

本书中,当各种计数制同时出现时,用下标加以区别。也有人根据其英文的缩写,将(3 826.59)$_{10}$表示为 3 826.59D,将(101.011)$_2$、(53.17)$_8$、(6D.B3)$_{16}$分别表示为 101.011B、53.17O、6D.B3H。

(3)计算机中为什么要用二进制

在日常生活中,人们并不经常使用二进制,因为它不符合人们的固有习惯。但在计算机内部的数则是用二进制来表示的,这主要有以下几个方面的原因:

①电路简单,易于表示。计算机是由逻辑电路组成的,逻辑电路通常只有两个状态。例如,开关的接通和断开,晶体管的饱和和截止,电压的高和低等。这两种状态正好用来表示二进制的两个数码 0 和 1。若是采用十进制,则需要有 10 种状态来表示 10 个数码,实现起来比较困难。

②可靠性高。用二进制的两种状态表示两个数码,数码在传输和处理中不易出错,因而电路更加可靠。

③运算简单。二进制数的运算规则简单,无论是算术运算还是逻辑运算都容易进行。十进制的运算规则相对烦琐,现已证明,R 进制数的算术求和、求积规则各有 R(R+1)/2 种。如采用二进制,求和与求积运算法只有 3 种,因而简化了运算器等物理器件的设计。

④逻辑性强。计算机不仅能进行数值运算,而且能进行逻辑运算。逻辑运算的基础是逻辑代数,而逻辑代数是二值逻辑。二进制的两个数码 1 和 0,恰好代表逻辑代数中的"真"(True)和"假"(False)。

(4)数制之间的转换

虽然计算机内部使用二进制来表示各种信息,但计算机与外部的交流仍采用人们熟悉和便于阅读的形式。接下来将介绍几种进位计数制之间的转换问题。

①R 进制数转换为十进制数。

根据 R 进制数的按位权展开式,可以较方便地将 R 进制数转换为十进制数。

【例 1-1】 将$(110.101)_2$、$(16.24)_8$、$(5E.A7)_{16}$转换为十进制数。

【解】 $(110.101)_2 = 1×2^2+1×2^1+0×2^0+1×2^{-1}+0×2^{-2}+1×2^{-3} = 6.625$

$(16.24)_8 = 1×8^1+6×8^0+2×8^{-1}+4×8^{-2} = 14.312\ 5$

$(5E.A7)_{16} = 5×16^1+14×16^0+10×16^{-1}+7×16^{-2} = 94.652\ 3$（近似数）

②十进制数转换为 R 进制数。

将十进制数转换为 R 进制数,只要对其整数部分,采用除以 R 取余法,而对其小数部分,则采用乘以 R 取整法即可。

【例 1-2】 将$(179.48)_{10}$转换为二进制数。

【解】 将$(179.48)_{10}$转换为二进制数,步骤如下:

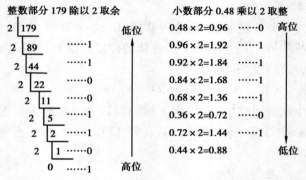

其中,$(179)_{10} = (10110011)_2$,$(0.48)_{10} = (0.0111101)_2$（近似取 7 位）,因此$(179.48)_{10} = (10110011.0111101)_2$。从例 1-2 可知,一个十进制整数可以精确地转换为一个二进制整数,但是一个十进制小数并不一定能够精确地转换为一个二进制小数。

【例 1-3】 将$(179.48)_{10}$转换为八进制数。

【解】 将$(179.48)_{10}$转换为八进制数,步骤如下:

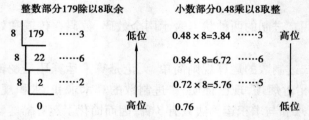

其中,$(179)_{10} = (263)_8$,$(0.48)_{10} = (0.365)_8$（近似取 3 位）,因此$(179.48)_{10} = (263.365)_8$。

【例 1-4】 将$(179.48)_{10}$转换为十六进制数。

【解】 将$(179.48)_{10}$转换为十六进制数,步骤如下:

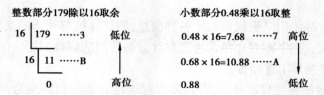

其中，$(179)_{10}=(B3)_{16}$，$(0.48)_{10}=(0.7A)_{16}$（近似取 2 位），因此 $(179.48)_{10}=(B3.7A)_{16}$。

与十进制数转换为二进制数类似，将十进制小数转换为八进制或十六进制小数时，同样会遇到不能精确转换的问题。那么，到底什么样的十进制小数才能精确地转换为一个 R 进制的小数呢？事实上，一个十进制纯小数 p 能精确地表示成 R 进制小数的充分必要条件是此小数可表示成 k/Rm 的形式（其中，k、m、R 均为整数，k/Rm 为不可约分数）。

③二进制、八进制、十六进制数之间的转换。

因为 $8=2^3$，所以需要 3 位二进制数表示 1 位八进制数；又因 $16=2^4$，所以需要 4 位二进制数表示 1 位十六进制数。由此反映出，二进制、八进制、十六进制数之间的转换包含了以二进制数为基准的一定规律。

④二进制数和八进制数之间的转换。

二进制数转换成八进制数时，以小数点为中心向左右两边延伸，每 3 位一组，小数点前不足 3 位时，前面添 0 补足 3 位；小数后不足 3 位时，后面添 0 补足 3 位。然后，将各组二进制数转换成八进制数。

【例 1-5】　将 $(10110011.011110101)_2$ 转换为八进制数。

【解】　$(10110011.011110101)_2=010\ 110\ 011.011\ 110\ 101=(263.365)_8$

八进制数转换成二进制数则可概括为"一位拆三位"，即把一位八进制数写成对应的 3 位二进制数，然后按顺序连接起来即可。

【例 1-6】　将 $(1\ 234)_8$ 转换为二进制数。

【解】　$(1\ 234)_8=\underline{1}\ \underline{2}\ \underline{3}\ \underline{4}=001\ 010\ 011\ 100=(1010011100)_2$

⑤二进制数和十六进制数之间的转换。

类似于二进制数转换成八进制数，二进制数转换成十六进制数时也是以小数点为中心向左右两边延伸，每 4 位一组，小数点前不足 4 位时，前面添 0 补足 4 位；小数点后不足 4 位时，后面添 0 补足 4 位。然后，将各组的 4 位二进制数转换成十六进制数。

【例 1-7】　将 $(10110101011.011101)_2$ 转化为十六进制数。

【解】　$(10110101011.011101)_2=\underline{0101}\ \underline{1010}\ \underline{1011}.\underline{0111}\ \underline{0100}=(5AB.74)_{16}$

十六进制数转换成二进制数时，将十六进制数中的每一位拆成 4 位二进制数，然后按顺序连接起来。

【例 1-8】　将 $(3CD)_{16}$ 转换成二进制数。

【解】　$(3CD)_{16}=\underline{3}\ \underline{C}\ \underline{D}=0011\ 1100\ 1101=(1111001101)_2$

⑥八进制数与十六进制数之间的转换。

八进制数与十六进制数之间的转换，通常先转换为二进制数作为过渡，再用上面所讲的方法进行转换。

【例 1-9】　将 $(3CD)_{16}$ 转换成八进制数。

【解】　$(3CD)_{16}=\underline{3}\ \underline{C}\ \underline{D}=0011\ 1100\ 1101=(1111001101)_2$
　　　　　　　$=\underline{001}\ \underline{111}\ \underline{001}\ \underline{101}=(1715)_8$

2.数据的表示单位

我们要处理的信息在计算机中常被称为数据。所谓数据，就是可以由人工或自动化手段加以处理的那些事实、概念、场景和指示的表示形式,包括字符、符号、表格、声音和图形等。数据可在物理介质上记录或传输,并通过外围设备被计算机接收,经过处理而得到结果,计算机对数据进行解释并赋予一定意义后,便成为人们所能接受的信息。

计算机中数据的常用单位有位、字节及字与字长。

(1)位

计算机中最小的数据单位是二进制的一个数位,简称为位(bit,比特,缩写为b)。一个二进制位可以表示两种状态(0或1),两个二进制位可以表示4种状态(00、01、10、11)。显然,位越多,所表示的状态就越多。

(2)字节

计算机中用来表示存储空间大小的最基本单位,称为字节(Byte,缩写为B)。一个字节由8个二进制位组成。例如,计算机内存的存储容量、磁盘的存储容量等都是以字节为单位进行表示的。

此外,还有千字节(KB)、兆字节(MB)、吉字节(GB)、太字节(TB)、拍字节(PB)、艾字节(EB)、泽字节(ZB)、尧字节(YB)等表示存储容量的单位。它们之间存在下列换算关系:

$$1\ B = 8\ b \qquad 1\ KB = 2^{10}\ B = 1\ 024\ B \qquad 1\ MB = 2^{10}\ KB = 2^{20}\ B$$

$$1\ GB = 2^{10}\ MB = 2^{30}\ B \qquad 1\ TB = 2^{10}\ GB = 2^{40}\ B \qquad 1\ PB = 2^{10}\ TB = 2^{50}\ B$$

$$1\ EB = 2^{10}\ PB = 2^{60}\ B \qquad 1\ ZB = 2^{10}\ EB = 2^{70}\ B \qquad 1\ YB = 2^{10}\ ZB = 2^{80}\ B$$

(3)字(Word)与字长

字与计算机中字长的概念有关。字长是指计算机在进行处理时一次作为一个整体进行处理的二进制数的位数,具有这一长度的二进制数则被称为该计算机中的一个字。计算机按照字长进行分类,可分为8位机、16位机、32位机和64位机等。字长越大,那么计算机所表示数的范围就越大,处理能力也就越强,运算精度也就越高。在不同字长的计算机中,字的长度也不相同。字通常取字节的整数倍,是计算机进行数据存储和处理的运算单位。例如,在8位机中,一个字含有8个二进制位;而在64位机中,一个字则含有64个二进制位。

3.非数值信息

在计算机中,对非数值的文字和其他符号进行处理时,要对文字和符号进行数字化,即用二进制编码来表示文字和符号。其中西文字符最常用到的编码方案有ASCII编码和EBCDIC编码。对于汉字,使用国家标准汉字编码。

(1)ASCII编码

微机和小型计算机中普遍采用ASCII码(American Standard Code for Information Interchange,美国信息交换标准代码)表示字符数据,该编码被ISO(国际化标准组织)采纳,作为国际上通用的信息交换代码。

ASCII码由7位二进制数组成,由于$2^7 = 128$,因此能够表示128个字符数据。参照表1-2所示的ASCII表,可以看出ASCII码具有以下特点:

①表中前32个字符和最后一个字符为控制字符,在通信中起控制作用。

②10 个数字字符和 26 个英文字母由小到大排列,且数字在前,大写字母次之,小写字母在最后,这一特点可用于字符数据的大小比较。

③数字 0~9 由小到大排列,ASCII 码分别为 48~57,ASCII 码与数值恰好相差 48。

④在英文字母中,A 的 ASCII 码值为 65,a 的 ASCII 码值为 97,且由小到大依次排列。因此,只要知道了 A 和 a 的 ASCII 码,也就知道了其他字母的 ASCII 码。

ASCII 码是 7 位编码,为了便于统一处理,在 ASCII 码的最高位前增加 1 位"0",凑成 8 位即一个字节,因此,一个字节可存储一个 ASCII 码,也就是说,一个字节可以存储一个字符。ASCII 码是使用最广的字符编码,数据使用 ASCII 码的文件称为 ASCII 文件。

表 1-2　ASCII 码表

控制字符		高 3 位							
		000	001	010	011	100	101	110	111
低 4 位	0000	NUL	DLE	space	0	@	P	`	p
	0001	SOH	DC1	!	1	A	Q	a	q
	0010	STX	DC2	"	2	B	R	b	r
	0011	ETX	DC3	#	3	C	S	c	s
	0100	EOT	DC4	$	4	D	T	d	t
	0101	ENQ	NAK	%	5	E	U	e	u
	0110	ACK	SYN	&	6	F	V	f	v
	0111	BEL	ETB	'	7	G	W	g	w
	1000	BS	CAN	(	8	H	X	h	x
	1001	HT	EM	)	9	I	Y	i	y
	1010	LF	SUB	*	:	J	Z	j	z
	1011	VT	ESC	+	;	K	[	k	{
	1100	FF	FS	,	<	L	\	l		
	1101	CR	GS	–	=	M	]	m	}
	1110	SO	RS	.	>	N	^	n	~
	1111	SI	US	/	?	O	_	o	DEL

(2)ANSI 编码和其他扩展的 ASCII 码

ANSI(美国国家标准协会)编码是一种扩展的 ASCII 码,使用 8 bit 来表示每个符号。8 bit 能表示出 256 个信息单元,因此,它可以对 256 个字符进行编码。ANSI 编码开始的 128 个字符的编码和 ASCII 码定义的一样,只是在最左边加了一个 0。例如,在 ASCII 编码中,字符"a"用 1100001 表示,而在 ANSI 编码中,则用 01100001 表示。除了 ASCII 码表示的

128 个字符外,ANSI 编码还可以表示另外的 128 个符号,如版权符号、英镑符号、希腊字符等。

除了 ANSI 编码外,世界上还存在着另外一些对 ASCII 码进行扩展的编码方案,ASCII码通过扩展可以编码中文、日文和韩文字符。

(3)EBCDIC 编码

在 IBM System/360 计算机中,IBM 研制了自己的 8 位字符编码——EBCDIC 码(Extended Binary Coded Decimal Interchange Code,扩充二-十进制交换码)。该编码是对早期的 BCDIC 6 位编码的扩展,其中一个字符的 EBCDIC 码占用一个字节,用 8 位二进制码表示信息,一共可以表示出 256 种字符。

(4)Unicode 编码

在假定会有一个特定的字符编码系统能适用于世界上所有语言的前提下,1988 年,几个主要的计算机公司一起开始研究一种替换 ASCII 码的编码,称为 Unicode 编码。鉴于ASCII 码是 7 位编码,Unicode 采用 16 位编码,每一个字符需要 2 个字节。这意味着Unicode 的字符编码范围为 0000h~FFFFh,可以表示 65 536 个不同字符。

Unicode 编码不是从零开始构造的,开始的 128 个字符编码 0000h~007Fh 就与 ASCII码字符一致,这样就能够兼顾已存在的编码方案,并有足够的扩展空间。目前,Unicode 编码在 Internet 中有着较为广泛的使用,Microsoft 和 Apple 公司已在他们的操作系统中支持Unicode 编码。

(5)国家标准汉字编码(GB 2312—80)

国家标准汉字编码简称国标码。该编码集的全称是"信息交换用汉字编码字符——基本集",国家标准号是"GB 2312—80"。该编码的主要用途是作为汉字信息交换码。

GB 2312—80 标准含有 6 763 个汉字,其中一级汉字(最常用)3 755 个,按汉语拼音顺序排列;二级汉字 3 008 个,按部首和笔画排列;另外还包括 682 个西文字符和图符。GB 2312—80 标准将汉字分成 94 个区,每个区又包含 94 个位,每位存放一个汉字,这样一来,每个汉字就有一个区号和一个位号,因此,将国标码称为区位码。例如,汉字"重"在 54 区56 位,其区位码是 5456;汉字"庆"在 39 区 76 位,其区位码是 3976。

国标码规定:一个汉字用两个字节来表示,每个字节只用前 7 位,最高位均未作定义。但需注意的是:国标码不同于 ASCII 码,并非汉字在计算机内的真正表示代码,它仅仅是一种编码方案,计算机内部汉字的代码称为汉字机内码,简称汉字内码。

在计算机中,汉字内码一般都是采用两个字节表示,前一字节由区号与十六进制数 A0相加,后一字节由位号与十六进制数 A0 相加,而且汉字编码两字节的最高位都置 1,这种形式避免了国标码与标准 ASCII 码的二义性(用最高位来区别)。在计算机系统中,由于机内码的存在,输入汉字时就允许用户根据自己的习惯使用不同的输入码,进入计算机系统后再统一转换成机内码存储。

任务三　计算机系统组成

一、任务描述

小张想组装一台适合自己专业学习的兼容机,他应该需要购买哪些计算机硬件和配件呢? 如何组装? 运行原理是什么? 还需要安装哪些软件?

一个完整的计算机系统是由硬件系统和软件系统两部分组成的。硬件包括中央处理机、存储器和外部设备等;软件是计算机中运行的程序和相应的文档。计算机系统具有接收和存储信息、按程序快速计算和判断并输出处理结果等功能。

二、任务实施

1.硬件系统

计算机硬件是指计算机系统中由电子、机械和光电元件等组成的各种物理装置的总称。这些物理装置按系统结构的要求构成一个有机整体为计算机软件运行提供物质基础。从外观上来看,微机由主机箱和外部设备组成。主机箱内主要包括 CPU、内存、主板、硬盘驱动器、光盘驱动器、各种扩展卡、连接线、电源等;外部设备包括鼠标、键盘、显示器、音箱等,这些设备通过接口和连接线与主机相连。但从计算机功能完整性的角度,依据冯·诺依曼(美国著名科学家)原理,计算机硬件系统由控制器、运算器、存储器、输入设备和输出设备 5 个部分组成,如图 1-4 所示。

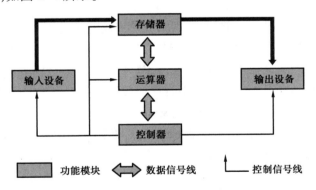

图 1-4　电子计算机基本结构图

（1）控制器

控制器(Control Unit)是整个计算机系统的控制中心,它指挥计算机各部分协调工作,保证计算机按照预先规定的目标和步骤有条不紊地进行操作及处理。控制器从存储器中逐条取出指令,分析每条指令规定的是什么操作以及所需数据的存放位置等,然后根据分析的结果向计算机其他部件发出控制信号,统一指挥整个计算机完成指令所规定的操作。计算机自动工作的过程,实际上是自动执行程序的过程,而程序中的每条指令都是由控制器来分析执行的,它是计算机实现"程序控制"的主要设备。

（2）运算器

运算器由算术逻辑单元（Arithmetic and Logic Unit,ALU）、累加器、状态寄存器、通用寄存器组等组成。ALU 的基本功能为加、减、乘、除四则运算,与、或、非、异或等逻辑操作,以及移位、求补等操作。计算机运行时,运算器的操作和操作种类由控制器决定。运算器处理的数据来自存储器,处理后的结果数据通常送回存储器或暂时寄存在运算器中。与控制器共同组成了中央处理器的核心部分。

通常把控制器与运算器合称为中央处理器（Central Processing Unit,CPU）。工业生产中总是采用最先进的超大规模集成电路技术来制造中央处理器,即 CPU 芯片。它是计算机的核心设备,其性能主要是工作速度和计算精度,对机器的整体性能有全面的影响。CPU 品质的高低,直接决定了一个计算机系统的档次。反映 CPU 品质的最重要指标是主频和数据传送的位数。主频又称为时钟频率,决定 CPU 的工作速度,主频越高,CPU 的运算速度越快。常用的 CPU 主频有 2.0、2.4 GHz 等。

CPU 传送数据的位数是指计算机在同一时间能同时并行传送的二进制信息位数。通常所说的 16 位机、32 位机和 64 位机,是指该计算机中的 CPU 可以同时处理 16 位、32 位和 64 位的二进制数据。

（3）存储器

存储器（Memory）是计算机系统中的记忆设备,用来存放程序和数据。计算机中全部信息,包括输入的原始数据、计算机程序、中间运行结果和最终运行结果都保存在存储器中。它根据控制器指定的位置存入和取出信息。

存储器可分为主存储器和辅助存储器。主存储器也称为内存储器（简称"内存"）,直接与 CPU 相连接,是计算机中主要的工作存储器,当前运行的程序与数据存放在内存中。现代的内存储器多半是半导体存储器,采用大规模集成电路或超大规模集成电路器件。内存储器按其工作方式的不同,可分为随机存取存储器（RAM）和只读存储器（ROM）。由于信息是通过电信号写入存储器的,故断电时 RAM 中的信息就会消失。计算机工作时使用的程序和数据等都存储在 RAM 中,如果对程序或数据进行了修改之后,应将其存储到外存储器中,否则关机或断电后信息将丢失。通常所说的内存大小就是指 RAM 的大小,一般以 MB 或 GB 为单位。只读存储器是只能读出而不能随意写入信息的存储器。ROM 中的内容是由厂家制造时用特殊方法写入的,或者要利用特殊的写入器才能写入。当计算机断电后,ROM 中的信息不会丢失。当计算机重新被加电后,其中的信息保持原来的不变,仍可被读出。ROM 适宜存放计算机启动的引导程序、启动后的检测程序、系统最基本的输入输出程序、时钟控制程序以及计算机的系统配置和磁盘参数等重要信息。

辅助存储器通常是磁性介质或光盘等,能长期保存信息。辅助存储器也称为外存储器（简称"外存"）,计算机执行程序和加工处理数据时,外存中的信息按信息块或信息组先送入内存后才能使用,即计算机通过外存与内存不断交换数据的方式使用外存中的信息。计算机常用的外存是软磁盘（简称"软盘"）、硬磁盘（简称"硬盘"）、光盘、U 盘、移动硬盘等。

硬盘的磁性材料是涂在金属、陶瓷或玻璃制成的硬盘基片上的。硬盘的转速和容量会影响读写速度和系统运行速度。硬盘相对软盘来说,主要是存储空间比较大,有的硬盘容量已在 2 TB 以上。硬盘大多由多个盘片组成,此时,除了每个盘片要分为若干个磁道和扇区外,多个盘片表面的相应磁道将在空间上形成多个同心圆柱面。用于计算机系统的光盘有 3 类:只读光盘(CD-ROM)、一次写入光盘(CD-R)和可擦写光盘(CD-RW)等。

(4)输入设备

输入设备(Input Device)是向计算机输入数据和信息的设备,是计算机与用户或其他设备通信的桥梁。输入设备是用户和计算机系统之间进行信息交换的主要装置之一。键盘、鼠标、摄像头、扫描仪、光笔、手写输入板、游戏杆、语音输入装置等都属于输入设备。

键盘(Keyboard)是常用的输入设备,它是由一组开关矩阵组成的,包括数字键、字母键、符号键、功能键及控制键等,如图 1-5 所示。

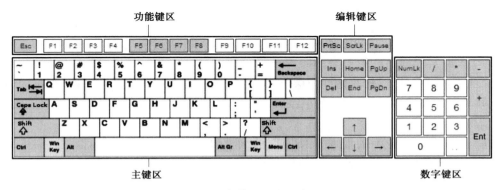

图 1-5　计算机键盘示意图

鼠标器(Mouse)是一种手持式屏幕坐标定位设备,它是为适应菜单操作的软件和图形处理环境而出现的一种输入设备,特别是在现今流行的 Windows 图形操作系统环境下应用鼠标器方便快捷。常用的鼠标器有两种:一种是机械式的;另一种是光电式的。

(5)输出设备

输出设备(Output Device)是计算机的终端设备,用于接收计算机数据的输出显示、打印、声音、控制外围设备操作等,即把各种计算结果数据或信息以数字、字符、图像、声音等形式表示出来。常见的输出设备有显示器、打印机、绘图仪、影像输出系统、语音输出系统、磁记录设备等。

显示器(Display)是计算机必备的输出设备,常用的有阴极射线管显示器、液晶显示器和等离子显示器。当电子束从左向右、从上而下逐行扫描荧光屏时,每扫描一遍,就显示一屏,称为刷新一次,只要两次刷新的间隔时间小于 0.01 s,则人眼从屏幕上看到的就是一个稳定的画面。显示器是通过"显示接口"及总线与主机连接,待显示的信息(字符或图形图像)是从显示缓冲存储器(一般为内存的一个存储区)送入显示器接口的,经显示器接口的转换,形成控制电子束位置和强弱的信号。常用的显示接口卡有 CGA 卡、VGA 卡、MGA 卡等。以 VGA 视频图形显示接口卡为例,标准 VGA 显示卡的分辨率为 640×480,灰度是 16 种颜色;增强型 VGA 显示卡的分辨率是 800×600、960×720,灰度可为 256 种颜色。所有的显示接口卡只有配上相应的显示器和显示软件,才能发挥它们的最高性能。

知识拓展

　　普通硬件安装在计算机上后,系统会自动识别并完成驱动程序的安装和配置,这个过程需要断电操作,不可以在计算机运行中添加;而支持"热插拔"的硬件(即插即用硬件)可以在计算机运行中添加,不需要关机和断电。

2.软件系统

计算机软件分为系统软件和应用软件两类。系统软件是计算机系统的重要基础部分,用来支持应用软件的运行,为用户开发应用系统提供一个平台,用户可以使用它,一般不随意修改它。应用软件是指计算机用户利用计算机的软、硬件资源为某一专门应用目的而开发的软件。

(1)系统软件

①操作系统 OS(Operating System)。

为了使计算机系统的所有资源协调一致、有条不紊地工作,就必须有一个软件来进行统一管理和统一调度,这种软件称为操作系统。它的功能就是管理计算机系统的全部硬件资源、软件资源及数据资源,使计算机系统所有资源最大限度地发挥作用,为用户提供方便的、有效的、友善的服务界面。

操作系统是一个庞大的管理控制程序,它大致包括以下管理功能:进程与处理机调度、作业管理、存储管理、设备管理、文件管理。实际的操作系统是多种多样的,如 DOS、Windows、Linux、UNIX,根据侧重面不同和设计思想不同,操作系统的结构和内容存在很大差别。对于功能比较完善的操作系统,应具备上述五大功能。

在同一时间段内允许多个用户同时登录系统进行工作的为多用户操作系统,在同一时间段内允许打开运行多个程序(或软件)进行并行工作的系统为多任务操作系统,否则就是单用户单任务或单用户多任务操作系统。目前安装使用最广泛的 Windows XP、Windows 7等就是单用户多任务操作系统。

②语言处理程序。

编写计算机程序所用的语言是人与计算机之间交流的工具,按语言对机器的依赖程度分为机器语言、汇编语言和高级语言。

● 机器语言(Machine Language):面向机器的语言,每一个由机器语言所编写的程序只适用于某种特定类型的计算机,即指令代码通常随 CPU 型号的不同而不同。它可以被计算机硬件直接识别,不需要翻译。一句机器语言实际上就是一条机器指令,它由操作码和地址码组成。机器指令的形式是用0、1组成的二进制代码串。

● 汇编语言(Assemble Language):一种面向机器的程序设计语言,是为特定的计算机或计算机系列设计的。采用一定的助记符号表示机器语言中的指令和数据,即用助记符号代替了二进制形式的机器指令。这种替代使得机器语言"符号化",因此汇编语言也是符号语言。计算机硬件只能识别机器指令,执行机器指令,对于用助记符表示的汇编指令是不能执行的。汇编语言编写的程序要执行的话,必须用一个程序将汇编语言翻译成机器语言程序,用于翻译的程序称为汇编程序(汇编系统)。用汇编语言编写的程序称为源程序,变换后得到的机器语言程序称为目标程序。

● 高级语言:从20世纪50年代中期开始到20世纪70年代陆续产生了许多高级算法语言。这些算法语言中的数据用十进制来表示,语句用较为接近自然语言的英文字符来表示。它们比较接近于人们习惯用的自然语言和数学表达式,因此称为高级语言。高级语言具有较大的通用性,尤其是有些标准版本的高级算法语言,在国际上都是通用的。用高级语言编写的程序能在不同的计算机系统上使用。

但是,对于高级语言编写的程序计算机是不能识别和执行的。要执行高级语言编写的程序,首先要将高级语言编写的程序翻译成计算机能识别和执行的二进制机器指令,然后供计算机执行。一般将用高级语言编写的程序称为"源程序",而把由源程序翻译成的机器语言程序或汇编语言程序称为"目标程序"。用来编写源程序的高级语言或汇编语言称为源语言,把和目标程序相对应的语言(汇编语言或机器语言)称为目标语言。

计算机将源程序翻译成机器指令时,通常分两种翻译方式:一种为"编译"方式;另一种为"解释"方式。所谓编译方式,是把源程序翻译成等价的目标程序,然后再执行此目标程序;而解释方式是把源程序逐句翻译,翻译一句执行一句,边翻译边执行。解释程序不产生将被执行的目标程序,而是借助于解释程序直接执行源程序本身。一般将高级语言程序翻译成汇编语言或机器语言的程序称为编译程序。

③连接程序。

连接程序把目标程序变为可执行的程序。几个被编译的目标程序,通过连接程序可以组成一个可执行的程序。

④诊断程序。

诊断程序主要用于对计算机系统硬件的检测,并能进行故障定位,大大方便了对计算机的维护。它能对CPU、内存、软硬驱动器、显示器、键盘及I/O接口的性能和故障进行检测。

⑤数据库系统(详见项目六)。

(2)应用软件

①文字处理软件。

文字处理软件主要用于将文字输入计算机,存储在外存中,用户能对输入的文字进行修改、编辑,并能将输入的文字以多种字体、多种字形及各种格式打印出来。目前常用的文字处理软件有WPS、Word等。

②表格处理软件。

表格处理软件可根据用户的要求自动生成各式各样的表格,表格中的数据可以输入也可以从数据库中获取。表格处理软件可根据用户给出的计算公式,完成复杂的表格计算,并将计算结果自动填入对应的栏目中。如果修改了相关的原始数据,计算结果栏目中的结果数据也会自动更新,不需用户重新计算。目前常用的表格处理软件有Microsoft公司的Excel、金山公司的WPS等。

③辅助设计软件。

辅助设计软件能高效地绘制、修改、输出工程图纸。设计中的常规计算帮助设计人员寻找较好的方案。设计周期大幅度缩短,而设计质量却大为提高。应用该技术使设计人员从繁重的绘图设计中解脱出来,使设计工作计算机化。目前常用的软件有 AutoCAD、印刷电路板设计系统等。

综上所述,计算机软件系统示意图如图 1-6 所示。

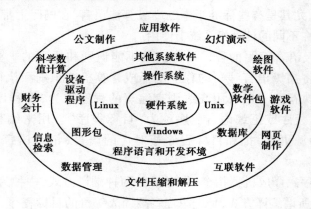

图 1-6　计算机软件系统示意图

3.指令、程序、软件的概念

(1)指令

指令包含有操作码和地址码的一串二进制代码,其中操作码规定了操作的性质(什么样的操作),地址码表示了操作数和操作结果的存放地址。

(2)程序

程序是为解决某一问题而设计的一系列有序的指令或语句(程序设计语言的语句实质包含了一系列指令)的集合。

(3)软件

软件是指计算机工作的程序与程序运行时所需要的数据,以及与这些程序和数据有关的文字说明和图表资料的集合,其中文字说明和图表资料又称文档。

4.计算机工作原理

计算机的基本原理是存储程序和程序控制。预先要把指挥计算机如何进行操作的指令序列(称为程序)和原始数据通过输入设备输送到计算机的内存储器中。每一条指令中明确规定了计算机从哪个地址取数,进行什么操作,然后送到什么地址去等步骤。计算机在运行时,先从内存中取出第一条指令,通过控制器的译码,按指令的要求,从存储器中取出数据进行指定的运算和逻辑操作等加工,然后再按地址把结果送到内存中去。接下来,再取出第二条指令,在控制器的指挥下完成规定操作。依次进行下去,直至遇到停止指令。利用这一原理的现代计算机的基本结构是由美籍匈牙利科学家冯·诺依曼于 1946 年提出的。迄今为止所有进入实用的电子计算机都是按冯·诺依曼提出的结构体系和工作原理设计制造的,故又统称为"冯·诺依曼型计算机"。其要点如下所述:

①计算机的程序被事先输入存储器中,程序运算的结果,也被存放在存储器中;计算机完成任务是由事先编好的程序完成的,即"存储程序、程序控制"。

②计算机内部信息和数据采用二进制编码形式表示。

③计算机由运算器、控制器、存储器、输入设备及输出设备组成。

打开计算机电源后到计算机准备接收发出的命令之间计算机所运行的过程称为引导（Boot）过程。当关闭电源后，RAM 的数据将丢失，因此，计算机不是用 RAM 来保持计算机的基本工作指令，而是使用另外的方法将操作系统文件加载到 RAM 中，再由操作系统接管对机器的控制。这是引导过程中的一个主要部分。总的来说，引导过程有下面几个步骤：

①加电：打开电源开关，给主板和内部风扇供电。

②启动引导程序：CPU 开始执行存储在 ROM BIOS 中的指令。

③开机自检：计算机对系统的主要部件进行诊断测试。

④加载操作系统：计算机将操作系统文件从磁盘读到 RAM 中。

⑤检查配置文件，定制操作系统的运行环境：读取配置文件，根据用户的设置对操作系统进行定制。

⑥准备读取命令和数据：计算机等待用户输入命令和数据。

项目小结

随着电子技术的显著进步，尤其是超大规模集成电路的应用，导致计算机技术飞速发展。1946 年，世界上第一台电子计算机诞生于美国，美籍匈牙利科学家冯·诺依曼对计算机体系结构提出了"存储程序、程序控制"、二进制形式存储与处理数据、五大部件构成等重要原理依据。由此可知，一个完整的计算机系统是由硬件与软件构成的。存储器使计算机具有了记忆功能，运算器使计算机具有计算能力，控制器使得计算机各部件协调工作，输入设备使得用户的数据与指令输入计算机中，输出设备使计算机展示处理结果。影响计算机系统性能的指标有很多，但主要是字长、运算速度和内存容量。这里的内存是指随机存储器 RAM，程序运行时，必须先将相关指令或数据从外存调入内存（是 RAM，而不是ROM），当断电时，RAM 中的信息会丢失。程序可以看成使用相关语言编写的指令的集合，而软件是程序、文档、说明等的集合；操作系统是最重要、最基础的系统软件，所有的应用软件都要在其基础上才能运行，并且操作系统还肩负有进程管理、作业管理、设备管理等功能。由于计算机内部使用二进制，使用高级语言编写的程序必须经过编译或翻译成机器语言才能执行。计算机已经应用到科学计算、实时控制、数据处理、人工智能、辅助设计等方面，尤其是网络应用正在深刻地改变着人们的生活、工作和学习方式。

拓展训练

1.在老师的指导下，完成一份个人计算机装配清单。

2.文字录入练习，要求如下：

①使用正确的指法和正确的打字姿势；

②采用盲打方式使用键盘；

③熟练使用一种输入法；

④1 min 内录入 40~60 个汉字。

项目考核

一、单选题

1.一个完整的计算机系统包括(　　)。

　A.主机、键盘、显示器　　　　　　　　B.系统软件和应用软件

　C.计算机及其外部设备　　　　　　　　D.硬件系统和软件系统

2.中央处理器(CPU)主要由(　　)组成。

　A.存储器和控制器　　　　　　　　　　B.存储器和寄存器

　C.控制器和内存　　　　　　　　　　　D.运算器和控制器

3.微型计算机中运算器的主要功能是进行(　　)。

　A.逻辑运算　　　　　　　　　　　　　B.算术运算

　C.函数运算　　　　　　　　　　　　　D.算术运算和逻辑运算

4.微型计算机中,控制器的基本功能是(　　)。

　A.实现运算　　　　　　　　　　　　　B.控制机器各个部件协调一致工作

　C.保持各种控制状态　　　　　　　　　D.存储各种控制信息

5.计算机的内部存储器(或主存)是指(　　)。

　A.硬盘　　　　　　B.光盘　　　　　　C.ROM 和 RAM　　　　D.RAM

6.下列各种存储器中,断电后其中信息会丢失的是(　　)。

　A.ROM　　　　　B.RAM　　　　　C.U 盘　　　　　D.硬盘

7.计算机能够直接识别和执行的语言是(　　)。

　A.编译语言　　　　B.汇编语言　　　　C.机器语言　　　　D.高级语言

8.高级语言源程序必须翻译成目标程序后才能执行,完成这种翻译过程的程序是(　　)。

　A.编译程序　　　B.解释程序　　　　C.汇编程序　　　　D.执行程序

9.下列各组设备中,全部属于输入设备的一组是(　　)。

　A.键盘、磁盘和打印机　　　　　　　　B.键盘、扫描仪和鼠标

　C.键盘、鼠标和显示器　　　　　　　　D.硬盘、打印机和键盘

10.下列存储器中,访问速度最快的是(　　)。

　A.硬盘　　　　　B.光盘　　　　　C.移动存储 U 盘　　　D.内存储器

11.下列不能用作存储容量单位的是(　　)。

　A.比特(bit)　　　B.字节(Byte)　　　C.千字节(KB)　　　D.兆字节(MB)

12.计算机内部度量存储容量的基本单位是(　　)。

　　A.字　　　　　　　B.字节　　　　　　　C.位　　　　　　　D.KB

13.计算机指令的集合称为(　　)。

　　A.语言　　　　　　B.程序　　　　　　　C.机器语言　　　　D.汇编语言

14.下列叙述中,正确的是(　　)。

　　A.激光打印机属于针式打印机

　　B.CAI 软件属于系统软件

　　C.就存取速度而论,软盘比硬盘快,硬盘比内存快

　　D.计算机的运算速度可以用 MIPS 来表示

15.操作系统是计算机系统中的(　　)。

　　A.核心系统软件　　　　　　　　　B.关键的硬盘部件

　　C.广泛使用的应用软件　　　　　　D.外部部件

16.下列 4 种软件中,属于应用软件的是(　　)。

　　A.BASIC 解释程序　　　　　　　　B.Windows XP

　　C.AutoCAD 制图软件　　　　　　　D.汇编程序

17.目前,制造计算机所用的电子元件是(　　)。

　　A.电子管　　　　　　　　　　　　B.晶体管

　　C.集成电路　　　　　　　　　　　D.超大规模集成电路

18.将十进制数 26 转换成二进制数(　　)。

　　A.01011B　　　　　B.11010B　　　　　C.11100B　　　　　D.10011B

19.如果设汉字点阵为 32×32,存储 100 个汉字的字形信息所占用的字节数是(　　)。

　　A.32×32×8　　　B.32×32×100　　　C.32×4×100　　　D.32×32×1 000

20.办公自动化(OA)是计算机的一项应用,按计算机应用的分类,属于(　　)。

　　A.科学计算　　　　B.信息处理　　　　C.实时控制　　　　D.辅助设计

21.计算机的主要特点是:具有运算速度快、精度高和(　　)。

　　A.存储记忆　　　　B.自动编辑　　　　C.无须记忆　　　　D.按位串行执行

22.巨型机主要是指(　　)。

　　A.体积大　　　　　B.质量大　　　　　C.功能强　　　　　D.耗电量大

23."32 位机"中的 32 指的是(　　)。

　　A.微型机号　　　　B.机器字长　　　　C.内存容量　　　　D.存储单位

24.计算机中采用二进制,是因为(　　)。

　　A.可降低硬件成本　　　　　　　　B.稳定

　　C.二进制的运算法则简单　　　　　D.上述 3 个原因

25.下列字符中,ASCII 码值最大的是(　　)。

　　A.7　　　　　　　　B.D　　　　　　　　C.M　　　　　　　　D.Z

26.提出"存储程序、程序控制"计算机工作原理的是(　　)。

　　A.图灵　　　　　　B.卡迪尔　　　　　C.冯·诺依曼　　　D.诺顿

二、判断题

1.任何程序不需要进入内存,直接在硬盘上就可以运行。 （ ）

2.在计算机系统中,总线是 CPU、内存和外部设备之间传送信息的公用通道,微机系统的总线由数据总线、控制总线和地址总线 3 部分组成。 （ ）

3.当同时使用 ASCII 码和 GB 2312—80 时,为避免产生二义性,汉字系统将 GB 2312—80 中每个字节的最高位设置为 1,作为汉字机内码。 （ ）

4.内存储器只有随机存储器 RAM。 （ ）

5.衡量计算机性能的指标有字长、运算速度、存储容量等。 （ ）

6.USB 是通用串行总线接口的简称。 （ ）

7.UPS 是不间断电源的简称。 （ ）

三、填空题

1.计算机软件分为_____和_____两类。

2.美国标准信息交换代码 ASCII 码用_____位二进制数来表示一个字符,最高位填充一个_____凑成一个字节。

3.十进制数 265 转换为等价的二进制数的结果为 100001001,那么转换为等价的十六进制数的结果为_____H。

4.计算机向使用者传送计算、处理结果的设备称为_____。

5.操作系统的功能由 5 个部分组成,即处理器管理、存储器管理、_____、_____和作业管理。

项目二　Windows 7 操作系统

　　在计算机上的一些操作,如文件的存取、Internet 上各站点的访问、朋友之间的网络聊天,甚至游戏的玩乐进阶等,一切似乎都在我们的掌控之中。

　　实际上,我们对计算机或智能手机的操控自如,离不开操作系统(Operating System,OS)的帮助,可以说操作系统是操作计算机的得力助手。

　　本项目将介绍操作系统相关基础知识和 Windows 7 操作系统的基本操作。

知识目标

◆　了解操作系统的基本概念、发展及分类;

◆　了解操作系统的基本功能;

◆　理解文件系统的相关概念;

◆　掌握 Windows 7 系统的基本操作;

◆　掌握 Windows 7 系统文件及文件夹的基本操作;

◆　掌握 Windows 7 系统桌面环境的设置;

◆　了解 Windows 7 系统控制面板的作用及相关工具的使用。

技能目标

◆　学会 Windows 7 系统的基本操作;

◆　学会 Windows 7 系统的文件管理;

◆　学会 Windows 7 系统桌面环境的设置;

◆　学会 Windows 7 系统常用配置程序及相关工具程序的使用。

任务一　认识操作系统

一、任务描述

小王是某大学计算机专业的学生,放寒假时,隔壁读初中的李小妹向其请教有关 Windows 的相关知识,小王经过一番思考后,决定从以下几个方面向李小妹简要介绍 Windows。

①Windows 是一个操作系统。

②操作系统的基本概念。

③操作系统的基本功能。

④操作系统的分类。

⑤操作系统的发展历程。

⑥Windows 7 系统的新特性。

⑦Windows 7 系统开关机。

二、任务实施

1.操作系统的分类

按照系统资源共享级别,操作系统可分为单任务系统(如 DOS 系统)、多任务系统(如 Windows 系列系统)、单用户系统(如 Windows 系列系统)、多用户系统(如 Windows 服务器系列、UNIX、Linux 等系统)。Windows 7 系统属于单用户多任务计算机操作系统。

> **想一想**
>
> 目前,主流的智能手机操作系统有哪些? 它们分别是单用户系统还是多用户系统? 是单任务系统还是多任务系统?

2.操作系统的发展历程

Windows 系列操作系统已经有 30 多年的历史,经历了从 Windows 1.0 到 Windows 10 以及 NT 3.1 到 Windows Server 2012 的发展历程,如图 2-1 所示。

Windows 7 系统由微软公司于 2009 年 10 月 22 日正式发布,它继承了 Windows XP 的实用和 Window Vista 的华丽,是对 Windows 系列操作系统的一次重要的升华,是目前比较流行且非常好用的操作系统之一。Windows 7 系统包含 6 个版本,常见的版本有 Windows 7 Home Basic 版(家庭基础版)、Windows 7 Professional(专业版)、Windows 7 Ultimate(旗舰版)等。64 位版本的 Windows 7 系统可应用于内存超过 4G 的计算机。

3.Windows 7 系统的新特性

①家庭组(Home Group):在家庭网络中轻松共享文件和打印机。

②跳转列表(Jump Lists):快速访问常用的图片、歌曲、网站及文档。

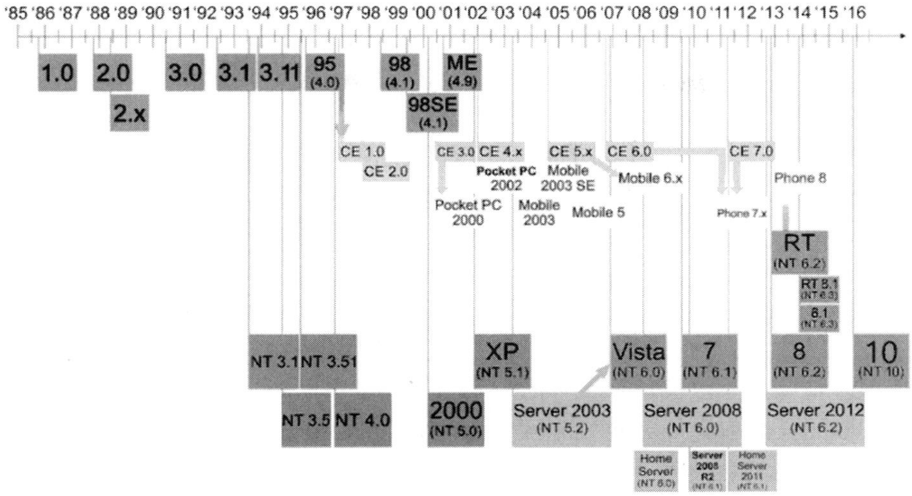

图 2-1　Windows 系列操作系统的发展历程（1985—2016 年）

③贴靠（Snap）：一种在桌面上调整窗口大小和比较窗口的快捷方式。

④Windows 软件包（Windows Essentials）：通过一次免费下载即可获得一整套功能强大的程序。

⑤搜索（Windows Search）：可立即在计算机上找到所需的文件。

⑥Windows 任务栏：更完善的缩略图预览、更易于查看的图标和更丰富的自定义方式。

⑦完全支持 64 位：Windows 7 系统可充分利用功能强大的 64 位计算机。

⑧更加个性化：可利用有趣的新主题、幻灯片或方便的小工具重新装点你的桌面。

⑨性能改进：更快的休眠和恢复、更低的内存需求、更快速的 USB 设备检测。

⑩播放到（Play To）：在家中的其他计算机、立体声设备或电视上播放媒体内容。

⑪远程媒体流（Remote Media Streaming）：欣赏你家中的计算机上的音乐和视频，即使你不在家中也可以。

⑫Windows 触控（Windows Touch）：如果有触控屏，就不需要一直使用键盘或鼠标。

4.Windows 7 系统开关机

（1）启动 Windows 7

启动 Window 7 系统一般应依次按下显示器和主机的电源按钮，正常情况下 30 s 左右就能见到 Windows 7 的登录画面，然后单击一个用户并输入正确密码即可进入系统。

> **知识拓展**
>
> 　　计算机的启动分为冷启动、热启动和复位启动。冷启动：通过按计算机的 Power 键（电源键）启动计算机；热启动：进入系统后通过操作系统重启计算机；复位启动：通过按机箱上的 Reset 按钮重启计算机。其中，冷启动和复位启动对计算机硬件的损伤比较大，而热启动对硬件基本不造成损伤。

（2）退出 Windows 7

单击"开始"按钮（进入系统后左下角圆形窗按钮）后会弹出"开始"菜单，选择右下部分的"关机"命令（移动鼠标到"关机"按钮，然后单击鼠标左键）就可关闭 Windows 系统。

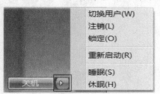

图2-2 退出 Windows 7

如果选择向右的小三角按钮"▶"还会弹出如图 2-2 所示的菜单。其中，"睡眠"是指系统运行在低功耗状态下，移动鼠标或按任意键即可唤醒系统；"休眠"是指系统已被关闭，只有再次按电源键才能恢复系统；"注销"和"切换用户"都可换个用户登录，前者的当前用户程序会被关闭，后者则不会关闭；"锁定"可以在离开计算机时，使得计算机更安全，如再次进入系统，需要使用密码才能进入。

知识拓展

按"Alt+F4"组合键后再按"Enter"键可直接关闭 Windows 7 系统（所有窗口都在最小化的情况下才可以）。

任务二　文件夹管理

一、任务描述

一天，小王去李小妹家串门，正好看到李小妹在玩计算机，而李小妹的计算机桌面如图2-3 所示。

图2-3 李小妹的计算机桌面

小王有"密集恐惧症"，他三下五除二就把李小妹的计算机桌面变成了如图 2-4 所示的界面。

如何才能实现如图 2-4 所示的桌面效果呢？

图 2-4　整理后的计算机桌面

二、任务准备

1.设置 Windows 7 系统桌面

（1）Windows 7 系统桌面构成

登录 Windows 7 系统后首先展现在我们眼前的就是"桌面"。"桌面"是完成其他操作的开始点，包括各种桌面图标、任务栏以及桌面小工具等，如图 2-5 所示。

桌面图标由一幅形象的小图标和功能说明文字组成，双击这些图标可快速打开某个文件夹或文件或应用程序。

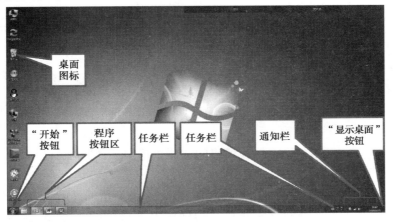

图 2-5　Windows 7 系统桌面

任务栏默认位于屏幕底部，包括"开始"按钮、程序按钮区、语言栏、通知区以及最右边的"显示桌面"按钮。单击"开始"按钮可打开"开始"菜单，单击程序按钮区中的图标可快速打开对应的程序，如果已经有打开的文档或窗口，当鼠标悬停或经过这些按钮时会显示出当前打开的所有窗口的缩略图；语言栏可以设置输入法；通知区有一些小图标表示正在运行的程序,这些程序可能会弹出一些消息窗口通知用户;单击"显示桌面"按钮可快速回到桌面并最小化已打开的窗口。

桌面小工具是 Windows 7 系统新增的一个组件,可以提供一些即时信息,如可以实时显示当前时间、显示图片幻灯片等。

(2)个性化 Windows 7 系统桌面

①添加桌面图标。

一般安装好 Windows 7 系统时,桌面上的图标并不多,可能只有一个"回收站"图标,如需使用"我的电脑"或其他图标,可手动添加,方法如下:

a.在桌面空白处单击鼠标右键,在弹出的快捷菜单中选择"个性化"命令,此时会弹出"个性化"设置窗口,如图 2-6 所示。

图 2-6 "个性化"设置窗口

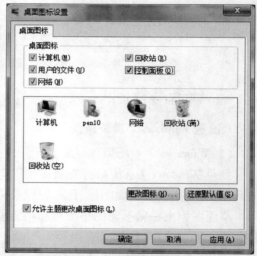

图 2-7 "桌面图标设置"对话框

b.在该窗口的左窗格中,单击"更改桌面图标"项(即矩形框所示),会弹出如图 2-7 所示的"桌面图标设置"对话框。

c.在该对话框中,勾选需要的"桌面图标"项并单击"确定"按钮或"应用"按钮即可添加图标。

②设置可定期变换的桌面背景。

a.在桌面空白处单击鼠标右键,在弹出的快捷菜单中选择"个性化"命令,此时会弹出"个性化"设置窗口。

b.单击下方的"桌面背景"选项,此时会弹出如图 2-8 所示的界面。

c.在该界面中,可以设置桌面背景,如"幻灯片式"播放的图片位置、选择哪些图片、图片在桌面中的位置(填充、拉伸、平铺、居中、适应)以及图片切换的时间间隔等(如图 2-8 中的 1 、 2 、 3 、 4 所示)。

图 2-8　"桌面背景"对话框（设置桌面定期变换背景）

╔══╗

想一想

　　如果使用笔记本电脑时，在没有接入电源的情况下，如何让 Windows 7 系统暂停幻灯片放映以节约电源？

╚══╝

③设置屏幕保护程序。

　　a.在桌面空白处单击鼠标右键，在弹出的快捷菜单中选择"个性化"命令，此时会弹出"个性化"设置窗口。

　　b.单击右下方的"屏幕保护程序"项，此时会弹出如图 2-9 所示的"屏幕保护程序设置"对话框。

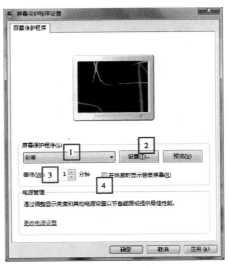

图 2-9　"屏幕保护程序设置"对话框

　　c.在该对话框中，可按图中所示顺序依次进行设置。要使计算机更安全，应勾选"在恢复时显示登录屏幕"复选框。

④添加桌面小工具。

a.在桌面空白处单击鼠标右键,在弹出的快捷菜单中选择"小工具"命令项。

b.此时会弹出如图 2-10 所示的界面,选择你需要的工具,按下鼠标左键不放拖动到桌面预想的位置即可。当然,也可删除桌面小工具,其方法是移动鼠标到想要删除的桌面小工具图标上,此时在小工具图标的右上角会出现" ✕ "按钮,单击该按钮即可删除桌面小工具。

图 2-10　添加桌面小工具

⑤设置任务栏。

a.在任务栏的空白处或在 Windows 7 系统的"开始"按钮处(任务栏左边圆形的窗形按钮),单击鼠标右键,在弹出的快捷菜单中选择"属性"命令项,打开"任务栏和「开始」菜单属性"对话框,如图 2-11 所示。

b.在该对话框中可锁定任务栏,也可自动隐藏任务栏,还可使用 Aero Peek 预览桌面效果等。

另外,在该对话框的"「开始」菜单"选项卡中,还可自定义"开始"菜单(如 Jump Lists 跳转列表的数目等)以及设置按下机器上的电源按钮的操作,例如,是关机还是休眠等。

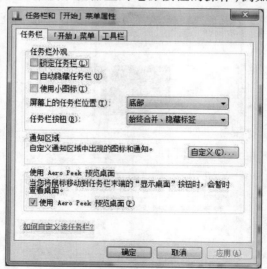

图 2-11　"任务栏和「开始」菜单属性"对话框

> **知识拓展**
>
> 　　在桌面空白处,单击鼠标右键,在弹出的快捷菜单中选择"查看"命令,在弹出的子菜单中,如果不勾选"自动排列图标",桌面上的图标就可排列出任意形状。

2.操作窗口

（1）窗口的组成

当打开一个程序或一个文件夹时,会显示一个方形的区域,该区域称为窗口。一个典型的 Windows 7 系统文件夹窗口包含标题栏、控制按钮区、地址栏、搜索框、菜单栏、工具栏、导航窗格、内容显示窗格、详细信息面板、状态栏等,如图 2-12 所示。

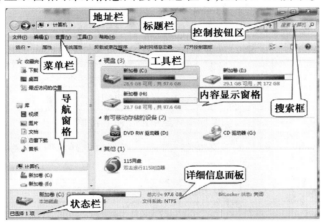

图 2-12　窗口组成图

（2）窗口的操作

● 关闭窗口:单击控制按钮区中的"关闭"按钮可关闭窗口,或者按"Alt+F4"键也可关闭窗口。

> **知识拓展**
>
> 　　双击控制菜单按钮(在窗口的左上角,该按钮不可见)也可关闭窗口。

● 移动窗口:移动鼠标到标题栏,按下鼠标左键不放拖动鼠标到相应位置可实现窗口的移动,也可使用控制菜单上的"移动"命令来移动菜单。

● 改变窗口大小:利用"最大化"按钮、"最小化"按钮可使窗口最大化或最小化,也可手动调整窗口的大小:移动鼠标指针到窗口的四周边界,当看到鼠标指针变成"↔"或"↕"时,按下鼠标左键拖动鼠标可进行窗口的水平调整或垂直调整;当移动到窗口的某个角边缘,鼠标指针变成"↗"或"↘"时,按下鼠标左键拖动鼠标可对窗口的宽、高进行等比例大小调整。

● 切换窗口:在任务栏上的程序按钮区停留并单击某个预览窗口可实现窗口的切换;使用组合键也可快速切换窗口,如"Alt+Tab""Alt+Esc""Win+Tab"(Win 键为 Windows 徽标键)。

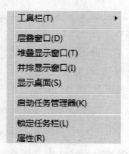

图 2-13　窗口的排列

• 排列窗口：Windows 7 系统窗口的排列方式有层叠窗口、堆叠显示窗口、并排显示窗口、显示桌面 4 种方式，可通过鼠标右键单击任务栏的空白部分，在弹出的快捷菜单中选择一种方式来排列窗口，如图2-13所示。

3.操作菜单

（1）常见菜单类型

• 开始菜单（单击"开始"按钮出现的菜单）。

• 控制菜单（单击窗口左上角出现的菜单）。

• 快捷菜单（选择对象后，单击鼠标右键出现的菜单）。

• 命令菜单（出现在菜单栏里的菜单）。

菜单中的各种标记及其含义，见表2-1。

表 2-1　菜单中的各种标记及其含义

标记名	示　例	含义说明
省略号	文件夹选项(O)…	选择该命令一般将出现一个对话框
三角符号	排序方式(O)　▶	鼠标指向或单击该命令将弹出其下一级子菜单
钩	✓　菜单栏	该功能当前有效，一般可选择多项，再次单击可使当前项无效并取消打钩
圆点	●　详细信息(D)	该功能当前有效，一般只能单选
灰色选项	复制(C)　粘贴(P)	如"复制"功能，表示当前不可用
字母	复制(C)　粘贴(P)	热键，如"粘贴"功能，在打开该菜单时按"P"键可执行粘贴命令
组合键	粘贴(P)　　　Ctrl+V	快捷键，如在未打开该菜单时按下"Ctrl+V"可执行粘贴命令

（2）操作菜单

• 打开菜单：移动鼠标到菜单栏的某个菜单，然后按下鼠标左键可打开当前菜单并出现一个下拉菜单，接下来可选择想要执行的命令（功能）；通过快捷键或热键执行菜单的某项命令（功能）。

• 关闭菜单：移动鼠标离开已经打开的下拉菜单，在该下拉菜单以外的地方，一般是空白的地方，单击鼠标左键，即可关闭菜单；直接按"Esc"键也可关闭菜单。

4.操作对话框

为了进一步和计算机交互，我们还必须和对话框打交道。当操作带有省略号标记的菜单命令时，一般就会弹出一个对话框，给操作提供进一步的说明和操作提示，也可把对话框当成一个特殊的窗口。表2-2列出了对话框和窗口的异同点。

表2-2　对话框和窗口的异同点

比较项目	对话框	窗　口
菜单栏	无	有
窗口大小	不能调节	可调节
控制按钮	一般只有关闭按钮	有最小化、最大化、还原按钮
控制菜单	无或简化的控制菜单	有
帮助按钮	有	一般没有

Windows 7系统对话框一般可由以下某几个元素组合而成：标题栏、选项卡、组合框、文本框、单选按钮、复选框、数值微调按钮/滑块、列表框等，如图2-14至图2-17所示。

图2-14　选项卡

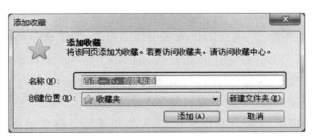

图2-15　文本框

图 2-16　鼠标双击速度设置滑块

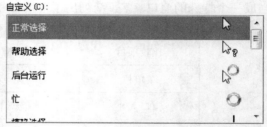

图 2-17　鼠标指针自定义列表框

5.文件系统

（1）文件

文件是操作系统存取磁盘信息的基本单位,是一个具有符号名的一组相关联元素的有序集合。通俗地讲,文件表示可运行的程序和包括文本、图形和数值等在内的数据。为了方便用户使用软件资源,现代操作系统提供了管理文件的软件机构,即文件系统。一方面,从用户的角度看,文件系统实现了对文件的"按名存取";另一方面,从操作系统的角度看,文件系统主要实现了文件存储空间的组织、分配以及文件的存储、检索、共享、保护等管理。常见的文件系统格式有 FAT32、NTFS、ext3、JFS 等,Windows 7 操作系统支持 NTFS、FAT32等文件系统,UNIX、Linux 操作系统则支持 ext2、ext3、ext4 等文件系统。

（2）文件夹

文件夹是组织文件的一种方式,可根据文件的类型或功能将某些文件放置在一起。其主要作用是管理计算机中的文件,规范各种资源的管理。每一个文件夹对应一块磁盘空间,它提供了指向对应磁盘空间的地址。在某些系统中如 Linux 操作系统,文件夹实际上也是一种文件,就连设备在操作系统看来同样也是文件。

文件夹也称为目录,文件夹下的文件夹可称为子文件夹或子目录。

（3）文件名

每个文件都必须有文件的名字,称为"文件名"。在 Windows 系统中,文件名由文件标识符和文件扩展名两部分组成,中间用点号(即".")分隔。一般有如下形式:【文件名】.【扩展名】,其中不包括"【"或"】"符号。如 ⎡ jsj ⎤ · ⎡ docx ⎤ 表示文件名为 jsj,扩展名为docx(说明这是一个 Word 文件)。

在 UNIX 或 Linux 系统中,文件的扩展名不是必需的,即使在 Windows 系列的系统里也不是必需的。

在 Windows 7 系统下,文件(夹)名的命名有以下限制:

①文件名字符不能太多,一般不应超过 255 个字符。

②第一个字符一般不能是空格或点号(".")(如果是空格系统将直接删除,如果文件夹是点号开头则不能创建或修改文件夹名)。

③这 9 个字符不能出现在文件或文件夹名中:/(斜杠)、\(反斜杠)、|(竖杠)、<(小

于）、>（大于）、:（冒号）、?（问号）、*（星号）、"（英文引号）。

④同一文件夹下不能有相同的文件名或文件夹名。另外,Windows 7 系统不区分大小写,而 UNIX、Linux 系统则须区分大小写。

（4）文件类型

在 Windows 7 系统中,文件名中可能包括扩展名,这为区分文件类别提供了极大的方便,也为 Windows 系统打开文件或运行程序提供了便利。表 2-3 列出了 Windows 中常见的一些文件类型。

表 2-3　常见的文件扩展名

扩展名	类型说明	扩展名	类型说明	扩展名	类型说明
EXE	可执行文件	RM	声音视频文件	FON	字体文件
COM	命令文件	RMVB	声音视频文件	CAL	日历文件
BAT	批处理文件	WAV	声音文件	DOC	Word 文件
SYS	系统文件	MP3	声音文件	DOCX	Word 文件
DLL	动态链接文件	MP4	声音视频文件	XLS	Excel 文件
TXT	文本文件	MPEG	声音视频文件	XLSX	Excel 文件
BMP	位图文件	INI	初始化文件	PPT	PowerPoint 文件
JPEG	图像文件	BAK	备份文件	PPTX	PowerPoint 文件
AVI	声音视频文件	DRV	设备驱动文件		

（5）快捷方式/链接

文件（夹）的快捷方式或链接只是一个文件（夹）的链接,该快捷方式或链接并不存储链接的文件。在 Windows 7 系统中,用鼠标双击一个文件（夹）的快捷方式与双击其链接到的文件（夹）的实际效果是一样的。

（6）文件（夹）路径

Windows 7 系统使用文件夹来管理文件,一个文件夹中还有子文件夹,子文件夹中还有子文件夹,这样就形

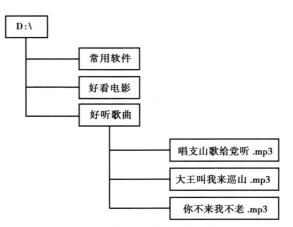

图 2-18　文件夹的树形层次结构

成了一个树形层次结构。如图 2-18 所示,"大王叫我来巡山.mp3"这个文件的路径是"D:\好听歌曲\大王叫我来巡山.mp3"（文件夹的路径用反斜杠来分隔子文件夹或子文件）。

6.操作文件夹

（1）打开资源管理器

Windows 7 系统资源管理器是管理文件的重要工具，可直接双击桌面上的"计算机"图标打开，或使用组合键"Win+E"打开。

打开资源管理器后，其左侧部分为导航窗格，右侧部分为内容显示窗格。导航窗格依次包括收藏夹、库、计算机和网络，其中收藏夹包括"最近访问的位置"，使用起来非常方便；库是 Windows 7 系统提供的新的文件管理方式，是用户指定的特定内容的集合，这些内容可能分散在不同位置，可以创建新的库或设置已有的库。在导航窗格部分，单击空心三角按钮"▶"可展开下级文件夹，单击斜向实心三角按钮"◢"则可收拢下级文件夹。

图 2-19 文件夹显示
视图模式

Windows 7 系统的文件夹显示视图模式，包括超大图标、大图标、中等图标、小图标、列表、详细信息、平铺、内容。使用工具栏上右侧的"更改您的视图"按钮"▦ ▾"可设置文件夹的显示视图模式，其中，单击该按钮的左侧部分可以依次切换视图模式，单击右侧的倒三角按钮可选择一种视图模式，如图 2-19 所示；也可使用鼠标的滚轮来选择，还可使用鼠标单击某个视图模式。另外，也可在浏览文件夹时，按住"Ctrl"键，然后使用鼠标滚轮即可切换视图模式。

（2）新建文件

有些程序打开时就会新建文件，如 Office 程序、记事本程序。另外，也可在桌面或资源管理器窗口的空白处单击鼠标右键，在弹出的菜单中选择某一种类别的文件来创建，此时该文件将创建在当前文件夹下。

（3）新建文件夹

使用文件夹可分门别类地整理文件，创建文件夹时首先应进入新文件夹所处位置的上一级文件夹。如需要在 D 盘下创建文件夹，可双击桌面上的"计算机"图标，在导航窗格里选择 D 盘，在内容显示窗格的空白处单击鼠标右键，在弹出的快捷菜单中选择"新建"命令，在其子菜单中选择"文件夹"，在文件（夹）名框中输入文件夹名字，按"Enter"键完成新建文件夹。

在新建文件夹时，也可使用文件菜单或"新建文件夹"按钮来创建文件夹。

（4）创建快捷方式

快捷方式是文件或文件夹或磁盘驱动器的一个链接，其图标的左下角有"▣"标志，删除快捷方式不会影响其链接的对象。

打开要创建快捷方式的文件夹，在其内容显示窗格的空白处单击鼠标右键会弹出快捷菜单或选择"文件"菜单，在菜单中选择"新建"命令，在其子菜单中选择"快捷方式"命令，会弹出"创建快捷方式"对话框，设置好要链接对象的位置和快捷方式名称，就可创建好快捷方式。

(5)选定文件或文件夹

对文件或文件夹操作之前,一般都需选定文件或文件夹。选定的文件或文件夹会加上浅蓝色的框。有以下几种选定文件或文件夹的场景:

- 选定单个对象:直接用鼠标单击要选定的对象。
- 选定多个连续的对象:先选定第一个对象,然后按住"Shift"键不放,再单击最后一个对象。
- 选定多个不连续的对象:先选定第一个对象,然后按住"Ctrl"键不放,依次单击其余的每一个对象。
- 选定全部对象:按组合键"Ctrl+A"即可选定全部对象。

(6)删除或恢复文件(夹)

选定需要删除的文件或文件夹,直接按"Delete"键就可删除;也可单击鼠标右键,然后选择"删除"命令来删除。通过以上方法删除的文件(夹)将进入回收站中,还可到回收站中恢复已删除的文件,其方法是双击桌面上的回收站图标进入回收站,然后选择需要恢复的对象,选择文件菜单或单击鼠标右键在弹出的菜单中选择"还原"命令即可恢复被删除的文件或文件夹。

回收站是 Windows 系统用来存放临时删除的文档资料的一个特殊文件夹,它是硬盘上的一块临时存储空间。

(7)重命名文件(夹)

- 单个文件(夹)的重命名:选定需要重命名的文件(夹)后,单击鼠标右键,在弹出的快捷菜单中选择"重命名"命令,在文件(夹)名框中输入新的名称,按"Enter"键即可完成重命名操作。
- 批量文件(夹)的重命名:批量文件(夹)的重命名的操作与单个文件(夹)的重命名差不多,只不过重命名后所有对象将被重命名为相似名称,如类似"计算机文化基础(5).

doc"这样的名字,其中"(5)"可能是其他序号。

(8)移动或复制文件(夹)

选定文件(夹)后,按住鼠标左键不放,移动鼠标到同盘文件夹可实现【移动】操作,移动到异盘文件夹可实现【复制】操作;如果需要实现同盘【复制】操作,则需要加按"Ctrl"键;如果要实现异盘【移动】操作,则需要加按"Shift"键,也可使用组合键"Ctrl+C"和"Ctrl+V"的组合操作实现【复制】操作,使用组合键"Ctrl+X"和"Ctrl+V"的组合操作实现【移动】操作。

(9)搜索文件(夹)

Windows 7 提供了一款最为称道的非常强大的搜索功能。

①搜索通配符的含义。

通配符可以匹配某些字符,在 Windows 7 中,表 2-4 列出了通配符的功能及含义。

表 2-4   通配符的功能及含义

通配符	含　义	示　例	有可能搜索到的文件
?	表示任意一个字符	?Abc?.doc	aAbca.doc、bAbcb.doc、bAbca.doc、…
*	表示任意多个字符(包括 0 个字符)	*Abc*.doc	Abc.doc、aabAbc.doc、Abcba.doc、…

注:使用*.*可以匹配所有对象。

②搜索文件(夹)。

● 在开始菜单中的"搜索程序和文件"框中搜索:单击"开始"按钮,在弹出的"开始"菜单下有一个"搜索程序和文件"的文本框,直接输入要搜索的文件(夹)名或包含的内容,就可搜索出相关的文件或程序。如果是一个程序,将直接打开该程序,如在其中输入"cmd",将打开命令行窗口程序。

注意

　　从"开始"菜单中搜索出的结果只会显示已经建立索引的内容。此处的索引指的是相关文件或文件夹的详细内容的集合,通过索引可快速找到想要的文件。

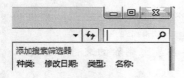

图 2-20　搜索文件时的筛选器

● 在资源管理器窗口中搜索:直接在资源管理器窗口的左上部(即地址栏的右侧,控制按钮区下面)的搜索框中,键入要搜索的文件名或文件夹名可实现即时搜索。

● 使用筛选器搜索:如图 2-20 所示,可添加种类、修改日期、类型、名称等的筛选器,使用一个或多个筛选器的组合可缩小搜索范围,使搜索到的结果更加准确。

(10)查看或设置文件(夹)的属性

选定文件或文件夹后,通过"文件"菜单或工具栏左侧的"组织"下拉菜单或鼠标右键弹出菜单中的"属性"命令可查看或设置其属性,如图 2-21 所示。

图 2-21　"查看或设置文件属性"对话框

● 只读属性：当选中的是文件时，如该复选框被选中后，就不能修改该文件，而只能另存为其他文件；当选中的是文件夹时，如该复选框被选中后，该文件夹下的文件及其子文件夹的属性将被设置成只读（文件内容将不能修改）。

● 隐藏属性：当该复选框被选中后，该文件夹或文件通常情形下不可见。如果需要查看该文件夹，可通过地址栏输入其绝对路径来查看或通过设置文件夹的选项来显示隐藏文件或文件夹（在其上一级文件夹中，单击"工具"菜单，选择"文件夹选项"命令，选择"查看"选项卡，单击"不显示隐藏的文件、文件夹或驱动器"单选按钮可实现隐藏文件、文件夹或驱动器，单击"显示隐藏的文件、文件夹和驱动器"单选按钮可实现显示文件、文件夹和驱动器），如图 2-22 所示。

● 存档属性：该属性是用来标记文件改动的，即在上一次备份后文件的有所改动，一些备份软件在备份时会只备份带有存档属性的文件，备份后会把存档属性取消。大多数情况下无须勾选该复选框。

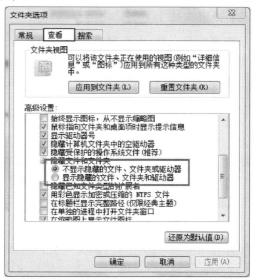

**图 2-22　使用"文件夹选项"对话框设置
显示或隐藏文件（夹）**

● 压缩属性：勾选该属性，将压缩文件或文件夹以节省磁盘空间，如图 2-21 所示。

● 加密属性：勾选该属性，将加密文件或文件夹，首次加密时系统会自动创建加密证书，如果证书和密钥已丢失或受损，并且没有备份，则无法使用经过加密的文件，因此应备份该证书文件（Windows 7 家庭版以及非 NTFS 分区无法使用加密属性），如图 2-21 所示。

● 其他属性：如文件类型、打开方式、位置、大小、占用空间、创建时间、修改时间、访问时间、安全相关属性等，有的属性可手工更改，有的属性则不能手工更改。

知识拓展

在图 2-22 中,可以取消勾选"隐藏已知文件类型的扩展名"复选框(图中标记方框之下),以便显示文件类型的扩展名。

三、任务解决方案

根据上述情况,拟订如下解决方案:

①设置个性化桌面,如设置定期变换的桌面背景,添加如天气、CPU 仪表盘等桌面小工具,设置屏幕保护程序,甚至还可下载专门的桌面管理工具或桌面壁纸。

②所有个人文件保存在 D 盘,一些软件安装文件、音频、视频文件放在 E 盘。

③利用文件夹分门别类地整理各类文件。

④为常用的文件或文件夹在桌面上创建快捷方式(图标)。

⑤一些私密的文件(夹)可设置隐藏属性,为特殊文件设置打开密码。

⑥为了在桌面上把各种图标摆放成心形图案,应取消勾选"自动排列图标"。

四、任务实施

1.设置桌面

在桌面空白处,单击鼠标右键,选择"个性化"命令,在个性化窗口中(图 2-6)可作如下设置:

①添加需要的桌面图标,如"计算机"图标、"用户的文件"图标、"控制面板"图标等,如图 2-7 所示。

②设置定期变换的桌面背景,在 D 盘创建"桌面背景"文件夹,复制自有图片或下载网络上心仪的图片到这个文件夹,选择该文件夹作为桌面背景图片的来源,设置桌面背景图片的位置为"填充",并设置更改图片时间间隔为 30 s,如图 2-8 所示。

③设置屏幕保护程序为"彩带",设置等待时间为 3 min,并勾选"在恢复时显示登录屏幕",如图 2-9 所示。

2.添加桌面小工具

添加 3 个桌面小工具,如天气、CPU 仪表盘、时钟,并放置在桌面的右上角位置。

3.创建文件夹

使用组合键"Win+E"打开资源管理器,双击 D 盘,在 D 盘的空白处通过单击鼠标右键,在弹出的快捷菜单中选择"新建"命令及随后的子菜单中选择"文件夹"命令,创建以下几个文件夹:桌面背景、作业(其中可创建如语文、数学、英语等文件夹)、日记、照片等,同时使用组合键"Ctrl+X"和"Ctrl+V"移动已有文件到相应文件夹。

使用与上面同样的步骤在 E 盘创建如下文件夹:软件、电影(可按电影类别创建相关子文件夹)、音乐(可按歌手名创建相关子文件夹)、搞笑视频等文件夹,同时使用组合键"Ctrl+X"和"Ctrl+V"移动已有文件到相关文件夹。

4.创建快捷方式(图标)

为作业、照片、音乐等文件夹在桌面创建快捷方式。

①在 D 盘或 E 盘中,选择相应文件夹,单击鼠标右键,在弹出的快捷菜单中选择"发送到"命令,在其子菜单中再选择"桌面快捷方式"命令。

②选择该快捷方式,单击鼠标右键,在弹出的快捷菜单中选择"重命名"命令(图 2-23),为该快捷方式设置一个好的名字;选择该快捷方式,单击鼠标右键,在弹出的快捷菜单中选择"属性"命令,在弹出的对话框中单击"更改图标"按钮,这时会弹出"更改图标"对话框,如图2-24 所示,这样就可以为该图标或快捷方式设置一个"个性化"的图标。

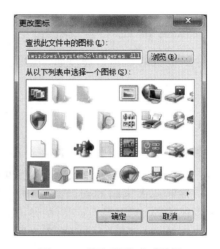

图 2-23 快捷方式的"属性"对话框　　　图 2-24 "更改图标"对话框

5.隐藏某些文件或文件夹,为特殊文件设置打开密码

把"日记"文件夹或其中的某个文件设置为隐藏。

①选择要隐藏的对象,单击鼠标右键,在弹出的菜单中选择"属性"命令,勾选"隐藏"复选框以隐藏对象。同时在该对象的上级文件夹中选择"工具"菜单中的"文件夹选项"命令,在弹出的对话框中单击"查看"选项卡,在"高级设置"组合框中,确认"不显示隐藏的文件、文件夹或驱动器"单选按钮已选中。

②使用 Word 2010 或 Excel 2010 打开相应文件,依次单击"文件"→"信息"→"保护文档"下拉小三角按钮、"用密码进行加密"命令,输入一个复杂的密码,单击"确定"按钮再次输入相同的密码并再次单击"确定"按钮即可,如图2-25 所示。

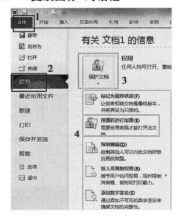

图 2-25 为 Word 文件设置打开密码

6.设置桌面图标排列方式

在桌面空白处,单击鼠标右键,在弹出的菜单中选择"查看"命令,在弹出的子菜单中确认未勾选"自动排列图标"项。

7.拖动桌面各图标

在桌面上,移动鼠标到相应图标上,按住鼠标左键不放,拖动桌面上各图标到合适位置,确保摆放成心形或其他有趣形状,可参考图2-4。

任务三　控制面板及相关工具的使用

一、任务描述

李小妹的计算机运行速度越来越慢,小王应如何解决此问题?

二、任务准备

1.认识控制面板

控制面板允许用户查看并操作基本的系统设置和控制,如添加硬件、添加/删除软件、控制用户账户、更改辅助功能选项等。可用以下方法进入控制面板:

- 用鼠标双击桌面上的"控制面板"图标。
- 用鼠标单击"开始"按钮,在弹出的"开始"菜单中选择"控制面板"命令。
- 依次单击"开始"→"所有程序"→"附件"→"系统工具"→"控制面板",进入控制面板后如图2-26所示,可通过右上方的"类别"按钮切换控制面板的查看方式。

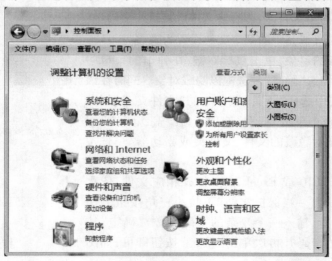

图2-26　控制面板

（1）管理程序

一般可通过双击运行一个软件的安装程序（一般是 setup.exe 或 install.exe）来添加一个 Windows 程序，添加好后在"开始"菜单中的"所有程序"子菜单中就会出现该程序项。

如果需要删除某个程序，先进入"控制面板"，在"类别"查看方式中找到"程序"图标，单击"卸载程序"按钮，或在"大图标"/"小图标"的查看方式中单击"程序和功能"图标，这样就会打开"卸载和更改程序"对话框，如图 2-27 所示。选定要卸载的程序，并单击"卸载"按钮，即可从系统中删除该程序。

图 2-27　"卸载和更改程序"对话框

另外，某些程序也自带程序卸载器，如要卸载 QQ 2019 聊天软件，就可依次单击"开始"→"所有程序"→"腾讯软件"→"QQ 2019"→"卸载腾讯 QQ"，其卸载效果和通过"程序和功能"卸载相同。

（2）设置区域和语言

在控制面板中，用鼠标双击"区域和语言"，打开"区域和语言"对话框，如图 2-28 所示，在该对话框中，可设置数字、日期、时间的显示格式、排序方法、位置、键盘和语言等项。

Windows 7 默认预装了多种输入法，如全拼、双拼等，现在较常用的中文拼音输入法软件有搜狗拼音输入法、QQ 拼音输入法、百度输入法等，这些输入法需要安装相应软件才能使用。

①添加输入法。

a.在图 2-28 中选择"键盘和语言"选项卡，然后单击"更改键盘"按钮，此时将弹出"文本服务和输入语言"对话框，如图 2-29 所示。

b.在该对话框中单击"添加"按钮，将出现如图 2-30 所示的"添加输入语言"对话框，在该对话框中，用鼠标拖动滚动条找到要设置的语言以及需要添加的键盘输入法，并在其前面的复选框中打"√"，单击"确定"按钮，然后在"文本服务和输入语言"对话框中用鼠标单击"确定"按钮或"应用"按钮即可添加输入法。

　　如果要查看添加的输入法,可单击任务栏上的"语言栏"选项卡即可看到新添加的输入法。

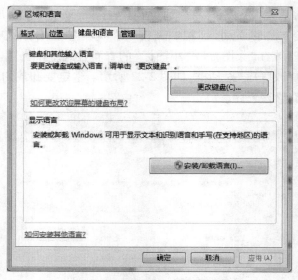

图 2-28　"区域和语言"对话框

图 2-29　"文本服务和输入语言"对话框

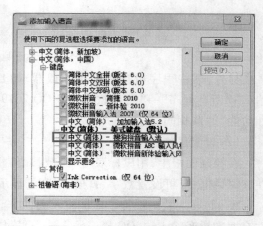

图 2-30　"添加输入语言"对话框

　　②删除输入法。

　　a.移动鼠标并单击右键,再单击任务栏上的"语言栏"按钮,在弹出的快捷菜单中选择"设置"命令,打开如图 2-29 所示的"文本服务和输入语言"对话框。

　　b.在该对话框下面的"已安装的服务"列表中选择要删除的输入法,单击"删除"按钮再单击"确定"或"应用"按钮即可删除该输入法。

　　在进行文字输入时,使用"Ctrl+Shift"键可以在不同的输入法间进行切换;使用"Ctrl+空格键"可以切换中英文输入法(搜狗拼音输入法直接按"Shift"键);使用"Shift+空格键"

可以切换全角/半角输入(全角输入时英文字符大小是半角的两倍,中文字符一样大小);
使用"Ctrl+点号键"可以切换中英文标点符号。

(3)管理打印机

在控制面板中,双击"设备和打印机"将打开"设备和打印机"窗口,在该窗口中可以管理打印机、传真机、摄像头、移动存储等设备。

打印机是一种可以将计算机计算的结果打印在诸如纸张的介质上的输出设备,按照打印机的工作方式一般可分为针式打印机、喷墨打印机和激光打印机。

①添加打印机。

a.单击"设备和打印机"窗口工具栏上的"添加打印机"按钮,此时将弹出如图 2-31 所示的对话框,根据需要选择"添加本地打印机"(直接用线缆与计算机相连)或"添加网络、无线或 Bluetooth 打印机"。

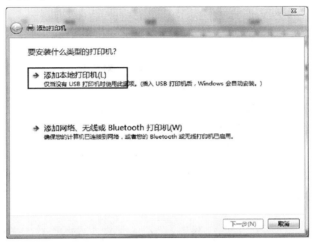

图 2-31　"添加打印机"对话框

b.若选择本地打印机,将弹出如图 2-32 所示的对话框,按照连接情况,一般选择 LPT1 端口,某些支持网络访问的打印机可能需要创建新的"Standard TCP/IP Port"。

图 2-32　"选择打印机端口"对话框

c.在图 2-32 中选择的是 LPT1 端口,单击"下一步"按钮,将安装打印机驱动程序。如图 2-33 所示,在该对话框中用滚动条找到打印机的生产厂商及其型号。如果没有找到对应的型号,可单击"从磁盘安装"按钮,在磁盘中找到打印机驱动程序(该驱动程序一般从厂商的官网上下载），然后进行安装。

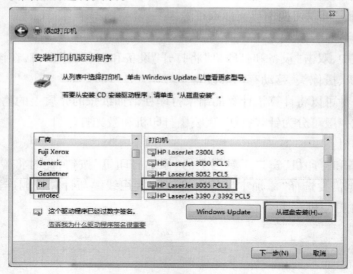

图 2-33 "添加打印机"对话框

d.在图 2-33 中选择要安装的打印机型号后，单击"下一步"按钮，将弹出"键入打印机名称"对话框，设置好一个有意义的打印机名字后，然后单击"下一步"按钮将询问是否共享打印机，如果选择共享打印机，在同一网络中的其他计算机将可使用该打印机来打印文档。

e.继续单击"下一步"按钮将完成打印机的安装，在弹出的对话框中可设置刚添加的打印机为默认打印机，还可进行打印测试。

②删除打印机。

a.在"设备和打印机"窗口中找到要删除的打印机，选定并单击鼠标右键，在弹出的快捷菜单中选择"删除设备"命令。

b.在确认"删除设备"对话框中单击"是"按钮即可删除该打印机。如果该打印机是默认打印机，删除后排在其前面的打印机将被设置为默认打印机。

③设置默认打印机。

如果你经常使用多个打印机，你可以选择一个打印机作为默认打印机，在打印时，Windows 和其他程序将会自动使用该打印机。

在"设备和打印机"窗口中找到要设置成"默认打印机"的打印机，选定并单击鼠标右键，在弹出的菜单中选择"设为默认打印机"命令，此时可看见该打印机图标左下角有一个复选标记"✅"。

④管理打印作业。

一旦文档或照片开始打印，可通过打印列队暂停或取消打印。打印队列显示正在打印或等待打印的内容，同时还显示一些方便的信息，如作业状态、谁正在打印什么内容以及还有多少页尚未打印。

在"设备和打印机"窗口中找到要管理作业的打印机，选定并单击鼠标右键，在弹出的菜单中选择"查看现在正在打印什么"命令(当有打印作业在打印时,也可通过任务栏上的通知区域图标"🖨"打开该窗口),将会弹出如图 2-34 所示的窗口,在该窗口中可通过选定某项打印作业然后单击鼠标右键来暂停、取消或重新启动打印作业。

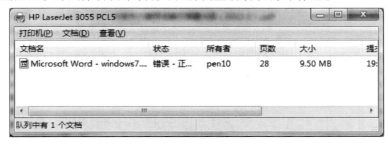

图 2-34　管理打印作业窗口

(4)使用设备管理器

使用设备管理器可查看和更改设备属性、安装或更新驱动程序软件、配置设备和卸载设备。在"控制面板"中双击"设备管理器",将打开"设备管理器"对话框,如图 2-35 所示。

单击图 2-35 中的空心三角按钮" ▷ "可展开当前项下的设备,此时该按钮将变成斜向实心三角按钮" ◢ ",单击此按钮将收拢当前项下的设备。选定某项设备并用鼠标右键单击它将可查看该设备的属性、禁用设备、卸载设备、更新驱动程序软件以及扫描检测硬件改动(整个计算机的硬件改动)。

图 2-35　"设备管理器"对话框

如果在设备管理器中看到某个设备的图标上出现向下的箭头,如声音设备图标变成" 🔊 ",则表明该设备被禁用了,通过右键快捷菜单启用该设备即可正常工作。如果看到有感叹号如声音设备图标变成" 🔊 ",表示该设备驱动程序安装不正确或根本就没有安装设备驱动程序,可通过右键菜单卸载该设备并扫描硬件改动的方法让系统重新安装驱动程序或手工安装设备驱动程序。

知识拓展

使用诸如驱动精灵、驱动人生等软件可简单方便地安装或更新设备驱动程序。

注意

所有设备必须正确安装驱动程序后,方能正常使用。

(5)管理 Windows 更新

Windows Update(即 Windows 更新)是一种可阻止或解决某些问题、增强计算机安全性或改善计算机性能的软件附件。微软公司会不定期地发布一些更新程序,改善某些程序或驱动的稳定性,解决一些已发现的问题。使用 Windows Update,Windows 系统能自动发现最新的且适合系统的更新程序。

在控制面板中,双击 Windows Update 图标可管理 Windows 更新,如图 2-36 所示。在该窗口中,可以检查更新、更改设置、安装更新或删除更新等。一般来说,"重要更新"是必需的,而"可选更新"或"推荐更新"是可以有选择地更新。

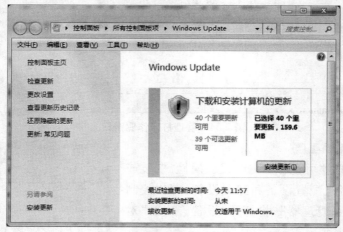

图 2-36 管理 Windows 更新

如果需要让计算机自动安装"重要更新",可单击左窗格中的"更改设置"链接,如图 2-37 所示。在该窗口中,可以设置"重要更新"的更新方式为:自动安装更新、下载更新但是让用户选择是否安装更新、检查更新但是让用户选择是否下载和安装更新、从不检查更新。"重要更新"的推荐设置为"自动安装更新(推荐)"。

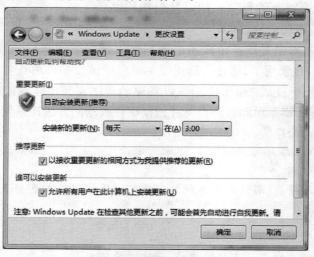

图 2-37 "更改设置"对话框

知识拓展

经常或定期更新 Windows 系统,能修正系统漏洞或程序错误,可减少计算机感染病毒、中木马的概率。另外,也可使用 360 安全卫士等软件进行漏洞修复。

2.任务管理器的使用

任务管理器显示计算机上当前正在运行的程序、进程、服务、性能、联网和用户。使用 Windows 7 任务管理器可以完成如下操作：

- 查看计算机或某个进程的 CPU、内存使用情况。
- 查看或结束正在运行的程序及进程。
- 查看运行中的服务。
- 查看网络使用情况。

启动任务管理器的最简单方式是在任务栏的空白处，单击鼠标右键，在弹出的菜单中选择"启动任务管理器"命令，打开"任务管理器"窗口，如图 2-38 所示。可通过不同的选项卡查看或操作不同的内容，如通过"应用程序"选项卡可查看、切换正在运行的程序或打开某个程序（通过"新任务"按钮），如图 2-39 所示；通过"性能"选项卡可查看计算机的 CPU、内存的总体使用状况；通过"查看"菜单可调整性能的"更新速度"，如果选择的是"进程"选项卡，还可调整需要显示的列（还可单击"显示所有用户的进程"按钮来显示所有进程）。

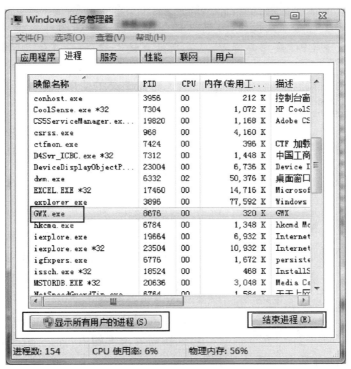

图 2-38　任务管理器之"进程"选项卡

图 2-39　任务管理器之"应用程序"选项卡

　　可使用任务管理器监视计算机的性能或关闭没有响应的程序。

　　当计算机的运行速度变慢时,可通过任务管理器来分析为什么会变慢,看看是哪些进程占用了大量 CPU 或内存资源,从而来结束该进程,使计算机正常运行。

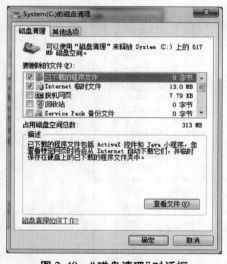

图 2-40　"磁盘清理"对话框

3.磁盘工具的使用

　　当磁盘使用久了之后,不但会产生一些无用的文件浪费磁盘空间,也会产生一些磁盘碎片降低磁盘访问速度。因此,有必要定期做磁盘清理和磁盘碎片整理。

　　(1)磁盘清理

　　依次单击"开始"→"所有程序"→"附件"→"系统工具"→"磁盘清理",将打开"磁盘清理:驱动器选择"对话框,选择一个需要清理的驱动器,然后单击"确定"按钮将搜索需要清理或删除的文件,这可能要搜索几分钟的时间。当搜索完成后,将弹出如图 2-40 所示的对话框。在该对话框中,可选择需要清理的内容。一般来说,在"要删除的文件"列表框中的内容基本上都可以删除。

　　磁盘清理的频率可以是每月 1~2 次。

知识拓展

　　使用 360 安全卫士或 QQ 电脑管家的"垃圾清理"功能可能效果更好或更加便捷。

（2）磁盘碎片整理

选择一个驱动器，然后单击鼠标右键，在弹出的快捷菜单中选择"属性"命令，再在弹出的对话框中选择"工具"选项卡，单击中间部分的"立即进行碎片整理"按钮，如图 2-41 所示，将打开"磁盘碎片整理程序"对话框，如图 2-42 所示。Windows 7 默认已经设置每周日 1∶00 对所有驱动器进行磁盘碎片整理，建议单击"配置计划"按钮修改为每月整理一次，以防频繁访问而损伤磁盘。除了自动进行磁盘碎片整理外，也可手动设置"分析磁盘"和"磁盘碎片整理"进行磁盘碎片整理。

图 2-41　驱动器"属性"对话框

图 2-42　"磁盘碎片整理程序"对话框

知识拓展

在图 2-41 的驱动器属性对话框中，还可对驱动器进行差错处理，可自动修复文件系统错误、扫描并尝试恢复坏扇区，如图 2-43 所示。如果文件系统或扇区有问题，也可能导致计算机运行变慢。另外，在图 2-41 中，还可对磁盘进行备份，数据备份也是一件很重要的日常工作。

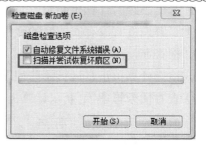

图 2-43　"检查磁盘 新加卷"对话框

4.获取帮助

Windows 7的"帮助和支持中心"是用户身边的"技术专家",它可随时联机解决所遇到的问题。如果它不能解答,还可联系在线技术支持专家或请求远程协助。

单击"开始"按钮,然后在弹出的"开始"菜单中选择"帮助和支持"命令,进入"Windows 帮助和支持"窗口,如图 2-44 所示。在该窗口中,可直接输入要帮助的主题,实现联机或脱机帮助的搜索,也可浏览计算机入门知识、Windows 的基础知识或按帮助主题浏览。单击窗口右下角的"脱机帮助"按钮可更改联机/脱机帮助,单击窗口左下角的"更多支持选项"可邀请朋友、专家甚至厂商来解决问题。

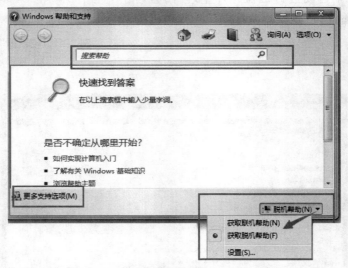

图 2-44　"Windows 帮助和支持"对话框

知识拓展

几乎每个程序或组件都有自己的帮助系统,一般使用"F1"键就可打开其帮助系统,通过这种方式可快速地获取帮助。

三、任务解决方案

针对李小妹的计算机问题,小王拟订了以下排错方案:

①了解最近有没有安装新的硬件或软件,有没有异常声音或异常现象。

②检查在使用计算机时,打开了哪些程序或软件。

③检查计算机正在运行哪些程序或软件。

④查看任务管理器,获取计算机运行状况数据。

⑤清理磁盘,在必要的情况下可进行磁盘碎片整理或磁盘差错检查。

⑥升级 Windows 7 系统、杀毒软件等程序。

⑦使用杀毒软件进行病毒等的查杀。

四、任务实施

1.了解情况

了解最近有没有安装新的硬件或软件,有没有异常声音或异常现象,在使用计算机时一般会打开哪些程序或软件。

2.检查计算机软件或程序安装情况

有时用户可能在比较隐蔽的情况下不知不觉地安装了一些额外的软件。

①双击桌面上的"控制面板"图标进入控制面板。

②设置控制面板的查看方式为"大图标",双击"程序和功能"图标查看软件或程序安装情况,参考图 2-27。

3.查看任务管理器

（1）查看系统运行状况

①在"进程"选项卡中,单击"显示所有用户的进程"按钮（注意需要管理员权限）以便能查看所有进程。另外,还可单击每列的列名进行排序,查看哪个进程占用比较多的 CPU 或内存,一旦发现有可疑的进程,可单击"结束进程"按钮结束进程。

②在"性能"选项卡中,可查看 CPU、内存的使用情况。

（2）查看 CPU 型号和内存大小

单击鼠标右键,在弹出的菜单中选择"属性"命令,将弹出"系统"属性框,如图 2-45 所示,重点关注 CPU 的型号、时钟频率以及内存的大小。一般来说,在 Windows 7 系统下,内存在 4 GB 左右是比较合适的,如果只有 2 GB 内存,可再购买一条内存卡。

图 2-45　"系统"属性框

4.磁盘维护

经过以上步骤的检查,如果计算机运行还比较慢,可尝试进行磁盘清理、磁盘碎片整理和磁盘查错。

（1）对系统盘进行磁盘清理

系统盘即安装操作系统的驱动器，也称为操作系统盘，一般是 C 盘。依次单击"开始"→"所有程序"→"附件"→"系统工具"→"磁盘清理"，打开"磁盘清理：驱动器选择"对话框，选择系统盘进行磁盘清理。在图 2-40 中，勾选需要删除的内容，一般默认勾选即可。

（2）对系统盘进行碎片整理

磁盘维护时，也可对系统盘进行碎片整理。双击桌面上的"计算机"，选择一个驱动器，然后单击鼠标右键，在弹出的快捷菜单中选择"属性"命令，在弹出的对话框中选择"工具"选项卡，单击中间部分的"立即进行碎片整理"按钮（图 2-41），将打开"磁盘碎片整理程序"（图 2-42）。接下来先选择一个系统盘（一般是 C 盘），再单击"碎片整理"按钮进行磁盘碎片分析。如有必要，该程序会自动进行磁盘碎片整理。

（3）对系统盘进行磁盘查错

另外，还可对系统盘进行磁盘查错（也需要有管理员权限才能操作）。双击桌面上的"计算机"，选择一个驱动器，然后单击鼠标右键，在弹出的快捷菜单中选择"属性"命令，再在弹出的对话框中选择"工具"选项卡，单击"开始检查"按钮（图 2-41），此时会弹出如图 2-43 所示的对话框，可以勾选"自动修复文件系统错误"和"扫描并尝试恢复坏扇区"复选框。磁盘查错过程比较长。如对系统盘进行查错，可能会弹出如图 2-46 所示的对话框，单击"计划磁盘检查"按钮，将在下次启动计算机时检查硬盘错误。

图 2-46　"对系统盘进行查错"
对话框

5.升级 Windows 7 系统和软件

（1）升级 Windows 7 系统

在控制面板中，双击 Windows Update 图标可管理 Windows 更新，如图 2-36 所示，单击"安装更新"按钮对 Windows 7 系统进行系统更新。

（2）更新杀毒软件

一般来说，杀毒软件在计算机连接互联网时会自动进行更新，当然也可手动更新使其保持为最新的病毒库。

6.使用杀毒软件扫描整个磁盘

以 360 杀毒软件为例，单击任务栏右侧通知区里的"⊚"图标会弹出如图 2-47 所示的窗口，单击"全盘扫描"可扫描整个磁盘。

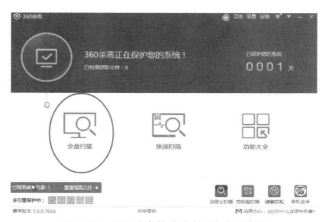

图 2-47　360 杀毒软件中的"全盘扫描"

项目小结

　　操作系统是计算机系统的心脏和灵魂,其主要功能是实现对硬件与软件资源的管理,具体体现在进程管理、设备管理、存储管理、文件管理及作业管理等方面。操作系统的类型较多,在众多操作系统中,Windows 7 是微软公司开发的一款基于图形界面、单用户多任务操作系统。在兼容早期版本操作系统的性能基础上进行升级后,Windows 7 具有较多新特性,能更好地充当用户与计算机之间接口的角色,并更好地支持用户个性化及上网的需求。用户可进行个性化设置、方便文件管理与搜寻,通过控制面板进行组件或程序的增删以及设备的管理、实时更新、磁盘维护与整理、安全与性能管理等。操作系统是一种系统软件,必须要先熟悉和领会操作系统的基本操作和应用后,才能以此为基础更好地学习和使用其他应用软件。

拓展训练

1.使用 U 盘安装 Windows 7 系统。

2.使用 Windows 7 系统常用快捷键(表 2-5)。

表 2-5　Windows 7 常用快捷键

快捷键	作　用	快捷键	作　用
Alt+F4	关闭窗口或计算机	Ctrl+Esc	弹出开始菜单
Alt+Tab	切换窗口	Ctrl+点号	切换中英文标点
Alt+Esc	切换窗口	Ctrl+Shift	切换输入法
Alt+空格	弹出控制菜单	Ctrl+空格	切换中英文输入
Ctrl+A	选择所有的对象	Shift+空格	切换全角/半角
Ctrl+C	复制	PrintScreen	全屏截屏

续表

快捷键	作　用	快捷键	作　用
Ctrl+X	剪切	Alt+PrintScreen	对当前窗口截屏
Ctrl+V	粘贴	Shift+Delete	直接删除文件
Ctrl+Z	撤销	Win+E	打开资源管理器
Ctrl+S	保存	Win+D	显示桌面

3.创建计算机用户。

操作提示:在控制面板中找到"用户账户",单击进入"用户账户"窗口,继续单击"管理其他账户",在"管理账户"窗口中单击"创建一个新账户",在"创建新账户"的窗口中,建议将同学的账户设置成"标准用户"。

4.隐藏与显示菜单栏。

操作提示:在资源管理器中,单击工具栏中的"组织"按钮,在弹出的菜单中选择"布局"命令,在子菜单中勾选"菜单栏"即可。

5.创建个性化的资源库。

操作提示:打开资源管理器,单击左边的导航窗格中的"库",单击工具栏中的"新建库"命令,然后给新库取一个名字如"电影"。双击"电影"这个库,此时一个文件夹都没有,系统要求添加,单击"包含一个文件夹"按钮,可选择一个文件夹加入这个库中(不会占用磁盘空间)。如果想添加新的文件夹到已有"库"中,进入该"库",在工具栏下边位置找到"包括:n 个位置"(其中 n 为整数),单击"n 个位置"可添加新的"库"位置。

6.改回默认的浏览器。

操作提示:在控制面板中找到"默认程序"(在"开始"菜单里也有),单击打开,在"默认程序"窗口中,单击左边"程序"列表框中的 Internet Explorer,再单击右下部的"将此程序设置为默认值"按钮即可。

项目考核

一、单选题

1.操作系统是(　　)的接口。

A.软件和硬件　　　　　　　　　　B.计算机和外设

C.用户和计算机　　　　　　　　　D.高级语言和机器语言

2.操作系统的作用是(　　)。

A.管理和控制系统资源的使用　　　B.把源程序译成目标程序

C.实现软硬件的连接　　　　　　　D.数据管理系统

3.在 Windows 7 系统中,能弹出对话框的操作是(　　)。

A.选择了带省略号的菜单项　　　　B.选择了带向右三角形箭头的菜单项

C.选择了颜色变灰的菜单项　　　　D.运行了与对话框对应的应用程序

4.下面关于 Windows 7 操作系统菜单命令的说法中,不正确的是(　　)。

  A.带省略号(…)的命令执行后会打开一个对话框,要求用户输入信息

  B.命令名前面带有符号(√)的,表示该命令正在起作用

  C.命令名后面带有符号(▶)的,表示此菜单还将引出子菜单

  D.命令项呈黯淡的颜色,表示该命令正在执行

5.在 Windows 7 系统中文件夹名不能是(　　)。

  A.12%+3%　　　　　　B.12-3　　　　　　C.12 * 3!　　　　　　D.1&2 = 0

6.下列关于 Windows 7 系统回收站的叙述中,错误的是(　　)。

  A."回收站"中的信息可以清除,也可以还原

  B.每个逻辑硬盘上"回收站"的大小可以分别设置

  C.当硬盘空间不够使用时,系统自动使用"回收站"所占据的空间

  D."回收站"中存放的是所有逻辑硬盘上被删除的信息

7.用通配符搜索文件时,表示前 3 个字符任意、第 4 个字符为 p、扩展名任意的文件名是(　　)。

  A.? * ?p * . *　　B. *** p?.?　　　　C.??? p. *　　　　D. * p?.?

8.在 Windows 7 系统文件夹界面中选定若干个不相邻的文件,应先按住(　　)键,再单击各个待选的文件。

  A.Shift　　　　　　B.Ctrl　　　　　　C.Tab　　　　　　D.Alt

9.下列关于 Windows 7 系统文件命名的规定,不正确的是(　　)。

  A.保留用户指定文件名的大小写格式,但不能利用大小写区别文件名

  B.搜索和显示文件时,可使用通配符"?"和" * "

  C.文件名可用字符、数字和汉字命名

  D.由于文件名可以使用间隔符".",因此可能出现无法确定文件的扩展名

10.在 Windows 7 系统文件夹窗口中共有 50 个文件,全部被选定后,再按住"Ctrl"键用鼠标左键单击其中的某一个文件,有(　　)个文件被选定。

  A.50　　　　　　B.49　　　　　　C.1　　　　　　D.0

11.如果要把 C 盘某个文件夹中的一些文件复制到 C 盘另一个文件夹中,在选定文件后,若采用鼠标拖曳操作,(　　)操作可以将选中的文件复制到目标文件夹。

  A.直接拖曳　　B."Ctrl"+拖曳　　C."Al"+拖曳　　D.单击

12.下列说法错误的是(　　)。

  A.单击任务栏上的按钮不能切换活动窗口

  B.窗口被最小化后,可通过单击它在任务栏上的按钮使其恢复原状

  C.启动的应用程序一般在任务栏上显示一个代表该应用程序的图标按钮

  D.任务按钮可用于显示当前运行程序的名称和图标信息

13.在"对话框"中,选项前有"□"框的按钮是(　　)按钮。

  A.单选　　　　　　B.复选　　　　　　C.命令　　　　　　D.滚动

14.Windows 7 系统中,激活快捷菜单的操作是(　　)。

  A.单击鼠标左键　　B.移动鼠标　　　　C.拖放鼠标　　　　D.单击鼠标右键

15.粘贴命令的组合键是( )。

   A.Ctrl+C   B.Ctrl+X   C.Ctrl+A   D.Ctrl+V

二、判断题

1.用户可以在"桌面"上任意添加新的图标,也可删除"桌面"上的任何图标。   (   )

2.磁盘上不再需要的软件若要卸载,可直接删除软件的目录和程序。   (   )

3.操作系统是一种最常用的应用软件。   (   )

4.在 Windows 7 系统的桌面上删除文件的快捷方式丝毫不会影响原文件。   (   )

5.在 Windows 7 系统中,"回收站"被清空后,"回收站"图标不会发生变化。   (   )

6.文件是操作系统中用于组织和存储各种文字材料的形式。   (   )

7.文件扩展名可用来表示该文件的类型,不可省略。   (   )

8.Windows 7 中支持长文件名或文件夹名,且其中可以包含空格符。   (   )

9.在搜索文件时通配符"?"代表文件名中该位置上的所有可能的多个字符。   (   )

10.按"Ctrl+F4"组合键可直接退出 Windows 7。   (   )

11.Windows 7 系统同时只能运行一个程序。   (   )

12.Linux 的文件系统与 Windows 的文件系统相互兼容。   (   )

13.Windows 7 系统的"桌面"实际上是系统盘上的一个文件夹。   (   )

三、填空题

1.移动窗口时,只需将鼠标定位到窗口的_____上,拖动到新的位置释放即可。

2._____是管理文件和文件夹的工具。

3.选定不连续的文件时,要先按下_____键,再分别单击各个文件。

4.按下_____键,可将当前屏幕复制到剪贴板上。

5.在 Windows 7 系统的"资源管理器"窗口中,为了使具有系统和隐藏属性的文件或文件夹不显示出来,首先应进行的操作是选择_____菜单中的"文件夹选项"。

6.在 Windows 7 系统中,当用鼠标左键在不同驱动器之间拖动对象时,系统默认的操作是_____。

7.文件名分为两部分,主文件名和文件_____,中间用"."分隔,后者可用来表示该文件的_____。

8.除了菜单栏菜单外,还有 3 种菜单,分别为_____菜单、_____菜单和_____菜单。

9.要将当前窗口的内容存入剪贴板,应按_____键。

10.在 Windows 7 系统中,回收站是_____中的一块区域。

11.在 Window 7 系统中,可使用通配符"?"和_____代替文件名中的一部分字符。

项目三 文字处理软件 Word 2010 的应用

Word 是一个功能极其强大的文字处理软件,也是日常办公使用频率最高的文字处理软件。Word 除了文字输入、编辑、排版和打印等基本文字处理功能外,还具有图片插入、图形绘制、表格制作和灵活的图文表格混排功能。它适于制作公文、信函、传真、报刊、图书和简历等各式各样的文档。Word 文字处理软件的版本比较多,本书以微软公司办公自动化软件 Microsoft Office 家族的重要成员之一 Microsoft Office Word 2010 版本为蓝本。

知识目标

◆ 掌握 Word 2010 的启动、退出及窗口组成等基本知识;

◆ 掌握 Word 2010 中文字输入和编辑的基本操作;

◆ 掌握 Word 2010 的字符格式、段落格式和页面设置的基本操作;

◆ 掌握分页、分节、分栏、页眉/页脚、项目符号等格式化元素的使用方法;

◆ 掌握 Word 2010 的表格制作、编辑和排版的方法;

◆ 掌握 Word 2010 文档打印的设置与操作方法;

◆ 掌握 Word 2010 邮件合并。

技能目标

◆ 学会 Word 2010 中文字输入和编辑的基本操作;

◆ 熟练完成 Word 2010 字符格式、段落格式和页面的设置;

◆ 熟练运用 Word 2010 的标准菜单和工具栏进行文档处理;

◆ 能够使用表格设计制作文档;

◆ 能够对文档进行图文混排;

◆ 能够进行长文档的编辑;

◆ 能够制作信函文件。

任务一 创建文档——简单公文制作

一、任务描述

小王在学校的网络中心担任秘书工作。最近学校的数字化校园建成,新 OA 办公系统正式运行,现在需要小王向各部门发一份 OA 办公系统运行的通知。要求:文件名为"新 OA 办公系统运行的通知.docx";标题设为宋体三号、加粗、居中、段前段后间距 1 行;通知对象设为宋体小四号、左对齐、加粗,行距:固定值 20 磅;正文设为宋体小四号、段落首行缩进两个字符,行距:固定值 20 磅;最后两行落款和时间设为宋体小四号、右对齐,行距:固定值 20 磅;页面设置纸张为 A4,页边距为上下 2.5 cm、左右 2 cm。最终效果如图 3-1 所示。

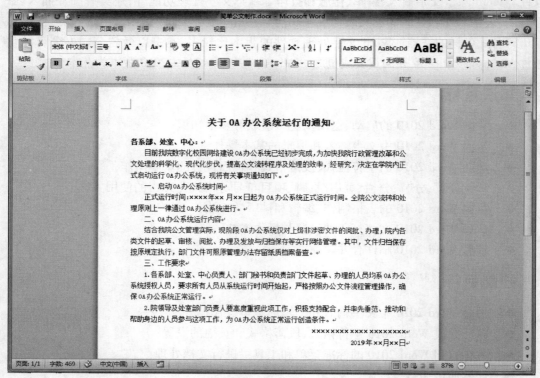

图 3-1 通知涵示例

二、任务准备

1.Word 2010 软件的简介

(1)Word 2010 的启动

启动 Microsoft Office Word 2010 的常见方法有以下 3 种:

● 依次单击"开始"→"所有程序"→"Microsoft Office"→"Microsoft Word 2010"菜单命令,即可启动 Word 2010。

● 直接双击现有的某个 Word 2010 文档图标,启动 Word 2010,如图 3-2 所示。

图 3-2　Word 2010 文档图标　　　　　图 3-3　Word 2010 快捷方式图标

● 双击桌面上的 Microsoft Word 2010 的快捷方式图标,也可启动 Word 2010,如图 3-3 所示。

> **注意**
> 第 3 种启动方式,需要在桌面上提前创建好 Word 2010 快捷方式。

(2)Word 2010 窗口的组成

Word 2010 成功启动后,会出现如图 3-4 所示的界面。其组成元素主要包括标题栏、快速访问工具栏、控制菜单、"文件"选项卡、功能区、"编辑"窗口、滚动条、缩放滑块、"视图"按钮、状态栏。

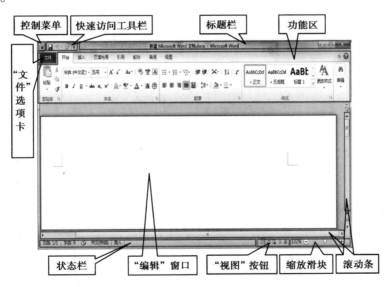

图 3-4　Word 2010 窗口界面

● 标题栏:显示正在编辑文档的文件名。若用户没有为其文件命名,则程序自动将其命名为"新建 Microsoft Word 文档 n"(其中,n 为 1,2,3,…),用户也可在该文档存盘时为其命名。在其右侧是"最小化、最大化/还原、关闭"按钮。当窗体不是最大化时,用鼠标按住标题栏拖动,可以改变窗体在屏幕上的位置。双击标题栏可使窗体在最大化与非最大化之间切换。

● 快速访问工具栏:显示常用命令,如"保存""撤销"和"恢复"等。用户也可添加个人常用命令。

● 控制菜单:单击该 Word 图标按钮会弹出下拉菜单,该下拉菜单包括"还原""移动""大小""最小化""最大化""关闭"菜单项。

● "文件"选项卡:基本命令(如"新建""打开""关闭""另存为…"和"打印")位于此处。

● 功能区:是水平区域,就像一条带子,启动 Word 后分布在 Office 软件的顶部。工作所需的命令将分组在一起,且位于选项卡中,Word 2010 功能区中主要有"开始""插入""页面布局""引用""邮件""审阅"和"视图"选项卡。通过单击选项卡来切换显示的命令集。该功能区与其他软件中的"菜单"或工具栏相同。

● "编辑"窗口:窗口中间的大块空白区域,是用户输入、编辑和排版文本的位置。闪烁的"I"形光标即为插入点,可接受键盘的输入。

● 滚动条:分为垂直滚动条和水平滚动条两种,分别位于"编辑"窗口的右侧和下方,可用于更改正在编辑的文档的显示位置。

● 缩放滑块:可用于更改正在编辑的文档的显示比例。

● "视图"按钮:可用于更改正在编辑的文档的显示模式。

● 状态栏:显示正在编辑的文档的相关信息。

(3)Word 2010 的退出

退出 Word 2010 有以下 4 种方法:

● 单击 Word 2010 的"文件"选项卡,选择"退出"命令,如图 3-5 所示。

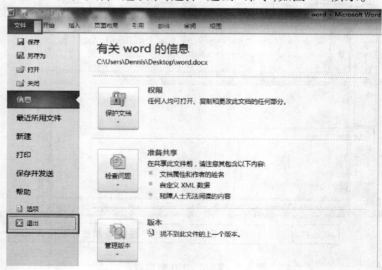

图 3-5　"文件"选项卡的"退出"命令

注意

　　选择"文件"选项卡的"退出"命令,将关闭所有打开的 Word 文档。

• 双击 Word 2010 左上角的"控制菜单"图标,如图 3-6 所示。或者单击 Word 2010 左上角的"控制菜单"图标,然后在弹出的快捷菜单中选择"关闭"按钮。

• 单击 Word 2010 标题栏右端的"关闭"按钮,如图 3-7 所示。

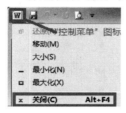

图 3-6 "控制菜单"图标　　　　　图 3-7 "关闭"按钮

• 按"Alt+F4"组合键,即可退出该程序。

> **说明**
>
> Word 2010 的 4 种退出方法中,方法 2、方法 3 和方法 4 只是关闭当前正在编辑的 Word 文档。

(4)"快速访问工具栏"中的常用命令按钮

Word 2010 窗体中的"快速访问工具栏"用于放置用户常用的命令按钮。用户使用该按钮可以快速执行相应的操作。在默认情况下,"快速访问工具栏"中只有"保存""撤销""恢复"和"打印预览"按钮。用户也可根据自己的需求添加或删除常用命令按钮。

①添加常用命令按钮。向"快速访问工具栏"中添加常用命令按钮的方法主要有以下两种:

• 利用"文件"选项卡添加常用命令。其操作步骤如下:

a.打开 Word 2010 文档窗体,依次单击"文件"→"选项"命令,如图 3-8 所示,打开"Word 选项"对话框。

图 3-8 单击"选项"命令

b.在打开的"Word 选项"对话框中选择"快速访问工具栏",然后在"从下列位置选择命令"列表中单击需要添加的命令,并单击"添加"按钮即可,例如,添加"查找",如图3-9 所示。

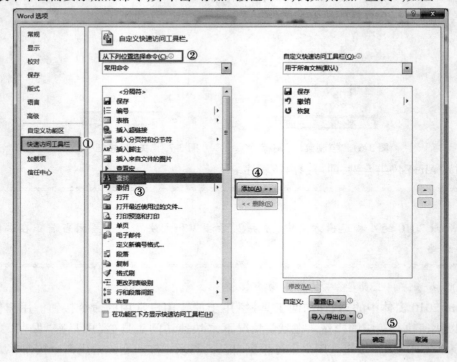

图3-9 添加"查找"命令按钮

• 利用自定义快速访问工具栏,添加个人常用命令。其操作步骤如下:

a.找到快速访问的工具栏,如图 3-10 所示。依次单击"自定义快速访问工具栏"→"其他命令"命令,打开"Word 选项"对话框。

b.在"Word 选项"对话框中的操作,如图 3-9 所示。

图 3-10 自定义快速访问工具栏

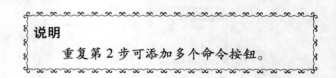

说明
重复第 2 步可添加多个命令按钮。

②删除常用命令按钮。利用"文件"选项卡删除,步骤如下:

a.打开 Word 2010 文档窗体,依次单击"文件"→"选项"命令,打开"Word 选项"对话框。

b.在打开的"Word 选项"对话框中,选择"快速访问工具栏",然后在"自定义快速访问工具栏"列表中单击需要删除的命令,并单击"删除"按钮即可,例如,删除"查找",如图 3-11 所示。

图 3-11　删除"查找"

2.Word 2010 文档的常规操作

(1)Word 文档的创建

创建 Word 文档的主要方法有以下几种:

● 在"文件"菜单下选择"新建"项,在右侧单击"空白文档"按钮,就可创建一个空白文档,如图 3-12 所示。

● 使用快捷键"Ctrl+N",可新建一个空白文档。

● 在计算机窗体空白处或桌面空白处,单击鼠标右键,在弹出的快捷菜单中依次选择"新建"→"Microsoft Word 文档"菜单项,创建一个新的 Word 2010 文档。

图 3-12　新建"空白文档"

● 在 Word 2010 中内置有多种用途的模板(如书信模板、公文模板等),用户可根据实际需要选择特定的模板新建 Word 2010 文档,操作步骤如下:

a.打开 Word 2010 文档窗口,依次单击"文件"→"新建"命令,如图 3-13 所示。

图 3-13　利用模板新建文档

b.打开"新建文档"对话框,在右窗格"可用模板"列表中选择合适的模板,并单击"创建"按钮即可。同时用户也可在"Office.com 模板"区域选择合适的模板,再单击"下载"按钮。

● 如果用户在"快速访问工具栏"中添加了"新建"命令按钮,则可单击此"新建"命令按钮来新建一个空白文档。

（2）Word 文档保存

在编辑文档的过程中，文档内容是暂时保存在计算机的内存中，如果突然断电或死机所编辑的文档就会丢失，因此要经常保存文档。保存文档的方法如下：

①保存新建文档：如果新建的文档需要保存，可选择下列选项之一。

●单击"文件"选项卡的"保存"命令，如图 3-14 所示。

图 3-14　"文件"选项卡的"保存"命令

●单击"快速访问工具栏"的"保存"命令按钮，如图 3-15 所示。

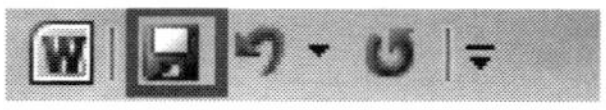

●按下快捷键"Ctrl+S"。

图 3-15　"快速访问工具栏"的"保存"命令按钮

无论选择哪一项，都会弹出"另存为"对话框，如图 3-16 所示，在"另存为"对话框中选择保存位置和输入文件名后单击对话框右下角的"保存"按钮。

②保存已有文档：如果是对已保存过的文档进行修改后保存，则单击"文件"选项卡中的"保存"命令，或直接单击"快速访问工具栏"上的"保存"命令按钮，或按快捷键"Ctrl+S"，不再弹出"另存为"对话框，文档会以原路径和原文件名保存。

③文档改名保存：如果要对已保存过的文档用另一个文件名保存到同一个文件夹或不同文件夹中，可先在 Word 中打开该文档，然后单击"文件"选项卡中的"另存为"命令，在弹出的"另存为"对话框中重新选择保存位置并输入新的文件名，最后单击对话框右下角的"保存"按钮即可。

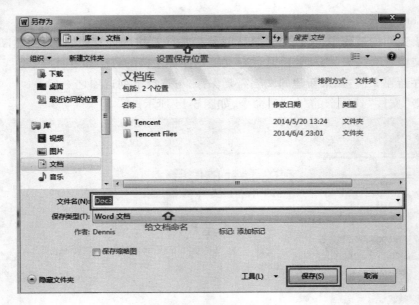

图 3-16 "另存为"对话框

④自动保存：Word 2010 默认情况下每隔 10 分钟自动保存一次文件，用户可根据实际情况设置自动保存的时间间隔，操作步骤如下：

a.打开 Word 2010 窗口，依次单击"文件"→"选项"命令。

b.在打开的"Word 选项"对话框中切换到"保存"选项卡，在"保存自动恢复信息时间间隔"编辑框中设置合适的数值，并单击"确定"按钮，如图 3-17 所示。

图 3-17 自动保存

（3）打开文档

打开方法有以下几种：

●单击"文件"选项卡的"打开"命令，则会弹出"打开"对话框，如图 3-18 所示，在该对话框中找到文件所在的位置并选择要打开的文件，最后单击对话框右下角的"打开"按钮即可。

图 3-18　"打开"对话框

●单击"文件"选项卡中的"最近所用文件"命令，右侧就会出现"最近使用的文档"，也可看到最近的位置，如图 3-19 所示，还可直接单击文档名打开。

图 3-19　最近使用的文档

● 直接找到 Word 文档文件所在的位置,在文档图标上双击鼠标左键即可打开该文档。

● 如果在"快速访问工具栏"中添加了"打开"命令按钮,也可通过单击"快速访问工具栏"的"打开"命令按钮,则会弹出"打开"对话框。

(4)关闭文档

关闭文档主要有以下几种方法。

● 单击"标题栏"右侧的"关闭"按钮,如图 3-7 所示。

● 双击"控制菜单"图标,如图 3-6 所示。

● 单击"文件"选项卡的"退出"命令按钮,如图 3-5 所示。

● 通过快捷键"Alt+F4"来关闭。

除了用这 4 种退出程序的方式来关闭文档外,还可使用以下方法来关闭文档。

● 单击"文件"选项卡的"关闭"命令按钮。

3.文本输入

当鼠标指针处于 Word 2010 窗口的文档编辑区时,鼠标指针呈"│"形状,称为插入点,它表示文本的输入位置,文本可包括汉字、英文字符、标点符号和特殊符号等。

(1)输入法的切换

通过鼠标单击桌面任务栏右边的输入法指示器进行选择,或利用组合键"Ctrl+Shift"在安装的各种输入法之间切换,或利用"Ctrl+Space"(空格键)组合键在中英文输入法之间直接切换。

(2)英文字母大小写的切换

进行英文输入时,可以通过敲击键盘中的"Caps Lock"键进行大小写字母的切换。或者如果当前输入状态为小写,输入字母时按住"Shift"键不放,即可输入大写字母。反之,如果当前输入状态为大写,输入字母时按"Shift"键不放,即可输入小写字母。

(3)换行

①自动换行:在输入文本时,当文字达到标尺栏上的右缩进位置后,Word 将自动换行,并自动避免标点符号处于行首。

②软换行:在输入文本时,当文字未达到标尺栏上右缩进位置,就需要换到下一行时,需要软换行。此时,只需同时按下键盘上的"Shift"键和"Enter"键,即在当前位置插入一个换行标记"↓",表示当前行结束。Word 会在当前行的下面自动添加一新行,同时插入点移至新行的行首。注意:软换行标记"↓"的前后行都是属于一个自然段。

③强制换行:在每个自然段结束时需要强制换行。当用户需要强行从新的一行开始录入文字时,只要按下键盘上的"Enter"键,即在当前位置插入一个段落标记"↵",表示当前自然段结束。Word 会在当前行的下面自动添加一新行,同时插入点移至新行的行首。

(4)特殊符号的输入

如果要输入键盘上没有的特殊符号,可单击"插入"选项卡打开"插入"功能区,在"插入"功能区中选择"符号"栏中的"符号"按钮,一些常用符号会在此列出,如果有需要的符号,单击选中即可。如果这里没有需要的符号,可单击菜单底部的"其他符号"链接,则会弹出"符号"对话框。符号对话框中有"符号"页签和"特殊字符"页签。在"符号"页签中,可以在"子集"下拉列表框中选择一个合适的符号种类。以便快速地找到需要的符号,如

图3-20 所示。在"特殊字符"页签中,可选择需要的字符。

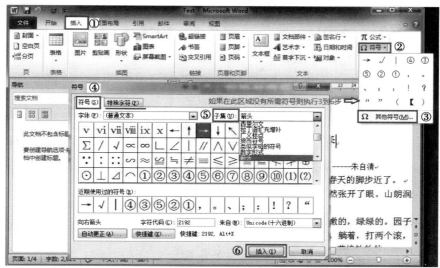

图 3-20　插入"特殊符号"操作界面

(5)公式的输入

在文档编辑过程中,经常有输入公式的需求,尤其是在数学、物理等学科领域。

①插入公式:单击"插入"选项卡打开"插入"功能区,在"插入"功能区中选择"符号"栏中的"公式"按钮,单击所需的公式即可加入 Word 文档,如图 3-21 所示。

图 3-21　插入"公式"界面

②创建自定义公式:

a.若要创建自定义公式,单击"插入"→"公式"→"插入新公式",即执行图 3-21 所示的第③步。

图 3-22 "公式输入"
控件

b.单击"插入新公式"后,在文档插入点处就会出现"在此处键入公式"控件,如图 3-22 所示。

c.利用公式工具的"设计"选项卡,如图 3-23 所示,即可自定义各种复杂公式。

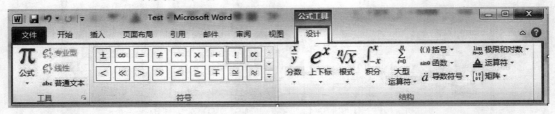

图 3-23 公式"设计"选项卡

d.完成公式创建。单击公式控件右侧的下拉箭头,选择"另存为新公式"命令,保存创建的公式,如图 3-24 所示。

e.当再次插入公式时,即可在下拉列表处出现之前已保存的公式。

(6)日期的输入

在文档编辑时,有时需要在文档中插入日期和时间。其操作方法如下:

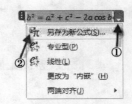

图 3-24 "另存为新公式"
界面

①打开 Word 2010 文档,将光标移到合适的位置。

②单击"插入"选项卡→"文本"区域的"日期和时间"按钮,则会弹出"日期和时间"对话框,如图 3-25 所示。

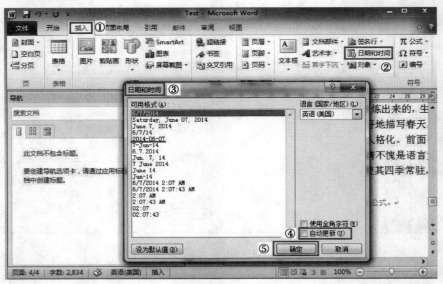

图 3-25 "日期和时间"对话框

③在"日期和时间"对话框的"可用格式"列表中选择合适的日期和时间格式,并选中

"自动更新"选项,实现每次打开 Word 文档自动更新日期和时间,单击"确定"按钮即可。

(7)带圈的字符输入

在 Word 文档编辑过程中,会给一些比较重要的字加上各种各样的标记,即输入带圈的字符。其操作方法如下:

①选择要加圈的文字或符号,单击"开始"功能区的"带圈字符"功能按钮,则会弹出"带圈字符"对话框,如图 3-26 所示。

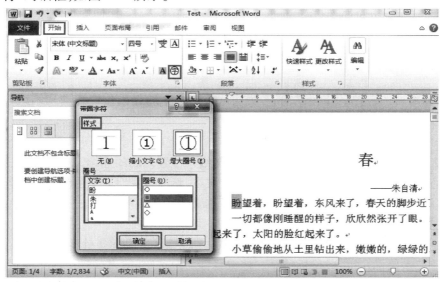

图 3-26　"带圈字符"对话框

②在"带圈字符"对话框中选择要加圈的文字、样式及圈号,单击"确定"按钮。

③返回文档,就可看到编辑框中出现了带圈的字符。

4.编辑文档

Word 的编辑操作是指对文档中的文本内容进行修改、插入、移动、删除等操作。

(1)插入点的定位

插入点的定位是将插入点移到文档的预定位置,可用鼠标和键盘实现。

①键盘定位。

• 按方向键可以使插入点相对于当前位置上下左右移动。

• "Home"键:插入点移动到本行行首。

• "End"键:插入点移动到本行行尾。

• "PageUp"键:上翻一屏。

• "PageDown"键:下翻一屏。

• "Ctrl+Home"键:插入点移动到文档开始位置。

• "Ctrl+End"键:插入点移动到文档结束位置。

②用鼠标定位。在文档编辑区任意位置单击鼠标左键,就可将插入点直接定位到相应位置。

（2）文本的选定

对文档内容进行删除、复制、格式设置等各种编辑操作，都必须首先选定文本。

①用鼠标选定文本的方法如下。

- 选定一个单词：直接双击需要选定的单词。
- 选定一句：按住"Ctrl"键的同时，用鼠标单击欲选句子的任意位置，可选定该句子。
- 选定一行：鼠标移至文档编辑区左边选定区，当鼠标指针变成指向右上方的箭头时，单击鼠标可选定所在的一行。
- 选定一段：鼠标移至文档编辑区左边选定区，当鼠标指针变成指向右上方的箭头时，双击鼠标可选定所在的一段，或在段落区的任意位置快速三击鼠标左键也可选定所在段落。
- 鼠标拖动选定：按住鼠标左键不放从欲选定文本的起始位置拖动到结束位置，鼠标拖过的文本即被选中。
- 选定连续文本：先用鼠标在欲选定文本的起始位置单击一下，然后按住"Shift"键的同时，单击欲选定文本的结束位置，起始位置与结束位置之间的连续文本即被选中。
- 选定不连续文本：先用鼠标选中第一块文本，然后按住"Ctrl"键的同时从欲选定的第二块文本的起始位置拖动到结束位置，两块不连续的文本即可同时被选中。按照此方法也可选定多块不连续的文本。
- 选定整篇文档：鼠标移至文档编辑区左边选定区，当鼠标指针变成指向右上方的箭头时，快速三击鼠标左键；或鼠标移至文档编辑区左边选定区，当鼠标指针变成指向右上方的箭头时，按住"Ctrl"键的同时单击鼠标可选定整篇文档。
- 选定矩形块：按住"Alt"键的同时，按住鼠标左键不放拖动可选定矩形文本。

②用键盘选定文本：其方法见表3-1。

表3-1　用键盘选定文本的方法

选定文本内容	键盘组合键
分别向左（右）扩展选定一个字符	Shift+←（→）方向键
分别由插入点处向上（下）扩展选定一行	Shift+↑（↓）方向键
从当前位置扩展选定到行首	Shift+Home
从当前位置扩展选定到行尾	Shift+End
从当前位置扩展选定到文档开头	Ctrl+Shift+Home
从当前位置扩展选定到文档结尾	Ctrl+Shift+End
选定整篇文档	Ctrl+A

（3）文本的插入和改写

①插入："插入"代表一种输入状态，显示在状态栏处，如图3-27所示。表示输入文字后，新的内容不会覆盖原有的内容，而原来的内容自动向后挪动，为新插入的文本腾出空

间。当启动 Word 时,插入是默认状态。

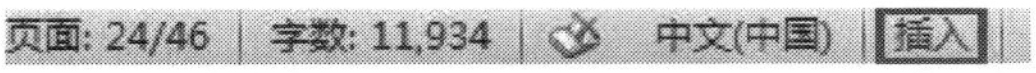

页面: 24/46 | 字数: 11,934 | 中文(中国) | 插入

图 3-27 状态栏

②改写:与"插入"对应的是"改写"。在"改写"状态下,新输入的文本会自动覆盖插入点后的原有的文本。在绝大多数情况下,用户不选择"改写"模式,因为在"改写"模式下,新输入的文本常常会覆盖用户所需要的文本。

③插入、改写切换:可通过鼠标双击状态栏中"插入"或"改写"按钮,也可按键盘上的"Insert"键来切换这两种状态。

(4)删除文本

如果欲删除单个文本,可将插入点定位在欲删除文本的左边,按键盘上的"Delete"键,或将插入点定位在欲删除文本的右边,按键盘上的"BackSpace"键即可。

如果欲删除大块文本,可先将文本选中,按键盘上的"Delete"键或"BackSpace"键即可。

(5)撤销和恢复

在编辑 Word 2010 文档时,如果所做的操作不合适,而想返回到当前结果前面的状态,则可通过"撤销"或"恢复"功能实现。

①撤销:撤销功能可保留最近执行的操作记录,用户可按照从后到前的顺序撤销若干步骤,但不能有选择地撤销不连续的操作。用户可按"Alt+Backspace"组合键或者按"Ctrl+Z"组合键执行撤销操作,也可单击"快速访问工具栏"中的"撤销"按钮,如图 3-28 所示。

②恢复:执行撤销操作后,还可将 Word 2010 文档恢复到最新编辑的状态。当用户执行一次撤销操作后,可按"Ctrl+Y"组合键执行恢复操作,也可单击"快速访问工具栏"中已经变成可用状态的"恢复"按钮,如图 3-28 所示。

图 3-28 "快速访问工具栏"的撤销与恢复

(6)移动文本

如果文本的位置安排不合适,可通过移动文本来调整文本的顺序。常用方法如下:

①用鼠标拖动法移动文本:选定欲移动的文本后,用鼠标指向选定的文本,再按住鼠标左键不放拖动鼠标到目标位置后,松开鼠标左键即可完成移动操作。

②用剪贴板剪切、粘贴法移动文本:选定要移动的文本,单击"开始"功能区→"剪贴板"栏→"剪切"按钮。将光标插入点定位到目标位置,单击"开始"功能区→"剪贴板"栏→"粘贴"按钮,从剪贴板复制文本到目标位置。

③用快捷键来移动文本:选定要移动的文本,按"Ctrl+X"组合键,将选定的文本移动到剪贴板。将光标插入点定位到目标位置,按"Ctrl+V"组合键,将剪贴板上的文本粘贴到目标位置。

（7）复制文本

当出现大量重复的文本内容时，复制是最节省时间的方法。常用复制文本的方法如下：

①使用鼠标操作：选定欲复制的文本后，用鼠标指向选定的文本，按住鼠标左键不放，同时按住"Ctrl"键不放，拖动鼠标到目标位置后，松开鼠标左键即可完成复制操作。

②用剪贴板复制、粘贴法复制文本：选定要复制的文本，单击"开始"功能区→"剪贴板"栏→"复制"按钮，将光标插入点定位到目标位置。单击"开始"功能区→"剪贴板"栏→"粘贴"按钮，从剪贴板复制文本到目标位置。

③用快捷键复制文本：选定要复制的文本，按"Ctrl+C"组合键，将选定的文本复制到剪贴板，将光标插入点定位到目标位置。按"Ctrl+V"组合键，将剪贴板上的文本粘贴到目标位置。

（8）查找和替换

在 Word 2010 中，可进行文本的查找和替换操作，以节省时间和提高准确性。

①查找：如果要在文档中查找某文本，可选择"开始"功能区→"编辑"栏→"查找"命令按钮，单击"查找"命令按钮右侧的"▼"符号，可以看到该命令按钮包含"查找""高级查找"和"转到"3 项操作，如图 3-29 所示。

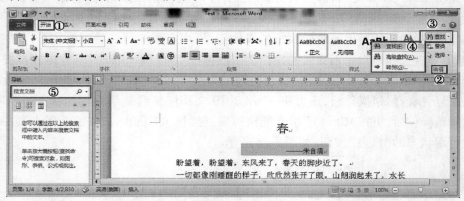

图 3-29 "查找"界面

● 查找：如果选择"查找"命令，则在导航窗口的搜索文档文本框中输入要查找的内容，如图 3-19 中⑤所在的位置。然后单击"Enter"键即可完成查找。

● 高级查找：如果选择"高级查找"命令，则会弹出"查找和替换"对话框的"查找"页签，如图 3-30 所示。

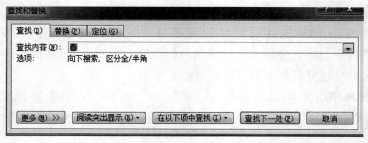

图 3-30 "查找和替换"对话框的"查找"页签

在查找内容中输入要查找的文字,如果单击"阅读突出显示",则会在文档中将查找的文字添加底纹;如果单击"在以下项中查找",则会弹出查找范围;最后单击"查找下一处"按钮,Word 2010 就会在文档中查找下一处该文字。如果需要对查找的文字做更多的设置,则可单击"更多"按钮进行设置。

● 转到:如果选择"转到",则会弹出"查找和替换"对话框的"定位"页签,如图 3-31 所示。

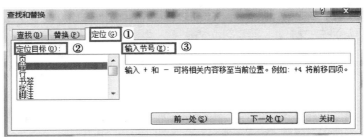

图 3-31 "查找和替换"对话框的"定位"页签

在该页签中,先在"定位目标"中选定目标,然后在右边的对话框中输入相应的查找文字。最后单击"下一处"或"前一处",完成后单击"关闭"按钮关闭该窗口。

②替换:如果希望在 Word 2010 文档中对查找到的文本内容进行自动替换,则可做如下操作:

a.单击"开始"功能区→"编辑"栏→"替换"命令按钮,或者按"Ctrl+H"组合键,则会弹出"查找和替换"对话框的"替换"页签,如图 3-32 所示。

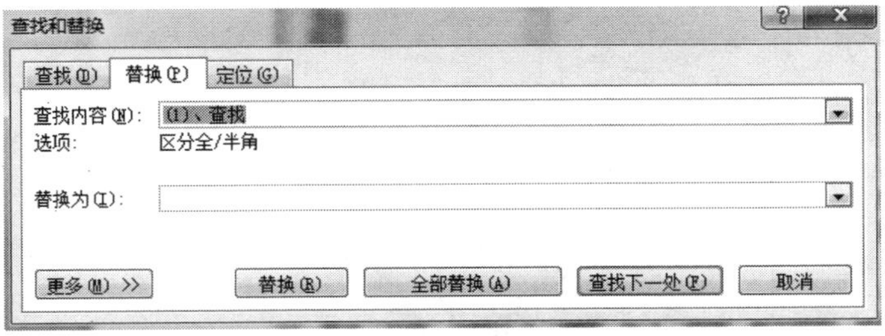

图 3-32 "查找和替换"对话框的"替换"页签

b.在对话框中的"查找内容"输入框内输入欲查找的文本内容,在"替换为"输入框中输入欲替换的文本内容,然后单击"全部替换"按钮即可。如果单击"查找下一处"按钮,则可有选择地替换其中的部分。

如果要对"查找内容"和"替换为"的内容添加格式,则单击"更多"按钮,如图 3-32 所示。在"查找和替换"对话框的下面选择"格式"按钮对内容进行字体、段落等格式设置。如果要取消已设置的格式,则单击"不限定格式"按钮,如图 3-33 所示。

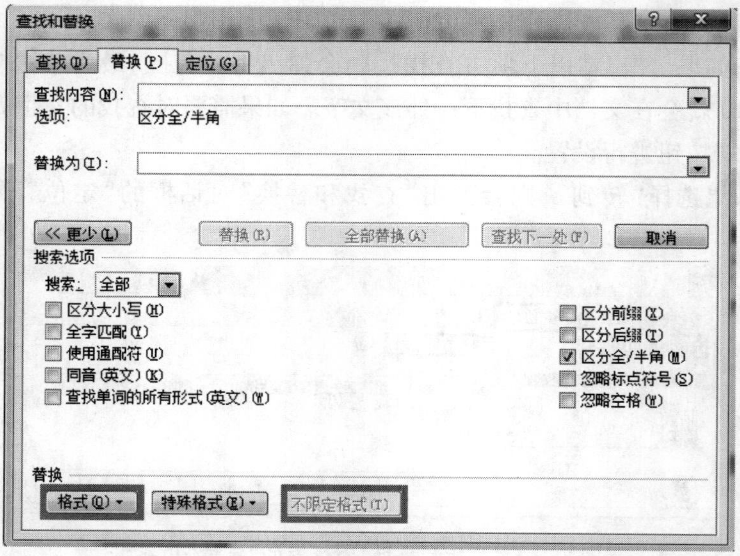

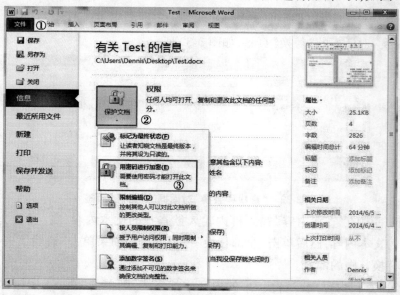

图3-33　替换与被替换内容格式设置与取消

（9）文档加密

有时我们所做的文档是机密文档，这时需要对文档加密。加密文档操作如下：

①首先在"文件"菜单中选择"保护文档"中的"用密码进行加密"项，如图3-34所示。

图3-34　"用密码进行加密"操作界面

②在弹出的"加密文档"窗口中输入密码，如图3-35所示。

③在下次启动该文档时就会出现如图3-36所示的内容，只有输入密码后才能正常打开。

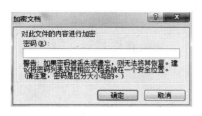

图 3-35 "加密文档"对话框

图 3-36 "密码"对话框

（10）格式转换

现在人们都喜欢在移动产品上浏览阅读，但很多产品都不支持.doc 或.docx 格式，因此，需将 Word 2010 格式转换成其他格式。通常有以下格式转换：

①将.doc 或.docx 转成.pdf 格式：首先在"文件"选项卡下选择"另存为"命令按钮，则会弹出"另存为"对话框，如图 3-37 所示。在"另存为"对话框中的保持类型选择 PDF 格式，单击"保存"后，即可将.doc 或.docx 转成.pdf 格式。

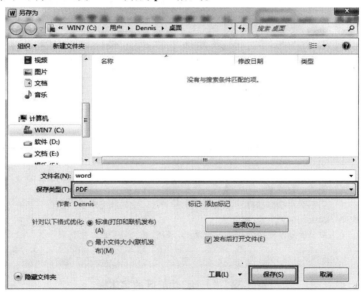

图 3-37 "另存为"对话框

②将 Word 2010 默认保存为低版本格式：有的用户自己装了 Office 2010，但是周围的朋友还在用 Office 2003，这时会出现文件格式不兼容。例如，Word 2010 默认保存文件的格式为.docx，低版本的 Word 如果没有装插件就打不开。如果需要，可设置让 Word 2010 默认保存文件格式为.doc。操作方法：打开 Word 2010，单击"文件"→"选项"，在弹出的选项窗口中，在左边单击"保存"，然后在右边的窗口中，将"将文件保存为此格式"设置为"Word 97-2003 文档（∗.doc）"即可。

> **注意**
> 采用以上新建保存和另存为方式，还可将 Word 文档转换为其他格式。

5.格式排版

利用 Word 可以编排出丰富多彩的文档格式,主要包括字符格式、段落格式及页面设置等。

(1)字符格式

字符格式包括字体、字号、字形、颜色、上下标、下画线、字间距等。其中,字体是指字符的形体;字号是字符的尺寸标准;字形是附加的字符形体属性,共 4 种字形:常规、加粗、倾斜和加粗倾斜。

①字体设置。

• 使用"开始"功能区的"字体"设置:在 Word 文档中选定要设置字体的文本后,可直接单击"开始"功能区中的"字体"栏的命令按钮来设置文本的字体、字形、字号、加粗、倾斜、下画线、颜色等,如图 3-38 所示的②区域。

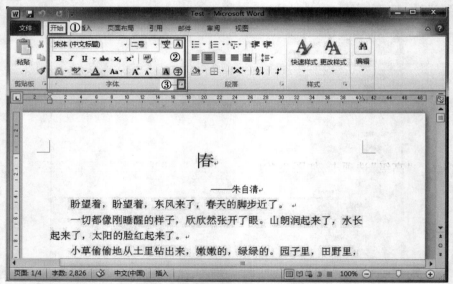

图 3-38 "开始"功能区的字体栏

• 使用字体对话框设置:在 Word 文档中选定要设置字体的文本。在"开始"功能区的"字体"栏上单击"显示'字体'对话框"按钮,如图 3-38 所示的③,则会弹出"字体"对话框,选择对话框中的"字体"选项卡,如图 3-39 所示。在"字体"选项卡中可设置字体、字形、字号、字体颜色、下画线线型、下画线颜色、着重号、效果等。

②字符间距设置。

• 使用"开始"功能区的"字体间距"设置:在 Word 文档中选定要设置字体的文本后,可直接单击"开始"功能区中的"段落"栏的中文版式命令按钮(✕)来设置字符的缩放比例等。其操作方法:先在文档中选中欲缩放的文本,然后单击该按钮右边的下拉箭头,弹出下拉列表,选择所需的缩放项。

图 3-39　"字体"对话框的"字体"选项卡

 ● 使用"字体"对话框设置字符间距：在 Word 文档中选定要设置字符间距的文本。在"开始"功能区的"字体"栏上单击"显示'字体'对话框"按钮，则会弹出"字体"对话框，选择对话框中的"高级"选项卡，如图 3-40 所示。在"高级"选项卡中，可根据需要进行字符间距设置和 OpenType 功能设置。

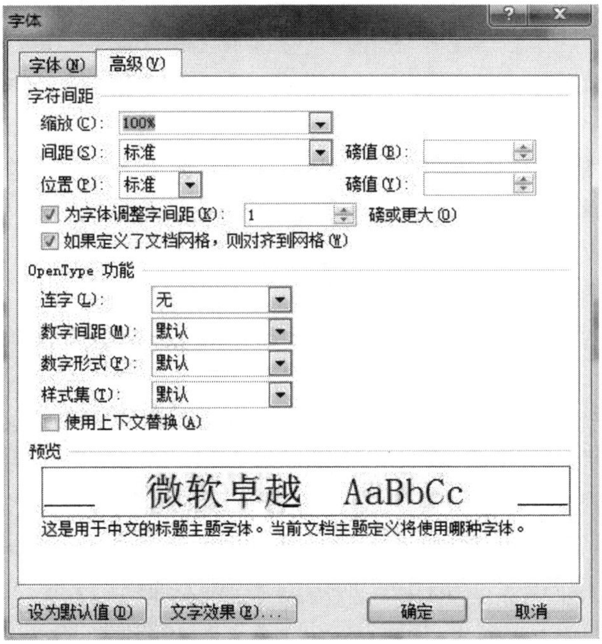

图 3-40　"字体"对话框的"高级"选项卡

③文字效果设置:首先在文档中选中欲设置动态效果的文本,然后打开"字体"对话框,在对话框中选择"文字效果"命令按钮,则会弹出"设置文本效果格式"对话框。在该对话框中,可设置"文本填充""文本边框""轮廓样式""阴影""映像""发光和柔化边缘"和"三维格式"等效果,如图3-41所示。

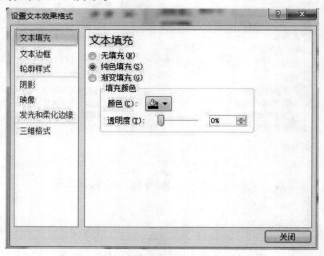

图3-41 "设置文本效果"对话框

(2)段落格式

段落是指文档中两个回车符之间的所有文本,每按一次"Enter(回车)"键就插入一个回车符,即段落标记,表示开始一个新的段落。通过设置不同的段落格式,可以使文档布局合理、层次分明。段落格式的内容包括段落缩进、对齐、行间距、段间距等。

①对齐方式。

在选择需要设置的段落后,通过单击"格式"工具栏上相应的对齐按钮即可轻松设置段落的对齐方式。

- 两端对齐:将所选段(除末行外)的左、右两边同时对齐或者缩进。
- 左对齐:使段落各行向左对齐,而不管右边是否对齐。
- 居中对齐:使文本、数字或者嵌入对象在排版区域内居中。
- 右对齐:使段落各行向右对齐,而不管左边是否对齐。
- 分散对齐:通过调整字间距,使段落或者单元格文本的各行等宽。

设置方法如下:

- 段落功能区按钮设置:打开Word 2010文档页面,选中一个或多个段落。在"段落"中可选择"左对齐""居中对齐""右对齐""两端对齐"和"分散对齐"选项之一,如图3-42所示的②,以设置段落对齐方式。
- 段落对话框设置:打开Word 2010文档页面,选中一个或多个段落。在"段落"中单击"显示'段落'对话框"按钮,如图3-42所示的③,则会弹出"段落"对话框。在"段落"对话框中选择"缩进和间距"选项卡,单击"对齐方式"下三角按钮,在列表中选择符合实际需求的段落对齐方式,并单击"确定"按钮使设置生效,如图3-43所示。

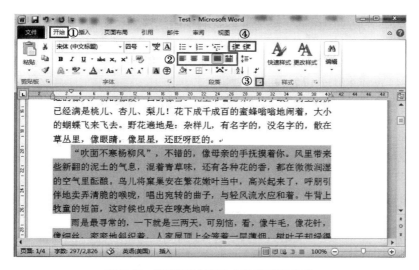

图 3-42　"开始"功能区中设置对齐方式

图 3-43　"段落"对话框的"对齐方式"

②段落缩进。

● 段落缩进设置：在 Word 2010 中，可以设置整个段落向左或向右缩进一定的字符，这一技巧在排版时经常会用到，在 Word 中，可通过两种方法设置段落缩进。

方法 1：段落功能区按钮设置。选中要设置的段落，单击段落功能区的减少缩进量按钮或增加缩进量按钮，即如图 3-42 所示的④。每次移动的宽度相当于一个五号汉字的宽度。

方法2:段落对话框中设置。选中要设置缩进的段落,在"开始"功能区的"段落"分组中单击显示段落对话框按钮,如图3-43所示的③,弹出"段落"对话框。或者单击鼠标右键,在弹出的快捷菜单中选择"段落"菜单项,弹出"段落"对话框。单击"缩进和间距"选项卡,在如图3-44所示的①处设置段落缩进量。

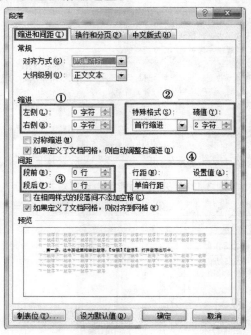

图3-44 "段落"对话框

方法3:标尺调整段落缩进。在水平标尺上,有4个段落缩进滑块:首行缩进、悬挂缩进、左缩进及右缩进,如图3-45所示。按住鼠标左键拖动它们即可完成相应的缩进,如果要精确缩进,可在拖动的同时按"Alt"键,此时标尺上会出现刻度。

图3-45 水平标尺

> **说明**
>
> ①段落设置为首行缩进2字符是针对中文而言的,相当于英文的4个字符。
>
> ②项目编号比段落缩进两个字的操作方法:单击符号时会出现虚线,选中符号,然后把最上方的标尺向右移两个字即可,或按照常规的方法,在【段落】中设置。

●首行缩进设置:通过设置段落首行缩进,可以调整文档正文内容每段第一行与页边距之间的距离。用户可在文档中的"段落"对话框中设置段落首行缩进,操作步骤如下:

a.打开Word 2010文档窗口,选中需要设置段落缩进的文本段落。在"开始"功能区的

"段落"分组中单击显示段落对话框按钮,如图 3-42 所示的③,则会弹出段落对话框。

b.在打开的"段落"对话框中切换到"缩进和间距"选项卡,在"缩进"区域单击"特殊格式"下拉三角按钮,在下拉列表中选中"首行缩进"或"悬挂缩进"选项,并设置缩进值(通常情况下设置缩进值为2)。设置完毕单击"确定"按钮,如图 3-46 所示。

③行间距、段间距。

● 行间距设置:在使用 Word 文档保存文字时,有时某个段落太长,会影响美观,这时可通过调整行间距来将此段落的距离调整短一点。操作方法如下:

a.打开 Word 文档,选中要调整行间距的文字。

b.单击鼠标右键,在弹出的菜单中,单击"段落"命令,或单击"开始"功能区中显示"段落"按钮,如图 3-42 所示的③,则会弹出"段落"对话框。

c.在"段落"对话框中选择"缩进和间距"选项卡。

d.在间距下单击段前和段后的三角按钮来调整行间距,如图 3-47 所示。也可通过行距中的 1.5 倍行距、2 倍行距、最小值、固定值、多倍行距数值来调整行间距。

图 3-46 "段落"对话框的"首行缩进"

图 3-47 "段落"对话框中的"行距"设置

● 段落间距设置:在编辑文档的过程中,常常需要根据版面要求设置段落与段落之间的距离。设置段落间距的方法有以下 3 种:

方法 1:通过功能区按钮选择设置。

a.打开 Word 2010 文档页面,选中需要设置段落间距的段落,当然也可选中全部文档。

b.在"段落"中单击"行和段落间距"按钮。在列表中选择"增加段前间距"或"增加段后间距"命令,使段落间距变大或变小,如图 3-48 所示。

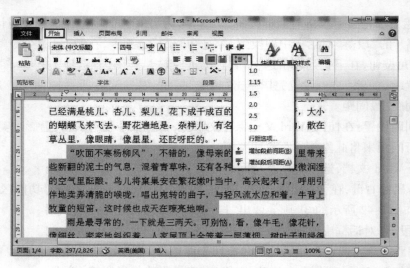

图 3-48　"开始"功能区中"段落间距"的设置

方法 2:通过段落对话框设置。

a.打开 Word 2010 文档页面,选中特定段落或全部文档。

b.在"段落"中单击"显示'段落'对话框"按钮,如图 3-29 所示的③,则会弹出"段落"对话框。

c.在"段落"对话框的"缩进和间距"选项卡中设置"段前"和"段后"编辑框的数值,并单击"确定"按钮,从而可设置段落间距,如图 3-49 所示。

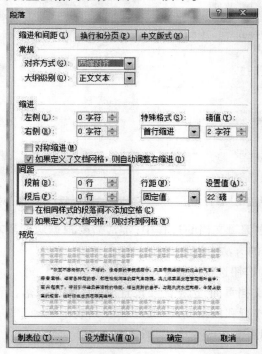

图 3-49　"段落"对话框中"段落间距"的设置

（3）格式刷的使用

Word 2010 中的格式刷工具可将特定文本的格式复制到其他文本中,操作步骤如下:

①打开 Word 2010 文档窗口,并选中已经设置好格式的文本块。在"开始"功能区的"剪贴板"分组中双击"格式刷"按钮,如图 3-50 所示。

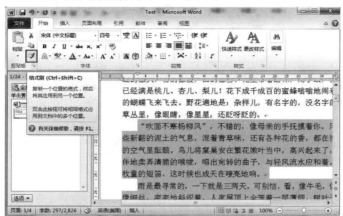

图 3-50　"开始"功能区的"格式刷"按钮

提示

如果单击"格式刷"按钮,则格式刷记录的文本格式只能被复制一次,不利于同一种格式的多次复制。

②将鼠标指针移动至 Word 文档文本区域,鼠标指针已变成刷子形状。按住鼠标左键拖选需要设置格式的文本,则格式刷刷过的文本将应用被复制的格式。释放鼠标左键,再次拖选其他文本实现同种格式的多次复制。

③完成格式复制后,再次单击"格式刷"按钮关闭格式刷。

（4）页面设置

页面设置是打印文档之前的必备工作,目的是使页面布局与页边距、纸型和页面方向一致。为了使文档页面更美观,可根据实际需要合理地进行页面设置。其设置方法如下:

方法 1:通过页面设置对话框。

在"页面布局"功能区的"页面设置"分组栏中,单击"页面设置"按钮,如图 3-51 所示,则会弹出"页面设置"对话框。

页边距:在"页面设置"对话框中,单击"页边距"选项卡,可设置上、下、左、右页边距,页面方向,装订线距离和位置等,如图 3-52 所示。

纸张:在"页面设置"对话框中,单击"纸张"选项卡,可设置纸张大小、纸张来源等,如图 3-53 所示。

版式:在"页面设置"对话框中,单击"版式"选项卡,可设置节的起始位置、页眉和页脚、页面对齐方式等,如图 3-54 所示。

图 3-51 "页面设置"按钮

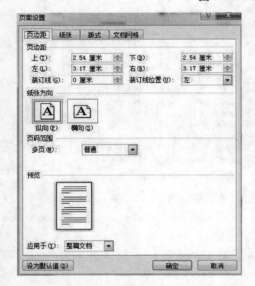

图 3-52 "页面设置"对话框的"页边距"选项卡

图 3-53 "页面设置"对话框的"纸张"选项卡

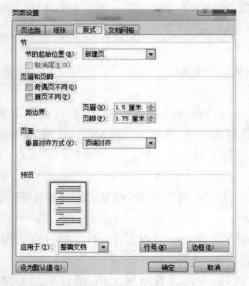

图 3-54 "页面设置"对话框的"版式"选项卡

图 3-55 "页面设置"对话框的"文档网格"选项卡

文档网格:在"页面设置"对话框中,单击"文档网格"选项卡,可设置文字排列、网格、字符数、行数等,如图 3-55 所示。

方法 2：通过页面布局功能区按钮选择设置。

直接在"页面布局"功能区的"页面设置"分组栏中，单击"页边距""纸张方向"和"纸张大小"进行设置，如图 3-56 所示。

图 3-56 "页面布局"功能区的"页面设置"按钮

页边距：在"页面布局"功能区的"页面设置"分组栏中分别单击"页边距"命令按钮，在下拉列表中可选择提供的页边距，也可选择"自定义边距"，如图 3-57 所示。如果选择"自定义边距"，则会弹出"页面设置"对话框，如图 3-52 所示。

纸张方向：在"页面布局"功能区的"页面设置"分组栏中单击"纸张方向"命令按钮，在下拉列表中只有"横向"和"纵向"两个选项，如图 3-58 所示。用户可根据需求选择其中的一项。

图 3-57 "页边距"下拉列表　　　图 3-58 "纸张方向"下拉列表　　　图 3-59 "纸张大小"下拉列表

纸张大小：在"页面布局"功能区的"页面设置"分组栏中单击"纸张大小"命令按钮，在下拉列表中选择所需的选项，也可选择"其他页面大小"，如图 3-59 所示。如果选择其他页面大小，则会弹出"页面设置"对话框，如图 3-54 所示。

（5）文档打印

在文档编辑和页面设置完成后，就可进行打印了，在打印之前，可以预览打印效果。在 Word 2010 的默认设置中，要让"打印预览"命令按钮出现在编辑首页，就必须在"快速访问工具栏"中添加"打印预览"命令按钮。操作完成后，在"快速访问工具栏"上就会出现"打印预览"命令按钮。

单击"快速访问工具栏"的"打印预览"命令按钮，或者单击"文件"选项卡的"打印"命令按钮，就会进入"打印预览和打印"界面，如图 3-60 所示。

在该界面中，右侧就是预览效果，中间是打印设置。

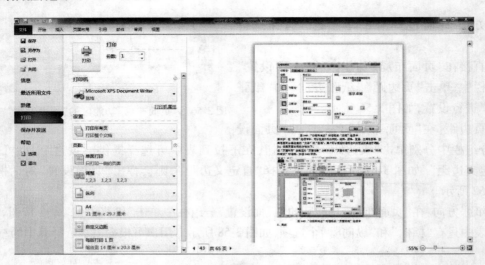

图 3-60　"打印预览和打印"界面

三、任务实施

1.新建文件

在将要保存文档的文件夹下,单击鼠标右键,在弹出的快捷菜单中依次单击"新建""Microsoft Word 文档",新建 Word 文件,"新 OA 办公系统运行的通知.docx"。

2.输入文字

输入文字内容,如图 3-61 所示。

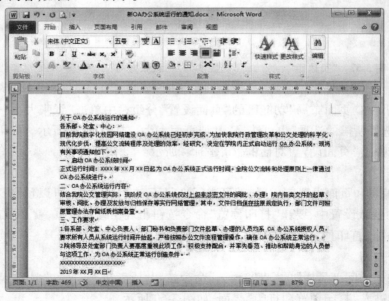

图 3-61　输入文字内容

3.设置标题格式

（1）选中标题

设置标题格式，如图 3-62 所示。

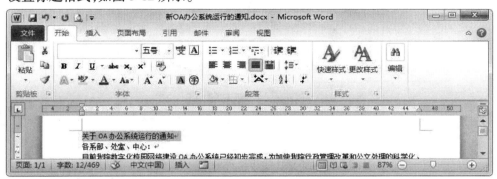

图 3-62　设置标题格式

（2）设置标题的字体属性

在"开始"选项卡功能区中将字体设为宋体，字号设为三号，字形设为加粗，对齐方式设为居中对齐，效果如图 3-63 所示。

图 3-63　标题字体属性

（3）设置标题的段间距

将鼠标放在编辑区，单击鼠标右键，在弹出的快捷菜单中单击"段落"菜单项，弹出"段落"对话框，在"间距"中，将段前、段后都设置为 1 行，如图 3-64 所示，然后单击"确定"按钮。

4.设置其余文字的属性

（1）设置非标题内容字体属性

选择除标题之外的所有内容，将其设为宋体、小四号。效果如图 3-65 所示。

（2）设置非标题内容段落行间距

选择除标题之外的所有内容，单击"段落"按钮，弹出"段落"对话框。在"段落"对话框中将行间距设为固定值 20 磅，将段落缩进的特殊格式设为首行缩进，磅值设为 2 字符，如图 3-66 所示。

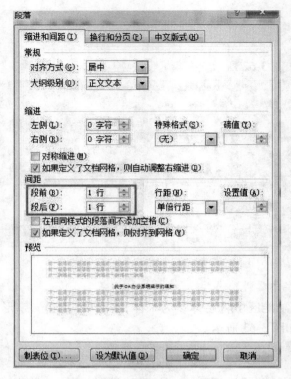

图 3-64　设置标题的段间距

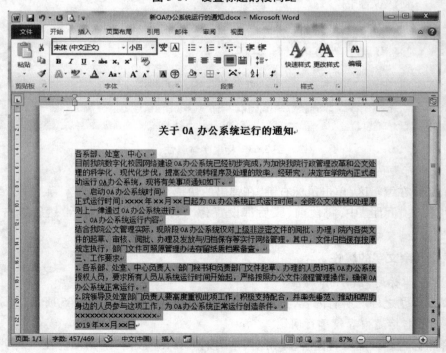

图 3-65　其余文字的字体属性设置

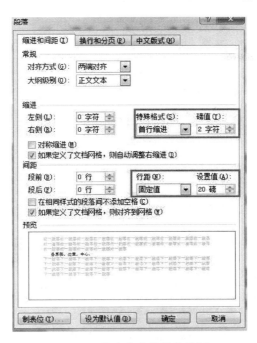

图 3-66 其余文字的段落设置

5.设置通知对象文字属性

选择通知对象文字内容,在字体工具栏中,将字形设为加粗。对齐方式设为左对齐。同时将通知对象文字退格两个字符。效果如图 3-67 所示。

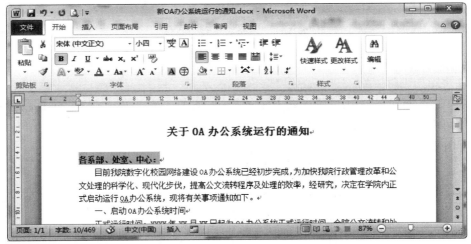

图 3-67 通知对象文字属性设置

6.设置落款和日期

选择落款和日期文字,在段落工具栏中将其对齐方式设为右对齐。效果如图 3-68 所示。

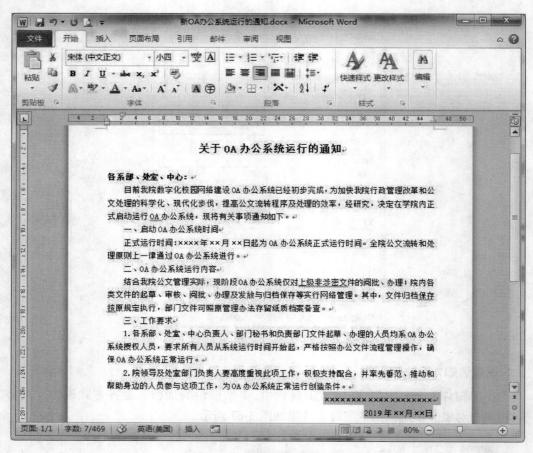

图 3-68　落款和日期的设置

7.设置页面

（1）设置页边距

选择"页面布局"选项卡，单击右下角的按钮，如图 3-69 所示。弹出"页面设置"对话框，在"页面设置"对话框中选择页边距选项卡，设置页边距上下为 2.2 厘米，左右为 2 厘米，如图 3-70 所示。

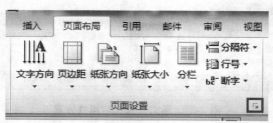

图 3-69　"页面布局"按钮

（2）设置纸张

在"页面设置"对话框中，选择"纸张"选项卡，将纸张大小设置为 A4，如图 3-71 所示。

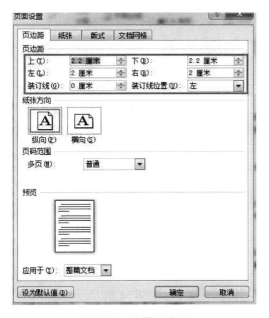

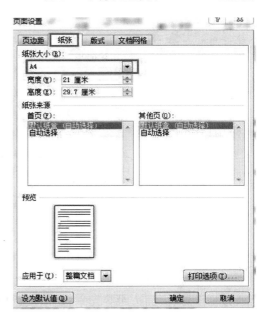

图 3-70　设置页边距　　　　　　　　　　　　图 3-71　设置纸张

任务二　格式排版——日常文书处理

一、任务描述

　　小张在一所培训机构上班,现担任一门实训课程的助教。已是后半学期了,小张需要制订一份××××课程实训方案。在该实训方案中,要有页眉、页脚、项目符号、标题、目录等编辑元素;页眉、页脚从正文开始。效果如图 3-72 所示。

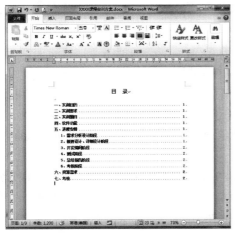

图 3-72　××××课程实训方案

二、任务准备

1.Word 2010 的视图模式

Word 2010 中提供了多种视图模式供用户选择,每种视图都有自己特定的显示方式,这些视图模式包括"页面视图""阅读版式视图""Web 版式视图""大纲视图"和"草稿视图"等。用户可在"视图"功能区中选择需要的文档视图模式,也可在 Word 2010 文档窗口的右下方单击视图按钮选择视图,如图 3-73 所示。

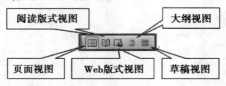

图 3-73　视图按钮

● 页面视图:可以显示 Word 2010 文档的打印结果外观,主要包括页眉、页脚、图形对象、分栏设置、页面边距等元素,是最接近打印结果的页面视图,如图 3-74 所示。

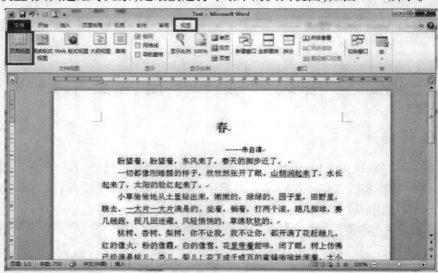

图 3-74　页面视图效果

● 阅读版式视图:以图书的分栏样式显示 Word 2010 文档,"文件"选项卡、功能区等窗口元素被隐藏起来。这种视图不更改文档本身,只更改页面版式并改善字体的显示。在阅读版式视图中,用户还可单击"工具"按钮选择各种阅读工具。退出"阅读版式视图",只需单击右上角的"关闭"按钮,如图 3-75 所示。

● Web 版式视图:以网页的形式显示 Word 2010 文档,该视图将显示文档在网页浏览器中的外观,包括背景、文字和图形。Web 版式视图不显示分页、页眉页脚等信息。Web 版式视图适用于发送电子邮件和创建网页,如图 3-76 所示。

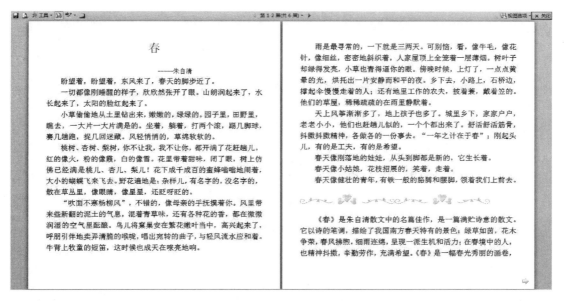

图 3-75　阅读版式视图

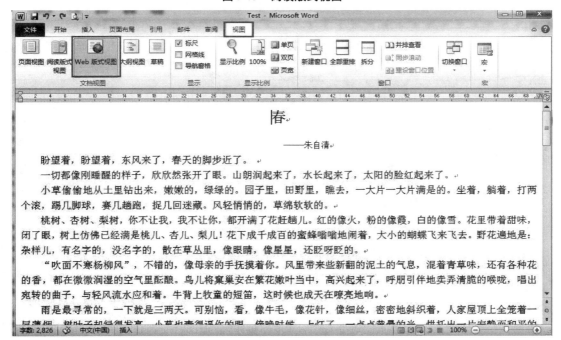

图 3-76　Web 版式视图

● 大纲视图：主要用于 Word 2010 文档的设置和显示标题的层级结构，并可以方便地折叠和展开各种层级的文档。大纲视图中不显示页边距、页眉、页脚、图片和背景。大纲视图广泛用于 Word 2010 长文档的快速浏览和设置，如图 3-77 所示。

● 草稿视图：取消了页面边距、分栏、页眉、页脚和图片等元素，仅显示标题和正文，是最节省计算机系统硬件资源的视图方式，如图 3-78 所示。

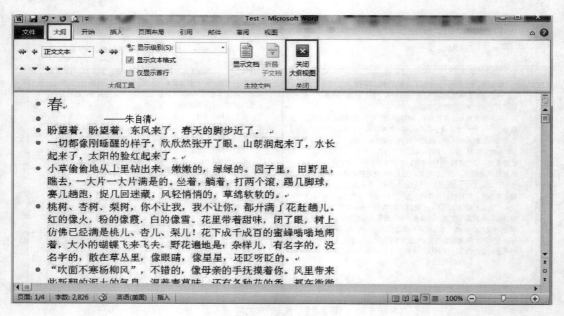

图 3-77　大纲视图

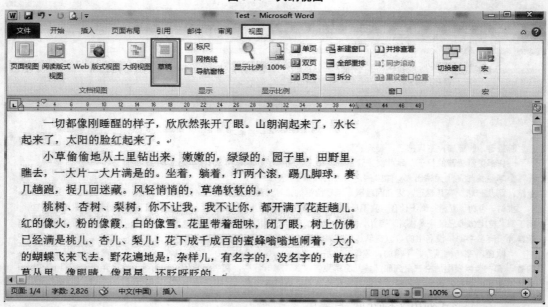

图 3-78　草稿视图

2.Word 2010 的导航窗口

用 Word 编辑文档,有时会遇到长达几十页甚至上百页的超长文档,要查看特定内容非常不方便,Word 2010 新增的"导航窗口"提供"导航"功能,使这些问题得到改观。

①打开"导航"窗格:运行 Word 2010,打开一份超长文档,单击功能区中的"视图"选项卡,切换到"视图"功能区,勾选"显示"栏中的"导航窗格",即可在 Word 2010 编辑窗口的左侧打开"导航窗格",如图 3-79 所示。

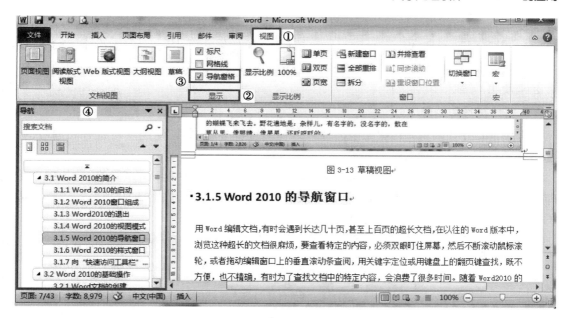

图 3-79　导航窗口

②文档轻松"导航"：Word 2010 的导航方式有标题导航、页面导航、关键字（词）导航和特定对象导航 4 种，让用户轻松查找、定位到想查阅的段落或特定的对象。

● 文档标题导航：最简单的导航方式，使用方法也最简单，打开"导航"窗格后，单击"浏览你的文档中的标题"按钮，将文档导航方式切换到"文档标题导航"，Word 2010 会对文档进行智能分析，并将文档标题在"导航"窗格中列出，只要单击标题，就会自动定位到相关段落。

> **提示**
>
> 　　文档标题导航的先决条件：打开的超长文档必须事先设置有标题。如果没有设置标题，就无法用文档标题进行导航；如果文档事先设置了多级标题，导航效果就会更好、更精确。

● 文档页面导航：根据 Word 文档的默认分页进行导航，单击"导航"窗格上的"浏览你的文档中的页面"按钮，将文档导航方式切换到"文档页面导航"，Word 2010 会在"导航"窗格上以缩略图形式列出文档分页，只要单击分页缩略图，就可定位到相关页面进行查阅。

● 关键字（词）导航：单击"导航"窗格上的"浏览你当前搜索的结果"按钮，然后在文本框中输入关键（词），"导航"窗格上就会列出包含关键字（词）的导航链接，单击这些导航链接，就可快速定位到文档的相关位置。

● 特定对象导航：一篇完整的文档，往往包含图形、表格、公式、批注等对象，Word 2010 的导航功能可以快速查找文档中的这些特定对象。单击搜索框右侧放大镜后面的"▼"，选择"高级查找"栏中的相关选项，就可快速查找文档中的图形、表格、公式和批注。

这 4 种导航方式都有优缺点，标题导航很实用，但是事先必须设置好文档的各级标题才能使用;页面导航很便捷,但精确度不高,只能定位到相关页面,要查找特定内容还是不方便;关键字(词)导航和特定对象导航比较精确,但如果文档中同一关键字(词)很多,或者同一对象很多,就要进行"二次查找"。如果能根据自己的实际需要,将几种导航方式结合起来使用,导航效果会更佳。

3.项目符号和编号

在 Word 2010 的编号格式库中内置有多种项目符号和编号,使用项目符号和编号,可提高文档的可读性。项目符号和编号的设置方法如下:

将鼠标定位在要插入项目符号或编号的位置。在"开始"功能区的"段落"分组中单击"项目符号"或"编号"或"多级列表"命令按钮右侧的箭头符号,如图 3-80 所示。选择合适的项目符号或编号或多级列表后即可。

图 3-80 项目符号和编号

使用了项目符号或编号后,在该段落结束回车时,系统会自动在新的段落前插入同样的项目符号和编号。

如果是在文档中选中段落文本后再设置项目符号和编号,则系统会自动在选中的段落前插入同样的项目符号或编号。

4.边框和底纹

(1)边框

①设置文字或段落边框。

●通过"开始"功能区按钮设置:选定文档中欲设置边框的文字或段落,在"开始"功能区的"字体"分组中单击"字符边框"命令按钮,如图 3-81 所示,即可完成设置。

图 3-81 "字符边框"命令按钮

●通过"边框和底纹"对话框设置:选定文档中欲设置边框的文字或段落,在"开始"功能区的"段落"分组中单击"边框和底纹"命令按钮右侧的箭头符号,选择"边框和底纹"命令,如图 3-82 所示。会弹出"边框和底纹"对话框,如图 3-83 所示。在"边框"选项卡中,可以设置边框的样式、线型、颜色、宽度、应用范围等,应用范围可以是选定的"文字"或"段落"。用户可根据对话框右边的预览效果进行调整。

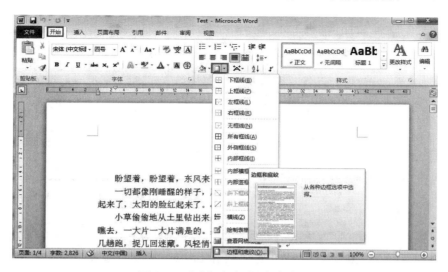

图 3-82　"边框和底纹"命令选项

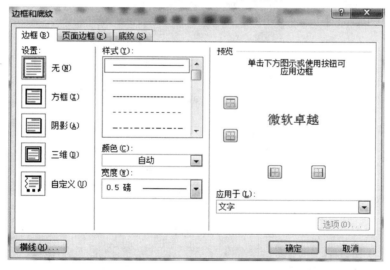

图 3-83　"边框和底纹"对话框的"边框"选项卡

②设置页面边框。在"页面布局"功能区的"页面背景"分组中单击"页面边框"命令按钮,则会弹出"边框和底纹"对话框,然后进行选择,如图 3-84 所示。

（2）底纹

● 通过"开始"功能区的按钮设置:在文档中选定欲设置底纹的文字,在"开始"功能区的"字体"分组中单击"字符底纹"命令按钮,如图 3-85 所示,即可完成设置。

● 通过"边框和底纹"对话框设置:在文档中选定欲设置底纹的文字,在如图 3-83 所示的"边框和底纹"对话框中,单击"底纹"选项卡,如图 3-86 所示,分别设置填充底纹的颜色,底纹图案样式和颜色以及底纹应用范围。

图 3-84 "边框和底纹"对话框的"页面边框"选项卡

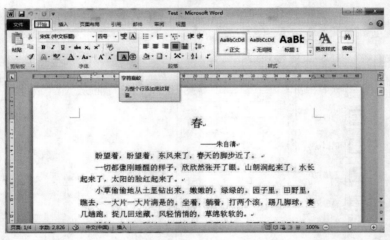

图 3-85 "字符底纹"命令按钮

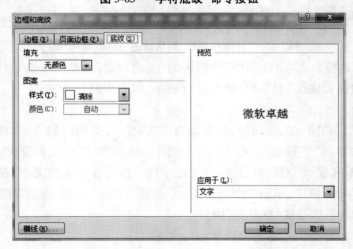

图 3-86 "边框和底纹"对话框的"底纹"选项卡

5.页眉和页脚

页眉位于页面顶部,可添加一些关于书名或章节的信息。页脚位于页面的底部,通常会把页码放在页脚里。页眉和页脚只能在页面视图和打印预览方式下看到。

(1)设置页眉

在"插入"功能区的"页眉和页脚"分组栏中,单击"页眉"命令按钮,在下拉列表中,可选择合适的样式,如图 3-87 所示,也可选择"编辑页眉",弹出"设计"功能区,如图 3-88 所示。

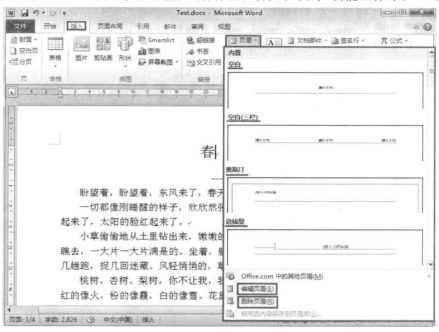

图 3-87　"插入"功能区的"页眉"命令按钮

图 3-88　"页眉和页脚工具"的"设计"功能区

在"设计"功能区中主要有以下操作:

①插入"日期和时间""文档邮件""图片"和"剪贴画"。

②在"转至页眉""转至页脚""上一节""下一节"和"链接到前一条页眉"之间导航。

③可选择"首页不同""奇偶页不同"和"显示文档文字"3个选项中的一个或多个。

④可手动设置"页眉至顶端的位置"和"页脚至底端的位置"。

⑤"关闭页眉和页脚",完成页眉、页脚的设置。

如果要删除页眉,则在图3-87中,选择"删除页眉"即可。

(2)设置页脚

在"插入"功能区的"页眉和页脚"分组栏中,单击"页脚"命令按钮,在下拉列表中可选择合适的样式,如图3-89所示;也可选择"编辑页脚",弹出"设计"功能区,如图3-88所示。若要设置页码,则选择图3-88中的"页眉和页脚"分组栏中的"页码"。

如果要删除页脚,则选择图3-89中的"删除页脚"即可。

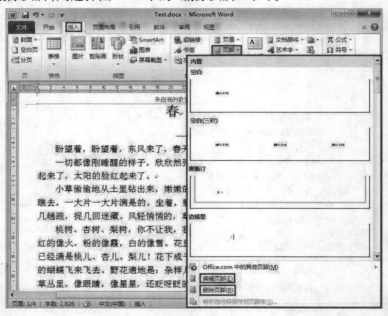

图3-89 "插入"功能区的"页脚"命令按钮

6.样式

样式就是预先设置好的一系列格式,使用样式有两个优点:一是可以快速地对选定内容进行格式设置;二是如果对一种样式进行修改,那么文档中使用该样式的文本都会自动作相应的调整,保持文档风格一致。

(1)应用样式

Word 2010已提供了"快速样式库",包含了多种不同类型的样式,用户可从中选择以便为文档快速应用某一种样式。应用样式主要有两种方法:

●选定要改变样式的文本后,直接在"开始"选项卡"样式"分组中选择一种样式,也可单击"其他"按钮,展开全部样式库从中选择一种样式,如图3-90所示。

●选定要改变样式的文本后,在"开始"选项卡"样式"分组中单击对话框启动器,打开"样式"任务窗格,在列表框中选择一种样式,如图3-91所示。

图 3-90 "开始"功能区的快速"样式"库　　**图 3-91 "样式"任务窗格**

（2）修改样式

当选定样式的默认格式不满足需求时,需要修改样式的默认格式,其操作步骤如下:

①右键单击拟修改的"样式",在弹出的菜单中单击"修改"命令,打开"修改样式"对话框,如图 3-92 所示。

②在"修改样式"对话框中,通过"格式"命令对样式的字体、段落、文字效果等内容进行重新设置。

图 3-92 "修改样式"对话框　　　　**图 3-93 "样式集"修改**

提示

　　修改完成后,一定要勾选"自动更新"复选框,才能自动更新所有的修改样式格式。

（3）修改样式集

Word 2010 除了提供单独文本或段落样式库外，还提供了一套样式集。所谓样式集，是包含了一整套可应用于整篇文档的样式组合。只要选择一种样式集，整篇文档会一次性完成所有样式的设置。其修改方法是在"开始"选项卡"样式"分组中单击"更改样式"按钮，在展开的列表中选择"样式集"会展开样式集的列表，从中选择一种样式集即可，如图 3-93 所示。

（4）创建样式

除了系统内置的样式，用户还可自己创建适合自己的样式。其操作步骤如下：

①选中已经设置格式的文本或段落，右键单击所选内容，在弹出的快捷菜单中选择"样式"命令，在展开的子菜单中选择"将所选内容保存为新快速样式"命令，如图 3-94 所示。

②打开"根据格式设置创建新样式"对话框，输入新样式名称，如图 3-95 所示。最后单击"确定"按钮，创建的新样式将会出现在快速样式库中。

图 3-94　创建新样式命令集　　　　　图 3-95　定义新样式名称

长篇文档由于篇幅较多，若要对其中的内容进行定位会比较麻烦。使用样式后，由于标题具有级别差异，打开导航窗格就能方便地进行层次结构的查找和定位，如图 3-96 所示。

图 3-96　文档结构图

7.分页、分节

（1）分页

当文档的内容超过一页时，Word 会自动根据所设定的页面尺寸对内容进行分页。但有时用户需要在某个位置进行强制性分页。强制性分页的操作步骤如下：

①将光标插入要分页的位置。

②在功能区打开"插入"选项卡，在"页"选项组中单击"分页"按钮，即在光标插入处插入一个分页符，分页符之后的内容被分到新的一页上；也可按"Ctrl＋Enter"组合键，快速分页。

要取消分页，可将光标放置到分页符之前，单击"Delete"键即可取消分页。

（2）分节

一个文档可以划分成若干个部分，每个部分称为一节。节可以是一个段落，也可以是整个文档。节的起始位置是人为确定的，每节都可以定义各自独立的格式，相邻的两节之间用分节符分隔，分节符的格式仅对其前面的节起作用。将插入点移到某个分节符上，按"Delete"键可以删除该分节符及其前面的节的格式，而该节的格式将继承下一节的格式特征。

当打开一个新文档时，整个文档是作为一个节来处理的。若要改变文档中某个部分的纸型和方向、页边距、页码、页眉和页脚、分栏属性，可建立一个新节。

分节符的类型有 4 种：

- 下一页：插入分节符并分页，从下一页顶端开始。
- 连续：插入分节符，但不插入分页符。
- 偶数页：插入分节符，下一节从新的偶数页开始。
- 奇数页：插入分节符，下一节从新的奇数页开始。

建立新节的步骤如下：

①将插入点移动到新节开始位置。

②在"页面布局"功能区的页面设置区域中单击"分隔符"，弹出下拉菜单，如图 3-97 所示。

③在下拉菜单分隔符中，选择自己所需的分节符类型。

8.目录

设置好文档中的各级标题后，Word 2010 可以自动提取各级标题生成目录。

（1）生成目录

①使用 Word 2010 提供的"样式"功能，定义好文档中的各级标题。

②将插入点移动到要生成目录的位置。通常，目录出现在文档的正文前面。

③"引用"功能区的目录区域，单击"目录"按钮，在下拉菜单中选择"插入目录"，弹出"目录"对话框，如图 3-98 所示。

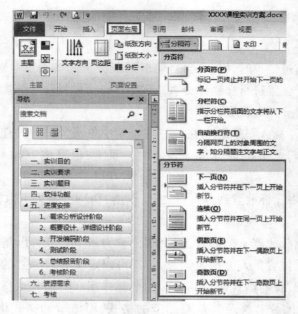

图 3-97　分节符

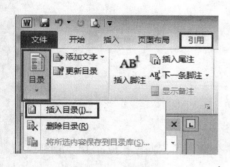

图 3-98　目录路径

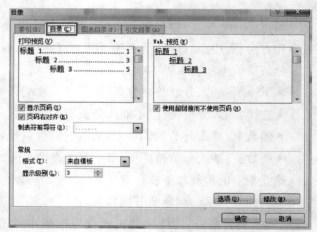

图 3-99　"目录"对话框

④在"目录"对话框中设置好需要显示的标题级别,然后单击"确定"按钮即可在当前插入点位置自动生成文档的目录,如图 3-99 所示。

（2）使用目录

利用 Word 2010 自动生成的目录并不是简单的标题列表,它还具有超级链接功能。将鼠标指向目录中的某个标题,然后按住"Ctrl"键,鼠标指针将变成链接指针,此时单击鼠标即可快速定位到文档中该标题的位置。

（3）更新目录

目录生成后,如果又对文档内容进行了新的修改,可能就需要更新目录,这仍可由 Word 2010 自动完成。更新目录的步骤如下:

①在目录区域中单击鼠标右键,在快捷菜单中选择"更新域"命令,弹出更新目录对话框,如图 3-100 所示。

②在更新目录对话框中选择"更新整个目录",单击"确定"按钮完成目录更新。

9.脚注和尾注

脚注内容一般位于当前页面的底部,用于对文档某处内容的注释,脚注内容前的编号与脚注文本右上角的编号一一对应。尾注内容一般位于文档的末尾,用于列出引文的出处,尾注内容前的编号与尾注文本右上角的编号一一对应。

插入脚注和尾注的步骤如下:

①选中要添加脚注或尾注的文本。

②在功能区打开"引用"选项卡,在"脚注"选项组中单击"插入脚注"或"插入尾注"按钮即可插入脚注或尾注。

默认情况下,脚注位于每一页的结尾处,而尾注位于文档的结尾处。Word 将插入注释编号,并将插入点置于注释编号旁,输入注释文本。脚注编号一般为"1,2,3,…",而尾注编号一般为罗马数字" i , ii , iii , iv ,…",也可单击对话框启动器,打开"脚注和尾注"对话框,进行脚注、尾注相关设置或脚注、尾注互换,如图 3-101 所示。

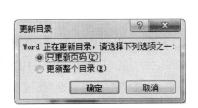

图 3-100　更新目录

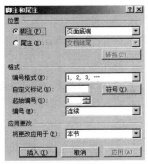

图 3-101　"脚注和尾注"对话框

10.题注

题注是 Word 提供的可以为文档中的图、表、公式等对象添加的编号标签。如果在文档中对题注进行了添加、删除或移动操作,可通过一次更新操作,将所有题注编号更新,而不需要再进行单独调整。

(1)插入题注

插入题注就是为文档中的图、表、公式等对象添加编号标签。其操作步骤如下:

①将光标定位到需要插入题注的位置。

②单击功能区的"引用"选项卡→"题注"分组中的"插入题注"按钮,在弹出的"题注"对话框中单击"新建标签"按钮,如图 3-102 所示。

③在弹出的"新建标签"对话框中输入标签名称(如表),单击"确定"按钮,如图 3-103所示。

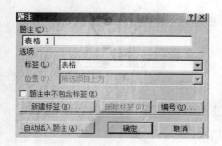

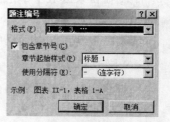

图 3-102　"题注"对话框　　　　图 3-103　"新建标签"对话框　　图 3-104　"题注编号"对话框

④单击"编号"按钮,在弹出的"题注编号"对话框中设置编号格式、章节起始样式和分隔符格式等,然后单击"确定"按钮,如图 3-104 所示。

⑤在"题注"对话框上单击"确定"按钮即可完成插入题注操作。

> **提示**
>
> 当插入一个题注后,其他题注可通过复制来直接插入:将所有需要插入题注的位置粘贴好插入的第一个题注,然后全选文档,再按"F9"键更新即可完成所有题注插入。

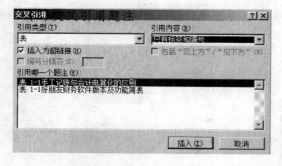

图 3-105　"交叉引用"对话框

交叉引用题注是在插入好题注后,在文档中需要引用题注的地方,引用题注标签和编号。其操作步骤如下:

①将光标定位到要引用题注的位置。

②单击功能区的"引用"选项卡→"题注"分组中的"交叉引用"按钮,打开"交叉引用"对话框,如图 3-105 所示。

③在"引用类型"中选中要引用的类型,在"引用内容"中选中要引用的内容,在"引用哪一个题注"中选中要引用的题注,单击"插入"按钮即可完成交叉引用题注操作。

11.多级列表

在某些文档中,经常要用不同形式的编号来表现标题或段落的层次,此时需要多级列表来快速设置。在使用多级列表之前,首先要根据不同的标题或段落层次,设置不同的样式;然后在功能区"开始"选项卡的"段落"分组中单击"多级列表"按钮,在弹出的下拉菜单中选择"定义新的多级列表"命令,如图 3-106 所示。弹出"定义新多级列表"对话框,如图 3-107 所示。

在"定义新多级列表"对话框中,重要的设置是:首先确定"单击要修改的级别",其次是"输入编号的格式",最后选择"将级别链接到样式",其他信息根据需求设置。每修改一个级别都重点设置 3 个重要数据。

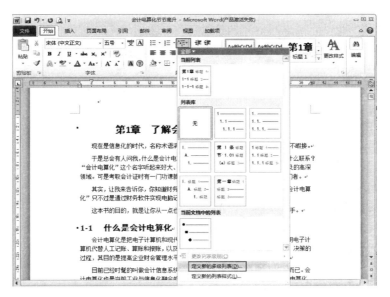

图 3-106　打开"定义新的多级列表"对话框命令集

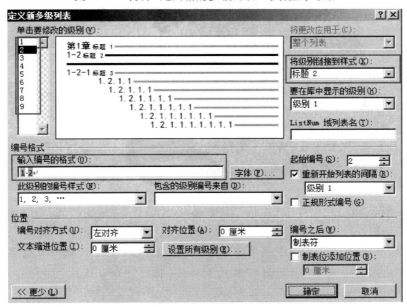

图 3-107　"定义新多级列表"对话框

提示

　　在输入编号的格式时,不要修改或删除原有的编号数字,只需修改数字间的连字符。

三、任务实施

1.新建 Word 文件

新建 Word 文档,将文件名保存为"××××课程实训方案.docx"。

2.录入文字

在 Word 编辑区域内录入方框中的文字内容。

××××课程实训方案

一、实训目的

1.进一步巩固和提高学生基础理论和专业知识。

2.进一步提高学生数据库设计、数据库编程能力。

3.培养学生掌握解决实际问题的基本技能。

4.促使学生学习和获取新知识,掌握自我学习的能力。

5.熟悉软件开发流程,掌握软件文档的编写。

6.熟悉常用软件设计、开发、测试工具的使用。

二、实训要求

实训设计的要求体现在整个工作的各个阶段中,根据课题的特点应达到如下基本要求:

根据课题任务制订合理、可行的工作计划。

进行必要的调研和资料搜集、文献阅读。

制订适当的技术方案,并通过与其他方案的比较加以论证。

独立完成模块的设计。软件设计要符合软件工程规范。

软件界面美观,操作方便,具有一定的实用价值。

对课题成果进行总结,撰写实训设计说明书。

三、实训题目

《教材管理系统》。

四、软件功能

用户及权限管理。用户包括教材库工作人员(出入库管理)、教研室管理员(执行计划定制/教材选用)、系部(执行计划审核),教务处(执行计划审核)。

专业课程计划录入、审核、修改和查询。

根据执行计划生成参考订单及订单的新增、修改和查询。

教材入库及入库单查询。

教材发放到班级或个人;教材发放查询。

教材退还(学生、班级退书、向供应商退书)

费用结算(学生费用、供应商费用)。

各种统计报表查询及打印。

五、进度安排

本课程设计时间为 6 周,分 4 个阶段完成:

1.需求分析设计阶段。

明确软件需求,编写需求说明书,设计概念数据模型。进行需求阶段评审。阶段评审由学生小组内部评审、教师抽查公开评审方式进行。时间:1 周。

2.概要设计、详细设计阶段。

依据需求说明书,编写概要设计说明书进行界面设计、编写详细设计说明书。对设计进行阶段性评审。时间:1 周。

3.开发编码阶段。

完成各个功能模块编码、调试。时间:2.5 周。

4.测试阶段。

对软件各功能模块进行功能测试。时间:0.5 周。

5.总结报告阶段。

总结设计工作。时间:0.5 周。

6.考核阶段。

考核:0.5 周。

六、资源需求

1.硬件环境:电脑,每人 1 台,能够流畅运行 VS 2008 和 SQL Server 2005。

2.软件环境:VS 2008 和 SQL Server 2005。

3.教师需求:每班配备 1 名 C#指导教师,要求同时熟悉 C#和 SQL Server,或者配备两名指导教师(C# 1 名,SQL Server 1 名)。

4.实训期间,指导教师应全程指导。

七、考核

对学生的实训考核,主要是通过对每个学生的答辩进行的。成绩由平时成绩(实训期间参与实训情况及工作态度)、作品完成情况、答辩情况进行(平时 30%,作品完成情况30%,答辩 40%)。

1.每个评审组由 2~3 名教师组成。

2.每组至少有一名专业课教师。

3.对学生的实训考核,主要是通过对学生的答辩进行的。要求每个学生都必须参与答辩,成绩由平时成绩和答辩情况以及项目完成情况组成(点名 30%,答辩 40%,作品 20%,文档 10%)。

×××× 年 ×× 月 ×× 日

3.设置文本格式

标题:黑体,三号,加粗,居中对齐,段前段后间距 1 行,单倍行距。

正文:宋体,五号,两端对齐,首行缩进 2 字符,行距 20 磅。

落款日期:宋体,五号,右对齐,行距 20 磅。

4.设置样式

（1）设置一级标题

①选择"一、实训目的"文字。

②在"开始"选项卡功能区的样式区域中选择"标题 1"，并修改字体为黑体，小四号，加粗，左对齐，单倍行距，段前段后间距 0.5 行。

③使"一、实训目的"文字仍然处于被选中状态。

④双击"开始"选项卡功能区的格式刷。

⑤然后再分别选择二、三、四、五、六、七项标题内容。使一、二、三、四、五、六、七项标题内容的格式一致，都为"标题 1"。

（2）设置二级标题

①选择"五、进度安排"中的"1.需求分析设计阶段"文字。

②在"开始"选项卡功能区的样式区域中选择"标题 2"，并修改字体为宋体，五号，加粗，左对齐，单倍行距，段前段后间距 0.5 行。

③使"1.需求分析设计阶段"文字仍然处于被选中状态。

④双击"开始"选项卡功能区的格式刷。

⑤然后再分别选择 2、3、4、5、6 项标题内容。使 1、2、3、4、5、6 项标题内容的格式一致，都为"标题 2"。

5.设置项目符号

①选中"二、实训要求"中的基本要求内容，如图 3-108 所示。

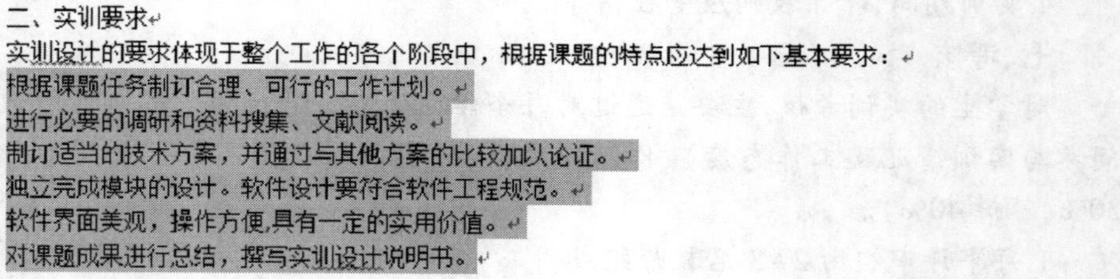

二、实训要求

实训设计的要求体现于整个工作的各个阶段中，根据课题的特点应达到如下基本要求：

根据课题任务制订合理、可行的工作计划。

进行必要的调研和资料搜集、文献阅读。

制订适当的技术方案，并通过与其他方案的比较加以论证。

独立完成模块的设计。软件设计要符合软件工程规范。

软件界面美观，操作方便，具有一定的实用价值。

对课题成果进行总结，撰写实训设计说明书。

图 3-108　选中基本要求内容

②在"开始"选项卡功能区的段落区域中，单击"项目符号"按钮，选择需要的相应的项目符号，如图 3-109 所示。

另一个项目符号的设置类似。

6.添加分节符

①将插入点定位在文档的开始位置，如图 3-110 所示。

②在"页面设置"选项卡功能区的页面设置区域中，单击"分隔符"按钮，在下拉菜单中选择分节符中的"下一页"，如图 3-97 所示。这样在文档标题前就出现了一个空页。

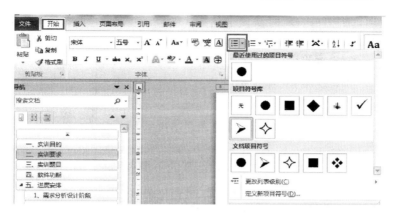

图 3-109 项目符号

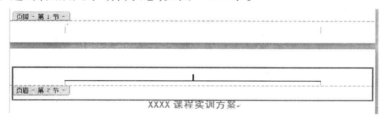

图 3-110 插入点定位

7.设置页眉和页码

①在"插入"选项卡功能区的页眉和页脚区域中,单击"页眉"按钮,在下拉菜单中选择"编辑页眉"。这时,页眉处于编辑状态,如图 3-111 示。

图 3-111 编辑状态的页眉

②找到"页眉-第 2 节"的页眉编辑处。

③观察"页眉和页脚工具:设计"选项卡功能区的"导航"分组。查看"链接到前一条页眉"按钮是否亮显。若亮显,则单击该按钮关闭亮显,如图 3-112 所示。

图 3-112 观察"页眉和页脚工具:设计"选项卡

④在"页眉-第 2 节-"的页眉编辑处,输入页眉内容"××××课程实训内容"文字,并居中。

⑤在"页眉和页脚工具:设计"选项卡功能区的导航区域中,单击"转至页脚"按钮。

⑥在"页眉和页脚工具:设计"选项卡功能区的页眉页脚区域中,单击"页码"按钮,在下拉菜单中选择"设置页码格式",弹出"页码格式"对话框,如图 3-113 所示。

⑦在"页码格式"对话框中,设置编号格式,并将起始页码设置为"1"。

⑧在页脚处输入"第 页",居中,并将插入点定位到"第"字和"页"字中间。

⑨在"页眉和页脚工具:设计"选项卡功能区的页眉页脚区域,单击"页码"按钮,在下拉菜单中选择"当前位置",在弹出的下拉菜单中选择"普通数字",插入页码完成。

图 3-113　页码格式

8.生成目录

①将插入点定位在第一页即前面的空页。

②在"引用"选项卡功能区的目录区域中,单击"目录"按钮,在下拉菜单中选择"插入目录"(图 3-98),弹出"目录"对话框。

③在"目录"对话框中设置好需要显示的标题级别,然后单击"确定"按钮即可在当前插入点位置自动生成文档的目录,如图 3-99 所示。

④选中所有目录文字,将字体设置为宋体,小四号,行距:固定值 20 磅。效果如图 3-114 所示。

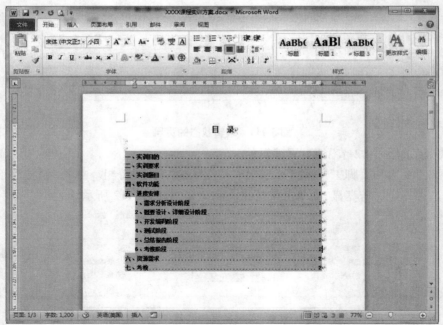

图 3-114　目录效果

任务三 图文混排——书刊版面设计

一、任务描述

小林在准备计算机等级考试,其中上机考试第二道题就要求进行图文混排。具体要求是:

①排版设计:

● 纸张:A4;边距:左右页边距均为 2 cm,上下页边距均为 2.2 cm。

● 标题:将标题设置为二号红色仿宋、加粗、居中,段后间距设置为 12 磅。

● 正文:将前面录入的正文内容复制两份,每段首行缩进 2 字符,正文内容第一、第三自然段设置为黑体,小四号,第二自然段设置为隶书,五号,缩放 120%、字间距加宽 1.5 磅;第一自然段设置首字下沉,字体为微软雅黑,下沉 4 行;分栏:第三自然段分为两栏,中间加分栏线。

②将正文中所有"Blog"一词添加下画线(红色双波浪线),并设置为蓝色,华文彩云,四号字,加粗倾斜。

③用自选图形绘制一个"笑脸"对象。要求:添加文字"博客"、居中对齐;线条颜色为红色、填充色为绿黄颜色双色渐变中心辐射;衬于文字下方。

④保存为 JSJ1.docx。其最终效果如图 3-115 所示。

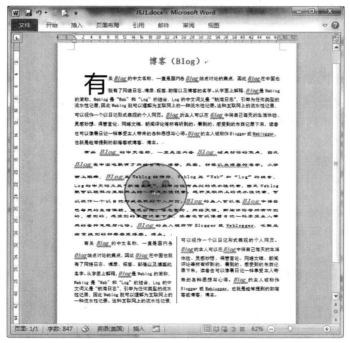

图 3-115 图文混排效果图

二、任务准备

1.分栏

为了美化文档版面的布局,可根据需要将文档分栏排版。分栏设置步骤如下:

①选定欲分栏的内容。

②在"页面布局"功能区的"页面设置"分组中单击"分栏"按钮,在分栏列表中选择合适的分栏,如图 3-116 所示。

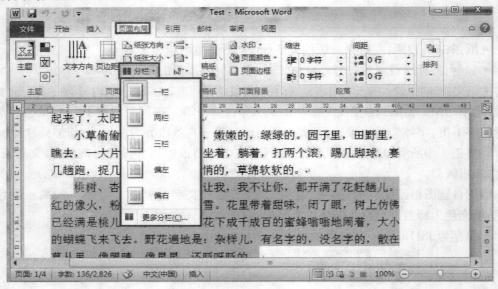

图 3-116　"分栏"命令按钮

如果绘出的分栏数目不是自己想要的可单击进入"更多分栏",在弹出的"分栏"对话框中设定分栏数目,最高上限为 11;如果想要在分栏的效果中加上"分隔线",可勾选"分隔线",单击"确定"按钮即可,如图 3-117 所示。

2.首字下沉

在报刊中经常看到首字下沉的效果,使文章更醒目。Word 2010 中可设置段落的首字下沉,操作步骤如下:

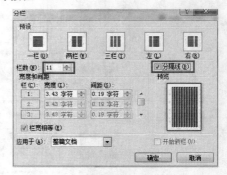

图 3-117　"分栏"对话框

①选定文档中欲设置首字下沉的段落,在"插入"功能区的"文本"分组中单击"首字下沉"命令按钮。

②在"首字下沉"列表中,可看到"无""下沉""悬挂"和"首字下沉选项",可根据自己的需求来选择,如图 3-118 所示。

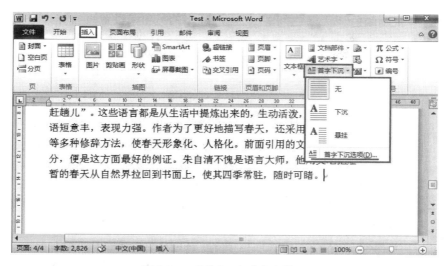

图 3-118　"首字下沉"命令按钮

　　如果要进行详细设置,就选择"首字下沉选项",在弹出的"首字下沉"对话框中,可设置位置、字体、下沉行数、距正文,如图 3-119所示。

3.背景和水印

（1）背景

　　Word 2010 文档的页面背景不仅可以使用单色或渐变颜色背景,还可以使用图片或纹理作为背景。其中,纹理背景主要使用Word 2010 内置的纹理进行设置,而图片背景则可由用户使用自定义图片进行设置。在 Word 2010 文档中,设置纹理或图片背景的步骤如下:

图 3-119　"首字下沉"对话框

　　①在"页面布局"功能区的"页面背景"分组中,单击"页面颜色"命令按钮,在弹出的列表中可以看到"主题颜色""无颜色""其他颜色"和"填充效果",如图 3-120 所示。

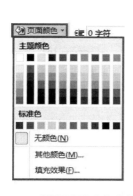

图 3-120　"页面颜色"命令按钮

图 3-121　"填充效果"对话框的"渐变"选项卡

◆大学计算机应用基础◆

②可选择"主题颜色""无颜色"和"其他颜色"中的一项来设置页面背景的颜色。也可选择"填充效果"命令,弹出"填充效果"对话框,如图 3-121 所示。

③在"填充效果"对话框中,可以设置背景的填充效果有"渐变""纹理""图案"和"图片"。

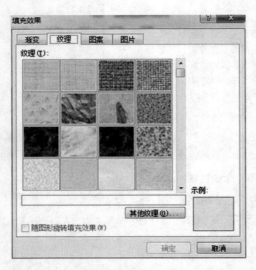

图 3-122 "填充效果"对话框的"纹理"选项卡

• 渐变背景设置:在如图 3-121 所示的"渐变"选项卡中,可在"颜色"选项组中选择"单色"渐变、"双色"渐变或"预设"渐变。如果选择的是"单色"或"双色"渐变,可在右边的颜色下拉列表框中选择需要的颜色;如果选择的是"预设"渐变,则可在右边的"预设颜色"下拉列表框中选择"红日西斜"等相应的预设颜色。可在"透明度"选项组中选择背景颜色透明度,可在"底纹样式"选项组中选择背景渐变样式,选择后可在右边的"变形"选项组中观看预览效果。最后单击"确定"按钮即可。

• 纹理背景设置:在打开的"填充效果"对话框中切换到"纹理"选项卡,在纹理列表中选择合适的纹理样式,单击"确定"按钮,如图3-122 所示。

• 图案背景设置:在如图 3-123 所示的"填充效果"对话框的"图案"选项卡中选择相应的图案,然后在"前景"和"背景"下拉列表框中选择图案的前景色及背景色,最后单击"确定"按钮即可。

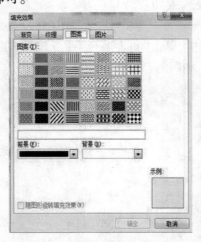

图 3-123 "填充效果"对话框的
"图案"选项卡

图 3-124 "填充效果"对话框的
"图片"选项卡

• 图片背景设置:在如图 3-124 所示的"图片"选项卡中单击"选择图片"按钮,在弹出的如图 3-125 所示的"选择图片"对话框中选择希望作为背景的图片,单击"插入"按钮,最

122

后单击"确定"即可。

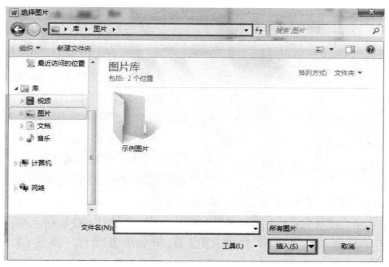

图 3-125 "选择图片"对话框

提示

要取消页面背景,可选择图 3-120 中的"无颜色"选项即可。

(2)水印

通过插入水印,可在 Word 2010 文档背景中显示半透明的标识(如"机密""草稿"等文字)。水印可以是图片,也可以是文字,并且 Word 2010 内置有多种水印样式。插入水印的方法如下:

在"页面布局"功能区的"页面背景"分组中单击"水印"按钮,并在打开的水印面板中选择合适的水印即可,如图 3-126 所示。

图 3-126 "水印"命令按钮

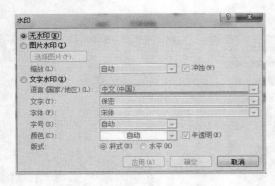

图 3-127 "水印"对话框

如果需要删除已插入的水印,则在水印面板中单击"删除水印"按钮即可,如图 3-126 所示。

如果要对水印做详细的设置,则单击图 3-126 中"自定义水印"选项,在弹出的"水印"对话框中有"图片水印"和"文字水印"两种设置,如图 3-127 所示。

● 图片水印:在"水印"对话框中,单击"图片水印"单选按钮,再单击"选择图片",选取所需的图片后返回到该对话框。最后单击"确定"按钮,图片水印便被添加到了文档背景中。

● 文字水印:在"水印"对话框中,单击"文字水印"单选项,然后在"文字"选项框中输入水印文字,再根据需要调整字体、尺寸、颜色等,最后单击"确定"按钮,文字水印便被添加到了文档背景中。

4.插入图片

(1)插入图片文件

①将插入点定位到欲插入图片的位置,单击"插入"功能区的"插图"分组中的"图片"命令按钮,如图 3-128 所示,则会弹出"插入图片"对话框。

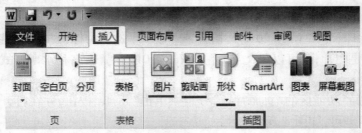

图 3-128 "插入"功能区的插图分组栏

②在"插入图片"对话框中,选择所需的图片文件后,单击"插入"按钮即可,如图 3-129 所示。

③插入图片后,选择文档中的图片,"图片工具"就会出现在功能区,如图 3-130 所示。利用"图片工具"可以对选中的图片进行编辑。"图片工具"可对图片设置的功能有:图片调整、图片样式、排列和大小等。其中,自动换行可以实现图文混排效果。

④利用"设置图片格式"对话框设置图片格式。插入图片后也可在图片上单击鼠标右键,在弹出的快捷菜单中选择"设置图片格式"选项,如图 3-131 所示,弹出"设置图片格式"对话框,如图 3-132 所示。在该对话框中可以对图片的填充、线条颜色、线型、阴影、发光和柔化边缘、三维格式、三维旋转、图片更正、图片颜色、艺术效果、裁剪、文本框和可选文字进行设置。

图 3-129　"插入图片"对话框

图 3-130　"图片工具"功能区

图 3-131　通过快捷菜单　　　　图 3-132　"设置图片格式"

　　　"设置图片格式"　　　　　　　　　　对话框

　　⑤改变图片的大小。首先用鼠标单击图片,使其周围出现 8 个控制大小的圆点,然后将鼠标指针移到圆点处,当指针变成双向箭头后按住左键不放拖动鼠标,即可改变图片大小。

图 3-133　"剪贴画"任务窗格

⑥移动图片。首先用鼠标单击图片,然后按下左键不放拖动鼠标,即可移动图片。

（2）插入剪贴画

①将插入点定位到欲插入剪贴画的位置,单击"插入"功能区的"插图"分组栏中的"剪贴画"命令按钮,如图3-128所示。

②在文档窗口右侧的"剪贴画"任务窗格中,单击"搜索"按钮后,可选择所需的剪贴画,如图3-133所示。

5.插入艺术字

①将插入点定位到欲插入艺术字的位置,单击"插入"功能区的"文本"分组中的"艺术字"命令按钮,则会弹出下拉选项,如图3-134所示。选择一种艺术字样式,即可弹出"艺术字"编辑框,如图3-135所示。

②在"艺术字"编辑框中输入艺术字的内容,然后单击选中该编辑框,就会出现"绘图工具"功能区,如图3-136所示。

③利用"绘图工具栏"可以设置的功能有:插入形状、形状样式、艺术样式、文本、排列和大小,具体设置如图3-136所示。

图 3-134　"插入"功能区的"艺术字"按钮

图 3-135　"艺术字"编辑框

图 3-136　绘图工具栏

④改变艺术字的大小。首先用鼠标单击艺术字,使其周围出现 8 个控制大小的圆点,然后将鼠标指针移到圆点处,当指针变成双向箭头后按住左键不放拖动鼠标,即可改变艺术字的大小。

⑤移动艺术字。首先用鼠标单击艺术字,然后按住左键不放拖动鼠标,即可移动艺术字。

6.插入文本框

文本框是一个独立的对象,其内部的文本和图片可随文本框移动,使用文本框可以使文档内容更加丰富,排版更加灵活。

(1)插入文本框

①打开 Word 2010 文档窗口,切换到"插入"功能区。在"文本"分组中单击"文本框"按钮,如图 3-137 所示。

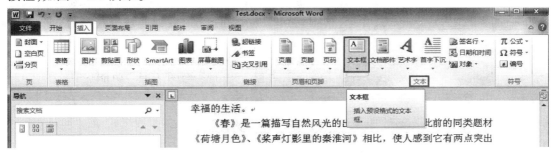

图 3-137 "插入"功能区的文本框

②在打开的内置文本框面板中选择合适的文本框类型,如图 3-138 所示。如果对内置的文本框不满意,还可选择下面的"绘制文本框"或"绘制竖排文本框",然后在文档相应位置按住鼠标拖动绘制出文本框。

③返回 Word 2010 文档窗口,所插入的文本框处于编辑状态,直接输入文本内容即可。如果要对输入的文本内容格式化,则单击"绘图工具"功能区的相应按钮,如图 3-139 所示。

(2)改变文本框的大小

可先选中文本框,使其周围出现 8 个控制大小的圆点,然后将鼠标指针移到圆点处,当指针变成双向箭头后按住左键不放拖动鼠标,即可改变文本框的大小。

图 3-138 Word 2010 的内置文本框

(3)移动文本框

将鼠标指针移到文本框边框处,当指针变成四向箭头后按住左键不放拖动鼠标,即可移动文本框。

图 3-139　输入和格式化文本框内容

（4）设置形状格式

将鼠标指针移到文本框边框处，当指针变成四向箭头后单击鼠标右键，在弹出的快捷菜单中选择"设置形状格式"命令，如图 3-140 所示，将弹出"设置形状格式"对话框，如图 3-141 所示，在该对话框中可设置填充、线条颜色、线型等。

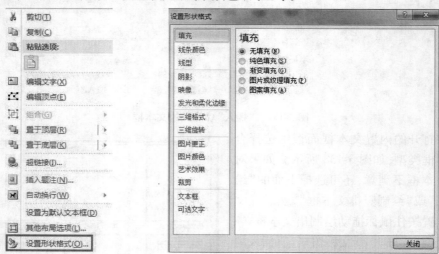

图 3-140　在快捷菜单中"设置形状格式"　　图 3-141　"设置形状格式"对话框

7.插入形状

在 Word 2010 文档中，利用自选图形库提供的丰富流程图形状和连接符可以制作各种用途的流程图。

（1）插入形状

①打开 Word 2010 文档窗口，切换到"插入"功能区。在"插图"分组中单击"形状"按钮，并在打开的菜单中选择"新建绘图画布"命令，如图 3-142 所示。

提示

也可不使用画布，而在 Word 2010 文档页面中直接插入形状。

图 3-142 选择"新建绘图画布"命令

②选中绘图画布,在"插入"功能区的"插图"分组中单击"形状"按钮,并在"流程图"类型中选择插入合适的流程图。例如,选择"流程图:过程"和"流程图:决策",如图 3-143 所示。

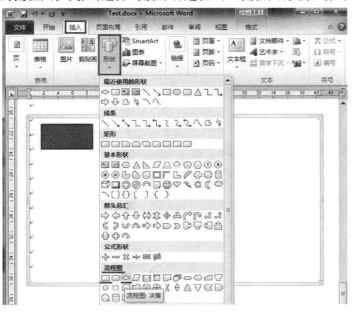

图 3-143 选择插入流程图形状

③在 Word 2010"插入"功能区的"插图"分组中单击"形状"按钮,并在"线条"类型中选择合适的连接符,例如选择"箭头"和"肘形箭头连接符",如图 3-144 所示。

图 3-144　选择连接符

④将鼠标指针指向第一个流程图图形(不必选中),则该图形四周将出现 4 个红色的连接点。鼠标指针指向其中一个连接点,然后按下鼠标左键拖动箭头至第二个流程图图形,则第二个流程图图形也将出现红色的连接点。定位到其中一个连接点并释放左键,则完成两个流程图图形的连接,如图 3-145 所示。

⑤重复步骤 3 和步骤 4 连接其他流程图图形,成功连接的连接符两端将显示红色的圆点,如图 3-145 所示。

⑥根据实际需要在流程图图形中添加文字,完成流程图的制作。

(2)编辑形状

①选中要编辑的自选形状,单击鼠标右键弹出快捷菜单,在快捷菜单中选择"添加文字"选项,可对自选形状图形中的文字进行编辑,如图 3-146 所示。

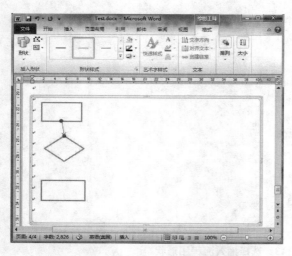

图 3-145　Word 2010 中连接流程图图形

图 3-146　自选形状的快捷菜单

②可通过"绘图工具:格式"功能区的按钮设置自选图形的样式、艺术字样式、文本、排列、大小等,如图 3-147 所示。

图 3-147　"绘图工具:格式"功能区

8.插入 SmartArt 图形

(1)插入 SmartArt 图形

借助 Word 2010 提供的 SmartArt 功能,用户可在 Word 2010 文档中插入丰富多彩、表现力强的 SmartArt 示意图,操作步骤如下:

①打开 Word 2010 文档窗口,切换到"插入"功能区。在"插图"分组中单击 SmartArt 按钮,如图 3-148 所示。

图 3-148　"SmartArt"按钮

②在打开的"选择 SmartArt 图形"对话框中,单击左侧的类别名称选择合适的类别,然后在对话框右侧单击选择需要的 SmartArt 图形,单击"确定"按钮,如图 3-149 所示。

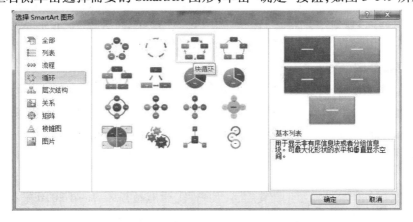

图 3-149　"选择 SmartArt 图形"对话框

③返回 Word 2010 文档窗口,在插入的 SmartArt 图形中单击文本占位符,输入合适的文字即可,如图 3-150 所示。

(2)改变 SmartArt 图形大小

要改变 SmartArt 图形的大小,首先应选择 SmartArt 图形的画布,在画布的 4 个角落和 4 条边框处都可以看到 3 个圆点的标志;然后将鼠标指针移到 3 个圆点标志处,当指针变成双向箭头后按住左键不放拖动鼠标,即可改变 SmartArt 图形的大小。

(3)移动 SmartArt 图形

将鼠标指针移到 SmartArt 图形的边框处,当指针变成四向箭头后按住左键不放拖动鼠标,即可移动 SmartArt 图形。

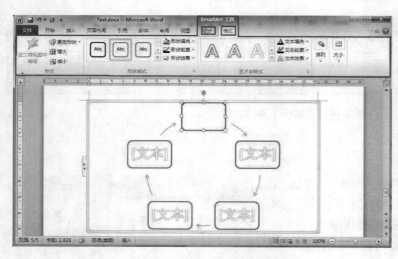

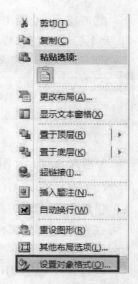

图 3-150　在 SmartArt 图形中
输入文字

图 3-151　SmartArt 图形的
快捷菜单

（4）设置 SmartArt 格式

将鼠标指针移到 SmartArt 图形边框处，当指针变成四向箭头后单击鼠标右键，在弹出的快捷菜单中选择"设置对象格式"选项，如图 3-151 所示，将弹出"设置形状格式"对话框，在该对话框中可以设置 SmartArt 图形的填充、线条颜色、线型等。

9.插入屏幕截图

利用 Word 2010 的"屏幕截图"功能，用户可以方便地将已经打开且未处于最小化状态的窗口截图插入 Word 文档中。需要注意的是："屏幕截图"功能只能用于文件扩展名为.docx 的 Word 2010 文档中，在文件扩展名为.doc 的兼容 Word 文档中是无法实现的。

图 3-152　"插入"功能区的"屏幕截图"按钮

在 Word 2010 文档中插入屏幕截图的步骤如下：

①让准备插入 Word 2010 文档中的窗口处于非最小化状态，然后打开 Word 2010 文档窗口，切换到"插入"功能区，在"插图"分组中单击"屏幕截图"按钮，如图 3-152 所示。

②打开"可用视窗"面板，Word 2010 将显示智能监测到的可用窗口，单击需要插入截图的窗口即可，如图 3-153 所示。

插入窗口屏幕截图的效果如图 3-154 所示。

如果用户仅需要将特定窗口的一部分作为截图插入 Word 文档中，则可以只保留该特定窗口为非最小化状态，然后在"可用视窗"面板中选择"屏幕剪辑"命令，如图 3-155 所示。进入屏幕裁剪状态后，拖动鼠标选择需要的部分窗口即可将其截图插入当前 Word 文档中，如图 3-156 所示。

图 3-153　Word 2010 监测到的可用窗口

图 3-154　插入窗口屏幕截图的效果

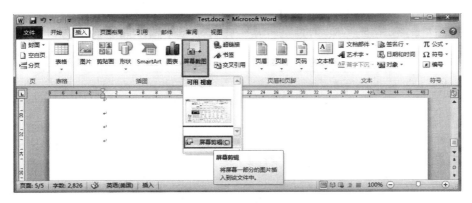

图 3-155　选择"屏幕剪辑"命令

图 3-156　插入窗口的部分截图

三、任务实施

1.新建文件

新建 Word 文件,将文件保存为"JSJ1.docx"。

2.输入文字

博客(Blog)

有关 Blog 的中文名称,一直是国内各 Blog 站点讨论的焦点,因此,Blog 在中国也就有了网络日志、博录、报客、部落以及博客的名字。从字面上解释,Blog 是 Weblog 的简称,Weblog 是"Web"和"Log"的组合,Log 的中文词义是"航海日志",引申为任何类型的流水性记录,因此,Weblog 就可理解为互联网上的一种流水性记录。这种互联网上的流水性记录,可视作一个以日记形式表现的个人网页。Blog 的主人可以在 Blog 中将自己每天的生活体验、灵感妙想、得意言论、网络文稿、新闻评论等所有听到的、看到的、感受到的东西记录下来,读者也可以像看日记一样享受主人带来的各种思想与心得。Blog 的主人被称作 Blogger 或 Weblogger,也就是经常提到的部落客或博客、博主。

3.页面设置

(1)页边距设置

选择"页面布局"选项卡,单击右下角的按钮,在弹出的"页面设置"对话框中选择页边距选项卡,设置页边距为上下 2.5 cm,左右 2 cm。

(2)纸张设置

在"页面设置"对话框中选择"纸张"选项卡,将纸张大小设置为 A4。

4.设置标题

选中标题文字,将其设为仿宋,二号,红色,加粗,居中,段后间距为 12 磅。

5.正文格式化

先将正文内容复制两份,每段首行缩进 2 字符,将正文内容第一、第三自然段设置为黑体,小四号,第二自然段设置为隶书,五号,缩放 120%,字间距加宽 1.5 磅。

6.首字下沉

①选中第一自然段的第一个字"有"。

②在"插入"选项卡功能区的文本区域中,单击"首字下沉"按钮,在下拉菜单中选择"首字下沉:选项"菜单项,弹出"首字下沉"对话框,如图 3-157 所示。

③在"首字下沉"对话框中,位置选择"下沉",字体选择"微软雅黑",下沉行数设为 4,单击"确定"按钮完成设置。

7.分栏

①选中第三自然段的文字内容,注意:不能选中最后一个强制换行符。

②在"页面布局"选项卡功能区的页面设置区域中,单击"分栏"按钮,在下拉菜单中,选择"更多分栏"菜单项,弹出"分栏"对话框,如图 3-158 所示。

图 3-157 "首字下沉"对话框   图 3-158 "分栏"对话框

③在"分栏"对话框中,预设两栏,并在"分隔线"前的复选框中打钩,然后单击"确定"按钮完成设置。

8.正文指定词的替换

①在"开始"选项卡功能区的编辑区域中,单击"替换"按钮,弹出"查找和替换"对话框。

②在"查找和替换"对话框中,在"查找内容"后输入"Blog","替换为"后输入"Blog",如图 3-159 所示。然后单击"更多"按钮,展开更详细的"查找和替换"对话框,如图 3-160 所示。

③在如图 3-160 所示的对话框中,用鼠标单击"替换为"后面的文本框,再单击"格式"按钮,在下拉菜单中选择"字体"菜单项,弹出"替换字体"对话框,如图 3-161 所示。

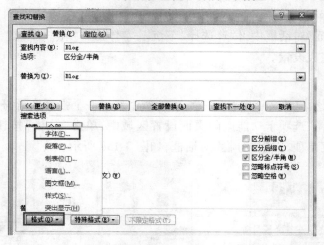

图 3-159 简略的"查找和替换"对话框

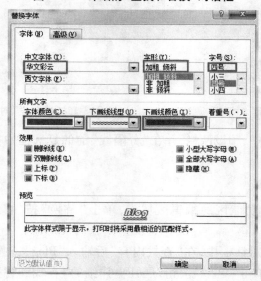

图 3-160 详细的"查找和替换"对话框

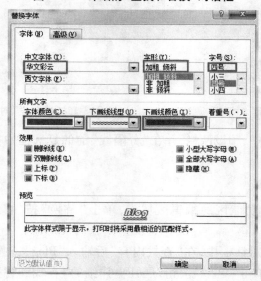

图 3-161 替换字体的设置情况

④在"替换字体"对话框中,将字体设为华文彩云,四号,加粗,倾斜,字体颜色为蓝色,下画线为红色双波浪线,效果如图 3-161 所示,然后单击"确定"按钮完成设置。此时,"查找和替换"对话框的设置效果如图 3-162 所示。

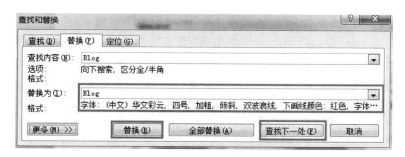

图 3-162 设置后的"查找和替换"对话框

⑤在"查找和替换"对话框中,单击"查找下一处"按钮,观察查找的"Blog"是否是正文中的一个单词。如果是,则单击"替换"按钮替换;如果不是,则继续单击"查找下一处"按钮。直到查找内容结束。

9.绘制笑脸

①在"插入"选项卡功能区的插入区域中,单击"形状"按钮,在其下拉菜单中的"基本形状"里找到笑脸图形,单击即可,如图 3-163 所示。

图 3-163 笑脸图形　　　　　　　　　　**图 3-164 笑脸**

②在 Word 文档的编辑区域中,按住鼠标左键不放并拖动鼠标画出笑脸,如图 3-164 所示。

③用鼠标右键单击"笑脸"图形,在弹出的快捷菜单中,选择"添加文字"命令,然后输入"博客"。

④再次用鼠标右键单击"笑脸"图形,在弹出的快捷菜单中,选择"设置形状格式"命令,弹出"设置形状格式"对话框,如图 3-165 所示。

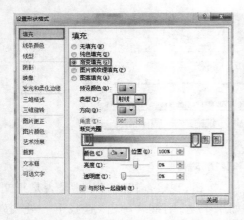

图 3-165　"设置形状格式"对话框的
"填充"选项卡

⑤在"设置形状格式"对话框中,首先在左侧选择"填充",然后在右侧选择"渐变填充",类型选择"射线",在渐变光圈处,默认有 3 个滑块。单击中间滑块,然后再单击最右边的"🗑"按钮删除中间滑块。选择第一个滑块,将颜色设置成绿色;选择第二个滑块,将颜色设置成黄色,如图 3-165 所示。

⑥在"设置形状格式"对话框中,首先在左侧选择"线条颜色",然后在右侧选择"实线",将颜色设置成"红色",如图 3-166 所示。最后单击"关闭"按钮完成设置。

⑦用鼠标右键单击"笑脸"图形,在弹出的快捷菜单中,依次选择"自动换行"→"衬于文字下方",如图 3-167 所示。

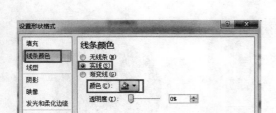

图 3-166　"设置形状格式"对话框的
"线条颜色"选项卡

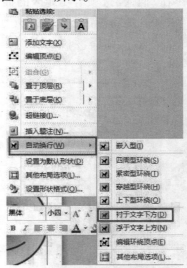

图 3-167　衬于文字下方

任务四　制作表格——个人简历制作

一、任务描述

正在读大二的小彭,要参加系部组织的模拟求职比赛。什么样的个人简历才能让小彭在比赛中取得好成绩?简历要怎么做才能充分展示自己?勤奋的小彭苦苦思索,并上网查找一些相关的资料。最后设计出了一份清爽、简明的个人简历,如图 3-168 所示。

个人简历

姓名		性别		出生年月		照片
身高		体重		政治面貌		
籍贯		民族		毕业时间		
学历		学位		学制		
毕业院校及专业						
联系地址				邮政编码		
家庭电话				手机号码		
应聘岗位						
技能						
计算机水平				英语水平		
专业特长						
职业技能证书						
职业资格证书						
其他荣誉证书						
学习经历						
时间		学校		职务		证明人
社会实践经历						
时间		单位		工作内容		效果
特长、爱好						
自我评定						

图 3-168　个人简历样式

二、任务准备

1.表格的建立

（1）利用鼠标在网格中移动创建表格

①将插入点定位到文档中欲插入表格的位置，然后单击"插入"功能区中"表格"分组的"表格"命令按钮，则会弹出创建表格的下拉列表，如图 3-169 所示。

②用鼠标在"插入表格"选项下的网格中移动，原来"插入表格"的字样就变成了欲新建表格的列数和行数，如图 3-170 所示，单击鼠标左键即可在文档插入点处插入一个表格。

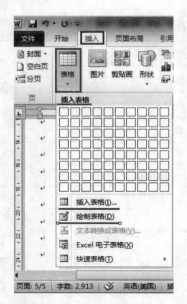
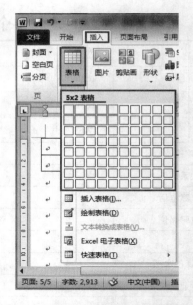

图 3-169   "插入"功能区的表格下拉列表　　　图 3-170   在网格中移动鼠标创建表格

（2）单击"插入表格"选项创建表格

①将插入点定位到文档中欲插入表格的位置，然后单击"插入"功能区中"表格"分组的"表格"命令按钮，则会弹出创建表格的下拉列表，如图 3-169 所示。

②选择"插入表格"命令选项，则会弹出"插入表格"对话框，如图 3-171 所示。

图 3-171   "插入表格"对话框

③在打开的"插入表格"对话框中，在"表格尺寸"区域分别设置表格的行数和列数。在"'自动调整'操作"区域，如果选中"固定列宽"单选框，则可设置表格的固定列宽尺寸；如果选中"根据内容调整表格"单选框，则单元格宽度会根据输入的内容自动调整；如果选中"根据窗口调整表格"单选框，则所插入的表格将充满当前页面的宽度。选中"为新表格记忆此尺寸"复选框，则再次创建表格时将使用当前尺寸。设置完毕单击"确定"按钮即可，如图 3-171 所示。

（3）使用"绘制表格"选项创建表格

如果用户希望绘制出不规则的复杂表格，则可使用"绘制表格"功能。具体操作方法如下：

①单击"插入"功能区中的"表格"命令按钮，并在弹出的下拉菜单（图 3-170）中，选择"绘制表格"选项。当鼠标指针变成铅笔形状时，拖动鼠标左键绘制表格边框、行和列。具体结果如图 3-172 所示。

②绘制表格完成后，按"Esc"键或在"表格工具"功能区的"设计"选项卡中单击"绘制表格"按钮取消绘制表格状态，如图 3-172 所示。

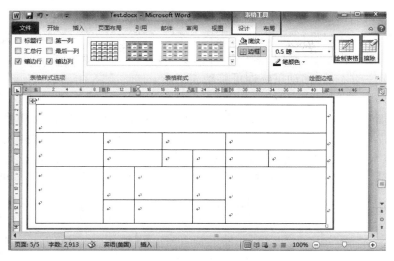

图 3-172　绘制表格

在绘制表格时如果需要删除行或列，则可单击"设计"选项卡的"擦除"按钮，当指针变成橡皮擦形状时拖动鼠标左键即可删除行或列。按"Esc"键可取消擦除状态。

2.表格的编辑

（1）表格数据输入

表格创建好后就可输入数据了。表格中行和列交叉处的一个小方格称为单元格，将插入点定位在某一个单元格中，可在该单元格中输入数据。当输入单元格中的数据超出单元格的宽度时，系统会自动换行，增加行的高度。

（2）表格的选定

在对表格进行编辑时，首先要选定表格，其方法如下：

●选定单元格：将鼠标移到单元格内部的左侧，鼠标指针变成指向右上方的黑色箭头，单击鼠标左键可以选定一个单元格，按住鼠标左键拖动可以选定多个单元格。

●选定行：鼠标移到行的最左边，鼠标指针变成指向右上方的箭头，单击鼠标左键可以选定一行，按住鼠标左键继续向上或向下移动，可以选定多行。

●选定列：鼠标移到列的最上边，当鼠标指针变成向下的黑色箭头时，在某列上单击鼠标左键可以选定一列，按住鼠标向左或向右移动，可以选定多列。

●选定整个表格：当鼠标指针移向表格内，在表格外的左上角会出现一个按钮，这个按钮就是"全选和移动"控制柄，如图 3-173 所示，鼠标左键单击它可以选定整个表格。如果在"全选和移动"控制柄上按住鼠标左键不放并拖动鼠标即可移动表格位置。

全选和移动控制柄　　改变表格大小的控制柄

图 3-173　表格的"全选和移动"及"大小"控制柄

（3）表格的大小和位置

①表格的大小：将鼠标移到表格中，表格的右下角就会出现一个小矩形，如图 3-173 所示，这里的小矩形就是改变表格大小的控制柄。再将鼠标移到改变表格大小的控制柄处，

当鼠标变成双箭头后,按住鼠标左键不放,移动鼠标即可改变表格的大小。

②表格的移动:将鼠标移到表格中,表格的左上角就会出现一个四向箭头,如图 3-173 所示,这里的四向箭头就是移动控制柄。再将鼠标移到移动控制柄处,当鼠标变成四向箭头后,按住鼠标左键不放,移动鼠标即可移动表格。

(4)行或列的插入

①首先选定一行(一列)或多行(多列),然后在"表格工具"功能区中切换到"布局"选项卡,如图 3-174 所示。如果插入行,则在"行和列"分组中选择"在上方插入"或"在下方插入";如果插入列,则在"行和列"分组中选择"在左侧插入"或"在右侧插入"。

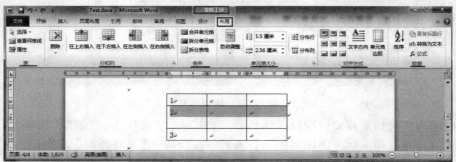

图 3-174 "表格工具"功能区的"布局"选项卡

注意

将要插入的行数(列数)与选定的行数(列数)相同。

②选定行或列后,单击鼠标右键,在弹出的快捷菜单中选择"插入"命令,出现级联子菜单,如图 3-175 所示。如果插入行,则在子菜单中选择"在上方插入行"或"在下方插入行";如果插入列,则在子菜单中选择"在左侧插入列"或"在右侧插入列"。

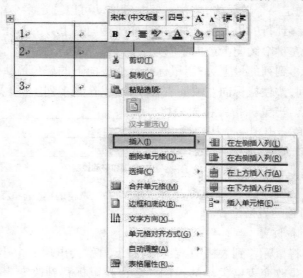

图 3-175 通过快捷菜单插入行或列

③如果要在插入点所在行的下方插入一个新行,还可将插入点定位到行的最右侧表格的外面,然后按"Enter"键。

④如果要在表格最后一行的下面插入一个新行,还可将插入点移到表格的最后一个单元格中,然后按"Tab"键。

（5）行或列的删除

●用鼠标右键单击选中的行或列,在弹出的快捷菜单中选择"删除单元格",则会弹出"删除单元格"对话框,如图 3-176 所示。在"删除单元格"对话框中,选择"删除整行"或"删除整列"。

●用鼠标右键单击选中的行或列,在弹出的快捷菜单中选择"剪切"命令。

图 3-176 "删除单元格"对话框

●首先选定一行（一列）或多行（多列）,然后在"表格工具"功能区中切换到"布局"选项卡,在"行和列"分组中选择"删除"命令按钮,则会弹出下拉菜单,如图 3-177 所示。在下拉菜单中,选择"删除行""删除列"或"删除表格"。

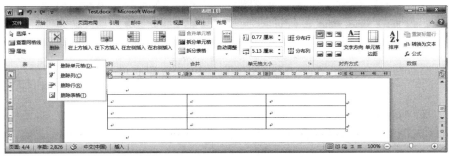

图 3-177 "表格工具"功能区的"删除"命令

> **注意**
>
> 删除表格是将插入点的整个表格都删除。

（6）表格行高、列宽的调整

●用鼠标调整:将鼠标移到要调整行高或列宽的行、列线上,当鼠标指针变成双向箭头时,按住鼠标左键,同时行、列线上出现一条虚线,按住鼠标左键不放移动鼠标到需要的位置即可,如图 3-178 和图 3-179 所示。

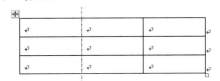

图 3-178 用鼠标调整列宽

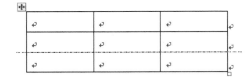

图 3-179 用鼠标调整行高

●通过设置调整:如果用户需要精确设置行的高度和列的高度,可以在"表格工具"功能区设置精确数值,操作步骤如下:

①在表格中选中需要设置高度的行或需要设置宽度的列,如图 3-180 所示。

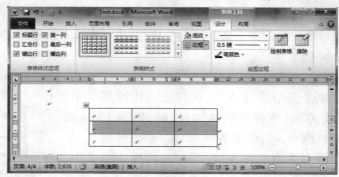

图 3-180　选中 Word 表格的行或列

②在"表格工具"功能区中切换到"布局"选项卡,在"单元格大小"分组中调整"表格行高"数值或"表格列宽"数值,以设置表格行的高度或列的宽度,如图 3-181 所示。

图 3-181　"单元格大小"的设置

(7)单元格的合并

在 Word 2010 中,可将表格中两个或两个以上的单元格合并成一个单元格,以便制作出的表格更符合要求。

●通过右键单击合并:打开文档,选择表格中需要合并的两个或两个以上的单元格;右键单击被选中的单元格,选择"合并单元格"命令即可,如图 3-182 所示。

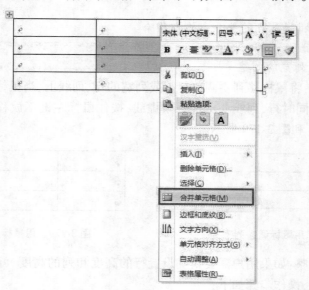

图 3-182　右键快捷菜单"合并单元格"

● 通过表格布局选项卡功能区按钮合并：打开文档，选择表格中需要合并的两个或两个以上的单元格；单击"表格工具"功能区的"布局"选项卡，在"合并"组中单击"合并单元格"按钮即可，如图3-183 所示。

● 通过绘图工具合并：打开文档，在表格中单击任意单元格；单击"表格工具"功能区的"设计"选项卡，在"绘图边框"组中单击"擦除"按钮，指针变成橡皮擦形状；在表格线上拖动鼠标左键即可擦除线条，将两个单元格合并。

按"Esc"键或再次单击"擦除"按钮取消擦除状态。

（8）单元格的拆分

可根据需要将 Word 2010 中表格的一个单元格拆分成两个或多个单元格，从而制作较为复杂的表格。常用的操作方法如下：

● 通过右键菜单拆分：打开文档，右键单击需要拆分的单元格，在打开的快捷菜单中选择"拆分单元格"命令，打开"拆分单元格"对话框，分别设置需要拆分成的"列数"和"行数"，单击"确定"按钮完成拆分，如图 3-184 所示。

图 3-183　"表格工具"功能区的"合并单元格"按钮　　**图 3-184　"拆分单元格"对话框**

● 通过表格布局选项卡功能区按钮拆分：打开文档，单击需要拆分的单元格，单击"表格工具"功能区的"布局"选项卡，单击"拆分单元格"按钮，如图 3-185 所示。

图 3-185　"表格工具"功能区的"拆分单元格"按钮

（9）表格的拆分与合并

①表格的拆分：打开文档，单击需要拆分的单元格；单击"表格工具"功能区的"布局"选项卡，单击"拆分表格"按钮，如图 3-186 所示。

图 3-186　"表格工具"功能区的"拆分表格"按钮

②表格的合并：打开文档，选择两个相邻的表格，删除中间的换行符即可完成两个表格的合并。

（10）平均分布各行（各列）

有时，需将大小不等的单元格变成大小相等的单元格，可以使用平均分布各行（各列）。首先选定要进行平均分布的多行（多列），然后使用下面的方法实现行高或列宽的平均分布。

● 通过表格的布局选项卡功能区设置：单击"表格工具"功能区的"布局"选项卡，在"单元格大小"分组中，选择"分布行"或"分布列"即可，如图3-187所示。

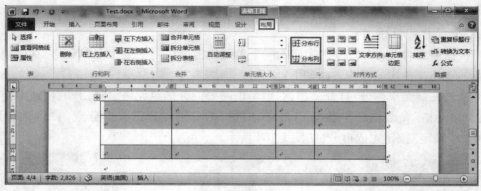

图3-187 "表格工具"功能区的"平均分布各行（各列）"

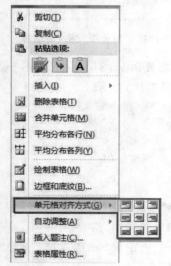

图3-188 快捷菜单的对齐方式

● 通过右键单击设置：单击鼠标右键，在弹出的快捷菜单中选择"平均分布各行"或"平均分布各列"即可。

3.表格的格式化

（1）对齐方式

Word 2010 表格中的文字跟以前的 Word 版本一样，有9种对齐方式，即靠上两端对齐、靠上居中对齐、靠上右对齐、中部两端对齐、水平居中、中部右对齐、靠下两端对齐、靠下居中对齐、靠下右对齐。

● 通过右键单击设置对齐方式：选择要设置对齐方式的文字，单击鼠标右键，在弹出的快捷菜单中，选择"单元格对齐方式"菜单项，在弹出的级联子菜单中选择所需的对齐方式，如图3-188所示。

● 通过表格布局选项卡功能区设置对齐方式：单击"表格工具"功能区的"布局"选项卡，在"对齐方式"分组中选择自己所需的对齐方式即可，如图3-189所示。

图3-189 "表格工具"功能区的对齐方式

（2）表格的边框和底纹

在 Word 2010 中，用户不仅可以在"表格工具"功能区中设置表格边框，还可在"边框和底纹"对话框中设置表格边框，操作方法如下：

①打开 Word 2010 文档窗口，选中需要设置边框的单元格或整个表格。在"表格工具"功能区中切换到"设计"选项卡，然后在"表格样式"分组中单击"边框"下拉三角按钮，并在边框菜单中选择"边框和底纹"命令，如图 3-190 所示。

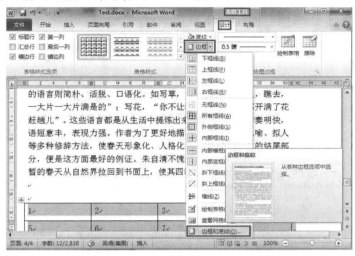

图 3-190　选择"边框和底纹"命令

②在打开的"边框和底纹"对话框中切换到"边框"选项卡，在"设置"区域选择边框显示位置。其中：

- 选择"无"选项，表示被选中的单元格或整个表格不显示边框。
- 选中"方框"选项，表示只显示被选中的单元格或整个表格的四周边框。
- 选中"全部"选项，表示被选中的单元格或整个表格显示所有边框。
- 选中"虚框"选项，表示被选中的单元格或整个表格四周为粗边框，内部为细边框。
- 选中"自定义"选项，表示被选中的单元格或整个表格由用户根据实际需要自定义设置边框的显示状态，而不仅仅局限于上述几种显示状态，如图 3-191 所示。

③在"样式"列表中选择边框的样式（如双横线、点线等样式）；在"颜色"下拉菜单中选择边框使用的颜色；单击"宽度"下拉三角按钮选择边框的宽度尺寸。在"预览"区域，可以通过单击某个方向的边框按钮来确定是否显示该边框。设置完毕后单击"确定"按钮，如图 3-191 所示。

（3）设置标题行重复

在 Word 文档中，有时表格的内容不能放在一页里，需要多页存放。这就需要将表格的标题在多页显示，其方法就是设置标题行重复。具体操作步骤如下：

①选择要重复的标题内容，即要重复的行和列。

②单击"表格工具"功能区的"布局"选项卡，在"数据"分组中选择"重复标题行"即可，如图 3-192 所示。

图 3-191 "边框和底纹"的"边框"选项卡

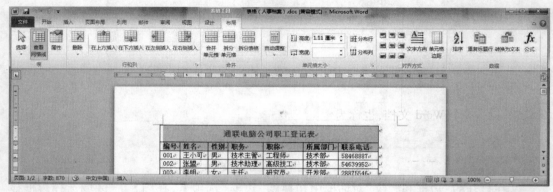

图 3-192 重复标题行

三、任务实施

1.新建 Word 文件

新建"个人简历.docx"。

图 3-193 "插入表格"对话框

2.设置标题

输入"个人简历",将其设置为:居中、华文行楷、一号字。

3.绘制表格

在"插入"选项卡功能区的表格区域中,单击"表格"按钮,在下拉菜单中选择"插入表格"菜单项,弹出"插入表格"对话框,如图 3-193 所示。

在"插入表格"对话框中,列数设为 7,行数设为 24。

4.合并单元格,调整单元格宽度并输入信息

选中前 4 行最后一列的单元格,单击鼠标右键,在弹出的快捷菜单中选择"合并单元格",按项目描述中表格的样式合并单元格并输入信息;最后录入个人信息,完成简历制作。

任务五 邮件合并——邀请函制作

一、任务描述

某高校学生会计划举办一场"大学生创新创业交流会"活动,拟邀请专家给在校学生进行演讲,校学生会外联部已拟好邀请函的内容。现需要在邀请函的"尊敬的"和"老师"文字之间批量插入"专家通讯录.xlsx"文件中的专家姓名,每页邀请函只能包含 1 位专家姓名。邀请函标题第 1 行设为黑体三号、居中、单倍行距,标题第 2 行设为黑体二号、居中、段后行间距为 1 行;正文内容为仿宋小三号、单倍行距,按要求缩进。

二、任务准备

邮件合并是在主文档的固定内容中,插入与发送信息相关的一组数据,批量生成需要的邮件文档。

(1)邮件合并的概念

● 邮件:一个 Word 文档,也称为主文档,其内容分为固定不变部分和变化部分。

● 合并:在固定不变部分中插入变化部分,生成多份文档。例如,制作一批邀请函,所有邀请函的邀请信息是固定不变部分,而邀请人姓名是变化部分,每一张邀请函都是不完全相同的。

● 邮件合并:批量生成不完全相同的文档,如邀请人不同。

(2)邮件合并的步骤

①建立主文档:主文档是指邮件合并内容的固定不变部分编辑,包括文字内容编辑、格式排版、图文混排。建立主文档就是新建一个普通的 Word 文档。但需要注意的是,建立主文档时,要预留可变部分的空间。

②准备数据源:数据源就是数据记录表,主要包含相关的字段和数据记录内容。主文档需要填充的可变部分内容源于这个数据记录表。常用的数据源可以是 Excel 表、Outlook联系人、Access 数据库和 Word 表格。

③将数据源合并到主文档中:此步骤主要利用 Word中的邮件合并功能模块,将需要的数据源中指定的字段内容合并到主文档预留的空间处,得到一个包括不变部分和可变部分的目标文档。具体操作如下:

图 3-194 启动"邮件合并分步向导"

a.将光标定位在"尊敬的"和"老师"之间的空白处,依次单击"邮件"→"开始邮件合并"→"邮件合并分步向导"(图 3-194),打开"邮件合并"任务窗格,进入"邮件合并"向导第 1 步任务窗格,如图 3-195 所示。注意"邮件合并"任务窗格在文档编辑区的右侧。

b.在"邮件合并"向导第 1 步任务窗格中,主要选择正在使用的文档类型,包括以下内容:

- 信函文档类型是将信函发送给一组人。
- 电子邮件文档类型是将电子邮件发送给一组人。
- 信封文档类型是打印成组邮件的带地址信封。
- 标签文档类型是打印成组邮件的地址标签。
- 目录文档类型是创建包含目录或地址打印列表的单个文档。

一般保持默认选择"信函"选项。单击"下一步:正在启动文档"超链接,进入"邮件合并"向导第 2 步任务窗格,如图 3-196 所示。

c.在"邮件合并"向导第 2 步任务窗格中,主要设置如何开始文档,包括使用当前文档开始、从模板开始、从现有文档开始。

使用当前文档就是使用当前正在编辑的文档内容作为信函主内容。从模板开始就是不用当前文档内容,而是从 Word 模板选择内容作为信函主内容。

从现有文档开始就是不用当前文档内容,而是选择打开的其他文档内容作为信函主内容。

一般保持默认选择"使用当前文档"选项。单击"下一步:选取收件人"超链接,进入"邮件合并"向导第 3 步任务窗格,如图 3-197 所示。

图 3-195　邮件合并向导第 1 步　　图 3-196　邮件合并向导第 2 步　　图 3-197　邮件合并向导第 3 步

d.在"邮件合并"向导第 3 步任务窗格中,设置收件人的数据来源,包括使用现有列表数据源、从 Outlook 联系人中选择数据源和键入新列表数据源。

使用现有列表:使用来自某文件或数据库的姓名和地址时选择使用现有列表。同时单击"浏览…"超链接,打开"选取数据源"对话框(图 3-198)。在指定的目录中找到数据源文件或数据源数据库,然后单击"打开"按钮,弹出"选择表格"对话框,如图 3-199 所示。

在"选择表格"对话框中选择有效数据源,单击"确定"按钮,弹出"邮件合并收件人"对话框,如图 3-200 所示。

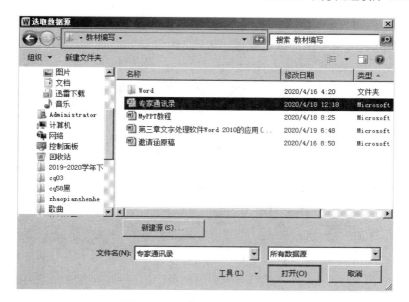

图 3-198　"选取数据源"对话框

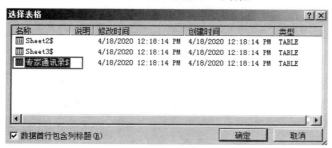

图 3-199　"选择表格"对话框

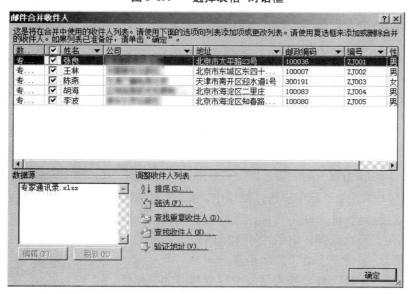

图 3-200　"邮件合并收件人"对话框

在"邮件合并收件人"对话框中,可对收件人进行排序、筛选、查找重复收件人、查找收件人和验证地址操作,也可保持默认设置。单击"确定"按钮,返回到"邮件合并"向导第3步任务窗格。

从Outlook联系人中选择:从Outlook联系人文件夹中选取姓名和地址时,要从Outlook联系人中选择。同时单击"选择'联系人'文件夹"按钮,进入Outlook邮件中选取。单击"确定"按钮,返回到"邮件合并"向导第3步任务窗格。

键入新列表:没有准备好的数据源,需要输入收件人的姓名和地址时选择键入新列表。同时单击"创建…"按钮,弹出"新建地址列表"对话框(图3-201),在该对话框中输入和编辑收件人信息。单击"确定"按钮,返回到"邮件合并"向导第3步任务窗格。

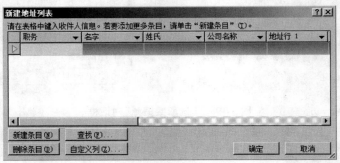

图3-201　新建地址列表

一般保持默认选择"使用现有列表"选项,完成收件人选择后,单击"下一步:撰写信函"超链接,进入"邮件合并"向导第4步任务窗格,如图3-202所示。

图3-202　邮件合并向导第4步　　图3-203　邮件合并向导第5步　　图3-204　邮件合并向导第6步

e.在"邮件合并"向导第4步任务窗格中,主要是对信函格式的撰写,包括以下内容:

- 地址块:插入收件人姓名名称、收件人公司名称和收件人通信地址。
- 问候语:主要设置问候语格式和无效收件人名称的问候语。
- 电子邮政:主要设置电子邮政信息。
- 其他项目:主要设置要插入信函中可变部分的字段值。

在此任务窗格中,主要设置信函中可变部分的字段值,因此,单击"其他项目…"超链接,弹出"插入合并域"对话框,如图 3-205 所示。

　　f.在"插入合并域"对话框中,设置插入域,包括地址域和数据库域。在确定了插入域后,"域"中就会显示插入域的内容。根据需求选择一项域,单击"插入"按钮。可根据需求重复操作插入多项域,插入结束后,单击"关闭"按钮,返回"邮件合并"向导第 4 步任务窗格。单击"下一步:预览信函"超链接,进入"邮件合并"向导第 5 步任务窗格,如图 3-203所示。

　　g.在"邮件合并"向导第 5 步任务窗格中,单击" << "按钮和" >> "按钮分别进行向前和向后浏览插入收件人,如果发现插入收件人不正确,可单击"编辑收件人列表"超链接进入"邮件合并收件人"对话框进行编辑,也可单击"排除此收件人"按钮,去掉不正确的收件人。最后单击"下一步:完成合并"超链接,进入"邮件合并"向导第 6 步任务窗格,如图 3-204 所示。

　　h.在"邮件合并"向导第 6 步任务窗格中,主要是打印和编辑单个信函。单击"编辑单个信函"超链接,弹出"合并到新文档"对话框,如图 3-206 所示。

图 3-205　"插入合并域"对话框

图 3-206　"合并到新文档"对话框

　　i.在"合并到新文档"对话框中,选择合并到新文档的记录范围,单击"确定"按钮形成一个新的文档。保存合并产生的新文档。单击"确定"按钮,返回到"邮件合并"向导第 6步任务窗格。单击任务窗格中右上角的"X"按钮关闭邮件合并向导。

三、任务实施

1.新建 Word 文件

新建"邀请函主文档.docx"。

2.文字编辑及格式化

录入拟好的"大学生创新创业交流会邀请函"文字内容,并将"大学生创新创业交流会"设为标题、黑体三号、居中对齐、单倍行距,独占一行。"邀请函"设为标题黑体二号、居中、段后间距为 1 行、单倍行距,独占一行。正文内容为仿宋小三号、单倍行距;按信函格式缩进。其结果如图 3-207 所示。

大学生创新创业交流会
邀请函

尊敬的　　　老师：

我校学生会兹定于 2020 年 4 月 19 日 9:00—12:00，在校本部博润厅举办"大学生创新创业交流会"的活动，特邀请您为我校学生进行创新创业指导和培训。

谢谢您对我校学生会工作的大力支持！

××大学校学生会

2020 年 4 月 14 日

图 3-207　大学生创新创业交流会邀请函

3.Excel 数据源准备

打开 Excel 文件，按图 3-208 录入以下内容，将 Sheet1 工作表名改为"专家通讯录"，将 Excel 工作簿保存为"专家通讯录.xlsx"。

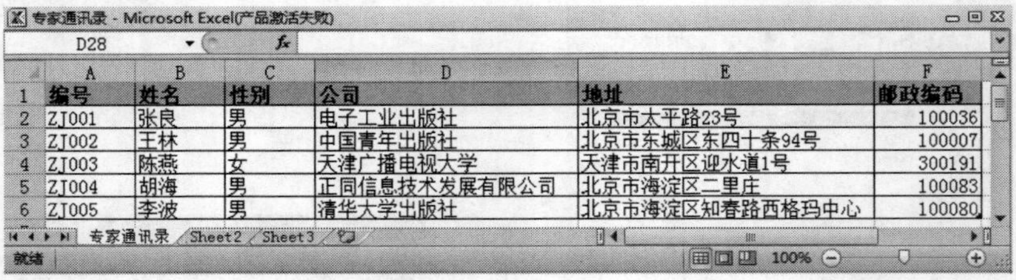

编号	姓名	性别	公司	地址	邮政编码
ZJ001	张良	男	电子工业出版社	北京市太平路23号	100036
ZJ002	王林	男	中国青年出版社	北京市东城区东四十条94号	100007
ZJ003	陈燕	女	天津广播电视大学	天津市南开区迎水道1号	300191
ZJ004	胡海	男	正同信息技术发展有限公司	北京市海淀区二里庄	100083
ZJ005	李波	男	清华大学出版社	北京市海淀区知春路西格玛中心	100080

图 3-208　专家通讯录

4.邮件合并

①按图 3-194 的方式，打开"邮件合并"任务窗格。

②在"邮件合并"向导第 1 步任务窗格中，保持默认选择"信函"，单击"下一步：正在启动文档"超链接，进入"邮件合并"向导第 2 步任务窗格，如图 3-196 所示。

③在"邮件合并"向导第 2 步任务窗格中，保持默认选择"使用当前文档"，单击"下一步：选取收件人"超链接，进入"邮件合并"向导第 3 步任务窗格，如图 3-197 所示。

④在"邮件合并"向导第 3 步任务窗格中，保持默认选择"使用现有列表"，单击"浏览"超链接(图 3-197)，进入"选取数据源"对话框，如图 3-198 所示。

在"选取数据源"对话框中，按照"专业通讯录.xlsx"文件存储路径，选择"专业通讯录.xlsx"文件，单击"打开"按钮，进入"选择表格"对话框，如图 3-199 所示。

在"选择表格"对话框中，选择"专家通讯录$"，单击"确定"按钮，进入"邮件合并收件人"对话框，如图 3-200 所示。

在"邮件合并收件人"对话框中，保持默认设置，单击"确定"按钮，返回到"邮件合并"向导第 3 步任务窗格，如图 3-197 所示。同时单击"下一步：撰写信函"超链接，进入"邮件合并"向导第 4 步任务窗格，如图 3-202 所示。

⑤在"邮件合并"向导第 4 步任务窗格中,首先要把光标置入信函中"尊敬的"和"老师"之间的空白处,然后单击"其他项目…"超链接,进入"插入合并域"对话框,如图 3-205 所示。

在"插入合并域"对话框中,插入项选择"数据库域",域选择"姓名"。单击 1 次"插入"按键,在信函中"尊敬的"和"老师"之间空白处,就会出现"《姓名》"字样。单击"关闭"按钮,返回到"邮件合并"向导第 4 步任务窗格。同时单击"下一步:预览信函"超链接,进入"邮件合并"向导第 5 步任务窗格,如图 3-203 所示。

⑥在"邮件合并"向导第 5 步任务窗格中,单击" << "按钮或" >> "按钮,在信函文档中"尊敬的"和"老师"之间就会出现收件人的姓名,验证收件人姓名是否正确。然后单击"下一步:完成合并"超链接,进入"邮件合并"向导第 6 步任务窗格,如图 3-204 所示。

⑦在"邮件合并"向导第 6 步任务窗格中,单击"编辑单个信函…"超链接,进入"合并到新文档"对话框,如图 3-206 所示。

在"合并到新文档"对话框中,选择"全部",单击"确定"按钮,就会产生一个新 Word 文档,此文档包含了多份邀请函,每份邀请函占一页,且插入了一位专家的姓名。保存此文档为"邀请函.docx"。

同时保存"邀请函主文档.docx"文档,完成邀请函的制作。

项目小结

本项目介绍了微软 Office 2010 系列办公自动化软件中的一个重要组件——Word 文字处理软件。通过相关实例主要介绍了 Word 的基本功能、运行环境、启动和退出;窗口组成,菜单栏与工具栏及其使用方法;文档的创建、保存和打开;文档的文字输入、基本编辑和格式排版操作;文档的页面设置与打印操作;文档的标题、分隔符、目录、页眉和页脚的设置等;图文混排版式的制作方法,包括分栏、剪贴画、艺术字、图片和图形的编辑与排版等;文档中表格的创建、编辑与排版;邮件合并;长文档的编辑与管理。

拓展训练

1.将以下素材按要求排版。

(1)将标题字体设置为"黑体",字形设置为"常规",字号设置为"小初",选定"效果"为"空心字"且居中显示。

(2)将"陶渊明"的字体设置为"楷体"、字号设置为"小三",文字右对齐加双曲线边框,线型宽度应用系统默认值显示。

(3)将正文行距设置为 25 磅。

【素材】

归去来兮辞

——陶渊明

归去来兮！田园将芜胡不归？既自以心为形役，奚惆怅而独悲？悟已往之不谏，知来者之可追。实迷途其未远，觉今是而昨非。舟遥遥以轻飏，风飘飘而吹衣。问征夫以前路，恨晨光之熹微。乃瞻衡宇，载欣载奔。童仆欢迎，稚子候门。三径就荒，松菊犹存。携幼入室，有酒盈樽。引壶觞以自酌，眄庭柯以怡颜。倚南窗以寄傲，审容膝之易安。园日涉以成趣，门虽设而常关。策扶老以流憩，时矫首而遐观。云无心以出岫，鸟倦飞而知还。景翳翳以将入，抚孤松而盘桓。

2.将以下素材按要求排版。

（1）将正文字体设置为"楷体"，字号设置为"五号"。

（2）将正文内容分成"偏左"的两栏。设置首字下沉，将首字字体设置为"黑体"，下沉行数为"2"。

（3）插入一幅剪贴画，将环绕方式设置为"紧密型"。

【素材】

激清音以感余，愿接膝以交言。欲自往以结誓，惧冒礼之为愆；待凤鸟以致辞，恐他人之我先。意惶惑而靡宁，魂须臾而九迁：愿在衣而为领，承华首之余芳；悲罗襟之宵离，怨秋夜之未央！愿在裳而为带，束窈窕之纤身；嗟温凉之异气，或脱故而服新！愿在发而为泽，刷玄鬓于颓肩；悲佳人之屡沐，从白水而枯煎！愿在眉而为黛，随瞻视以闲扬；悲脂粉之尚鲜，或取毁于华妆！愿在莞而为席，安弱体于三秋；悲文茵之代御，方经年而见求！愿在丝而为履，附素足以周旋；悲行止之有节，空委弃于床前！愿在昼而为影，常依形而西东：悲高树之多荫，慨有时而不同！愿在夜而为烛，照玉容于两楹；悲扶桑之舒光，奄灭景而藏明！愿在竹而为扇，含凄飙于柔握；悲白露之晨零，顾襟袖以缅邈！愿在木而为桐，作膝上之鸣琴；悲乐极而哀来，终推我而辍音！

项目考核

一、单选题

1.在 Word 编辑状态下，当前文档中的字体全是宋体，若选择一段文字先设定了楷体，又设定黑体，则(　　)。

    A.文件全文都是楷体　　　　　　　　B.被选择的内容仍为宋体

    C.被选择的内容变为黑体　　　　　　D.文档的全部内容都是黑体

2.要插入页眉和页脚，首先要切换到哪个视图方式下？(　　)

    A.阅读版式　　　　B.页面　　　　C.大纲　　　　D.Web 版式

3.在 Word 中,按键盘上的"Delete"键可删除(　　　)。

 A.插入点前面的一个字符   B.插入点前面所有的字符

 C.插入点后面的一个字符   D.插入点后面所有的字符

4.在 Word 编辑状态下,进行字体设置操作后,按新设置的字体显示的文字是(　　　)。

 A.插入点所在段落中的文字   B.文档中被选中(呈反色显示)的文字

 C.插入点所在行中的文字   D.文档的全部文字

5.在 Word 中,可以显示出分节符,但不能显示出页眉和页脚的视图方式是(　　　)。

 A.阅读版式   B.页面   C.大纲   D.全屏显示

6.在 Word 中,用来复制文字格式和段落格式的最佳工具是(　　　)。

 A.格式菜单   B.格式刷   C.粘贴   D.复制

7.在 Word 编辑状态下,先打开 test1.docx 文档,再打开 test2.docx 文档,则(　　　)。

 A.test1.docx 文档窗口遮盖了 test2.docx 文档的窗口

 B.打开了 test2.docx 文档的窗口,test1.docx 文档的窗口被关闭

 C.打开的 test2.docx 文档的窗口遮盖了 test1.docx 文档的窗口

 D.两个窗口并列显示

8.下列对 Word 中表格的单元格的叙述,正确的是(　　　)。

 A.每一个单元格可看成独立的文档

 B.在单元格中按"Enter"键,光标会移到下一单元格

 C.单元格的大小不受文本的影响

 D.单元格允许合并和拆分

9.在 Word 中,删除当前所有选定文本并将其放在剪贴板上的快捷键是(　　　)。

 A.Ctrl+C   B.Ctrl+V   C.Ctrl+Z   D.Ctrl+X

10.下列不能用 Word 打开的文件类型是(　　　)。

 A..docx   B..rtf   C..dotx   D..EXE

11.在 Word 中,不缩进段落的第一行,而缩进其余的行,是指(　　　)。

 A.首行缩进 B.左缩进   C.悬挂缩进   D.右缩进

12.在 Word 中,如果插入点在表格中某行的最后一个单元格,按"Enter"键后(　　　)。

 A.插入点所在行加宽   B.插入点所在列加宽

 C.在插入点所在行下增加一行 D.对表格不起作用

13.在 Word 中,关于图片的环绕方式,以下哪项不在其中?(　　　)

 A.四周型环绕   B.紧密型环绕

 C.嵌入型环绕   D.左右型环绕

14.在 Word 中,欲选定文本中的一个矩形区域,应在拖曳标前,按住(　　　)键不放。

 A.Ctrl   B.Alt   C.Shift   D.空格

15.在查找和替换功能中,以下(　　　)是可以用查找功能查找的。

　　A.图片　　　　　　B.文本　　　　　　C.标尺　　　　　　D.网络线

16.在 Word 编辑状态下,当前输入的文字显示在(　　　)。

　　A.鼠标处　　　　B.插入点处　　　　C.文件尾部　　　　D.当前行尾

17.中文 Word 编辑软件运行环境是(　　　)。

　　A.DOS　　　　　　B.WPS　　　　　　C.Windows　　　　D.高级语言

18.段落的标记是在输入(　　　)之后产生的。

　　A.句号　　　　　　B.“Enter”　　　　C.“Shift+Enter”　　D.分页符

19.在 Word 编辑状态下,若要调整左右边界,比较直接、快捷的方法是(　　　)。

　　A.工具栏　　　　B.格式栏　　　　　C.菜单　　　　　　D.标尺

20.Word 2010 文档文件的扩展名是(　　　)。

　　A..txt　　　　　　B..docx　　　　　　C..wps　　　　　　D..blp

21.在 Word 编辑状态下,文档中有一行被选择,当按“Del”键后(　　　)。

　　A.删除了插入点所在的行　　　　　　B.删除了被选择的一行

　　C.删除了被选择行及其后的内容　　　D.删除了插入点及其之前的内容

22.将在 Windows 的其他软件环境中制作的图片复制到当前 Word 文档中,下列说法正确的是(　　　)。

　　A.不能将其他软件中制作的图片复制到当前 Word 文档中

　　B.可以通过剪贴板将其他软件的图片复制到当前 Word 文档中

　　C.先在屏幕上显示要复制的图片,打开 Word 文档时便可将图片复制到文档中

　　D.先打开 Word 文档,然后直接在 Word 环境下显示要复制的图片

23.在 Word 文档中,每个段落都有自己的段落标记,段落标记的位置在(　　　)。

　　A.段落的首部　　　　　　　　　　　B.段落的结尾处

　　C.段落的中间位置　　　　　　　　　D.段落中,但是用户找不到的位置

24.下列关于分栏的说法中,正确的是(　　　)。

　　A.最多可以设 4 栏　　　　　　　　　B.各栏的宽度必须相同

　　C.各栏的宽度可以不同　　　　　　　D.各栏之间的距离是固定的

25.下列方式中,可显示出页眉和页脚的是(　　　)。

　　A.普通视图　　　　B.页面视图　　　　C.大纲视图　　　　D.全屏幕视图

26.下列菜单中,含有设定字体的命令是(　　　)。

　　A.编辑　　　　　　B.格式　　　　　　C.工具　　　　　　D.视图

27.将文档中一部分文本内容复制到其他地方,先要进行的操作是(　　　)。

　　A.粘贴　　　　　　B.复制　　　　　　C.选择　　　　　　D.剪切

28.若要将一些文本内容设置为斜体字,则选择后(　　　)。

　　A.单击“B”按钮　　　　　　　　　　B.单击“U”按钮

C.单击"I"按钮　　　　　　　　　　　　D.单击"A"按钮

29.打开 Word 文档一般是指(　　　)。

　　A.从内存中读文档的内容,并显示出来

　　B.为指定文件开设一个新的、空的文档窗口

　　C.把文档的内容从磁盘调入内存,并显示出来

　　D.显示并打印出指定文档的内容

30."文件"下拉菜单底部所显示的文件名是(　　　)。

　　A.正在使用的文件名　　　　　　　　B.正在打印的文件名

　　C.扩展名为.doc 的文件名　　　　　　D.最近被 Word 处理的文件名

31.在 Word 中,如果用户需要取消刚才的输入,则可在编辑菜单中选择"撤销"选项;在撤销后若要重做刚才的操作,可在编辑菜单中选择"重做"选项。这两个操作的组合键分别是(　　　)。

　　A."Ctrl+T"和"Ctrl+I"　　　　　　　　B."Ctrl+Z"和"Ctrl+Y"

　　C."Ctrl+Z"和"Ctrl+I"　　　　　　　　D."Ctrl+T"和"Ctrl+Y"

32.若 Word 正处于打印预览状态,要打印文件,则(　　　)。

　　A.必须退出预览状态后才可打印　　B.在打印预览状态中也可直接打印

　　C.在打印预览状态下不能打印　　　　D.只能在打印预览状态下打印

33.对于 Word 表格操作,不正确的说法是(　　　)。

　　A.单元格可以拆分　　　　　　　　　　B.单元格可以合并

　　C.只能制作规则表格　　　　　　　　　D.可以制作不规则表格

二、多选题

1.在 Word 编辑状态下,选择了当前文档中的一个段落,按"Del"键,则下列说法错误的是(　　　)。

　　A.该段落被删除且不能恢复

　　B.该段落被删除,但能恢复

　　C.能利用"回收站"恢复被删除的该段落

　　D.该段落被移到"回收站"内

　　E.该段落被送入剪贴板

2.在 Word 中,提供的文档对齐方式有(　　　)。

　　A.两端对齐　　　　B.居中对齐　　　　C.左对齐　　　　D.右对齐　　　　E.分散对齐

3.在 Word 中编辑一个文档时,(　　　)。

　　A.必须先给新建的文档取好文件名　　B.每次修改后存盘必须重新取名

　　C.存盘时才能取名　　　　　　　　　　D.不必先给文档取名

　　E.必须先给文档取名

4.下列哪些情况会出现"另存为"对话框？（　　　）

A.新建文档第一次保存　　　　　　B.打开已有文档修改的保存

C.Word 窗口已命名文档修改后存盘　　D.建立文档副本,以其他名字保存

E.将中文 Word 文档保存为其他文件格式

5.中文 Word 的"格式"菜单中含有（　　　）。

A.字体　　　　　B.段落　　　　　　C.边框和底纹　　　D.分栏

6.中文 Word 具备（　　　）功能。

A.自动排版　　　B.图文混排　　　　C.所见即所得　　　D.中文自动纠错

7.Word 中的替换功能可以（　　　）。

A.替换文字　　　　　　　　　　　B.替换格式

C.不能替换格式　　　　　　　　　D.只替换格式不替换文字

E.格式和文字可以一起替换

8.下列有关段落行距和间距的叙述,正确的是（　　　）。

A.段落行距可调整,相邻段落间的间距不能调整

B.段落行距可调整,相邻段落间的间距也可调整

C.段落行距只能按某一值的总数变化,不能随意变化

D.段落间距可由用户自行调整

E.段落间距不能由用户自行调整

9.中文 Word 的"视图"菜单中有（　　　）显示模式等几种。

A.页面视图　　　B.大纲视图　　　　C.普通视图　　　　D.主控文档

10.中文 Word 可以对编辑的文字进行（　　　）排版。

A.上标　　　　　B.下标　　　　　　C.斜体　　　　　　D.粗体

三、判断题

1.在 Word 中,重复打印一份文档时,可通过设置打印份数一次性打印多份。（　　　）

2.在 Word 中,表格中的行列可以随意添加或调整。（　　　）

3.在 Word 中,设置段落格式为"左缩进 2 字符"同"首行缩进 2 字符"的效果一致。

（　　　）

4.用 Word 编辑文档时,输入的内容满一行必须按"Enter"键开始下一行。（　　　）

5.在 Word 中,段落的首行缩进就是指段落的第一行向里缩进一定的距离。（　　　）

6.在 Word 编辑状态下,可从当前输入的汉字状态切换到输入的英文字符状态的组合键是"Ctrl+空格键"。（　　　）

7.在 Word 中,可同时打开多个文档,但只有一个文档窗口是当前活动窗口。（　　　）

8.Word 具有分栏功能,各栏的宽度可以不同。（　　　）

9.Word 编辑软件的环境是 DOS。（　　　）

10.利用 Word 录入和编辑文档之前,必须首先指定所编辑的文档的文件名。（　　　）

11.文档存盘后自动退出 Word。 （ ）

12.Word 中图文框中可同时放入图片和文字。 （ ）

13.Word 中一个段落可设置为既是居中又是两端对齐。 （ ）

14.使用中文 Word 编辑文档时,要显示页眉、页脚内容,应采用普通视图方式。(）

15.中文 Word 中,不能对文档内容进行分栏排版。 （ ）

16.中文 Word 中,只能用工具栏上的快捷按钮来完成对文档的编排。 （ ）

17.中文 Word 对文字的格式设置等编辑都必须先选定后操作。 （ ）

18.在中文 Word 的文字录入之前就应设置好字形、字号、颜色等格式,因为录入完毕之后,便无法再改动了。 （ ）

19.Word 中的工具栏,只能固定出现在 Word 窗口的上方。 （ ）

四、填空题

1.Word 文档中的段落标记是在按下键盘上的_____键之后产生的。

2.在 Word 中,将文档中的某段文字误删除之后,可用_____快捷键恢复到删除前的状态。

3._____对话框提供了设置段落格式的最全面的方式。

4._____对话框提供了设置字体格式的最全面的方式。

5.在 Word 中,编辑页眉、页脚时,应选择_____视图方式。

6.在 Word 中,要插入一些特殊符号使用_____菜单下的"符号"命令。

7.在 Word 中,模板文件的扩展名是_____。

8.在 Word 的编辑状态下,使插入点快速移到行首的快捷键是_____。

项目四　电子表格软件 Excel 2010 的应用

Microsoft Excel 2010 是 Microsoft 公司出品的 Microsoft Office 2010 中的一员，是目前市场上基于 Windows 环境下的功能强大的电子表格制作软件。Microsoft Excel 具有直观的表格数据编辑和计算，丰富的统计图形显示和数据分析管理功能，在日常办公数据管理、财务管理、统计、金融投资、经济分析和规划决策等多方面有着广泛的应用。通过本项目的学习，可以掌握 Excel 2010 的一些基本知识和数据分析管理功能，满足日常办公的需要。

知识目标

◆　了解 Excel 2010 的基本概念；
◆　掌握工作簿、工作表、单元格的基本操作；
◆　掌握对工作表数据管理的基本操作；
◆　掌握对工作表数据分析的基本操作；
◆　掌握用工作表数据制作图表的基本操作；
◆　掌握 Excel 2010 中的合并计算方法。

技能目标

◆　会创建工作表；
◆　会对工作表进行编辑和排版；
◆　会运用公式与函数进行数据计算；
◆　会排序、筛选、分类汇总等数据操作；
◆　会创建和编辑图表；
◆　会使用合并计算方法。

任务一 制作公司员工绩效考核评分表

一、任务描述

小明毕业时进入一家公司实习,公司安排他做一些信息资料的收集与整理工作。之前公司员工绩效考核评分表都是以纸质的表格存档,不便于管理。公司负责人希望小明将公司所有纸质的员工绩效考核评分表数据录入计算机,利用 Excel 电子表格软件来管理。如果你是小明,在接到这项任务后,你该如何操作?接下来将介绍利用 Excel 2010 电子表格软件制作如图 4-1 所示的"公司员工绩效考核评分表"的方法。

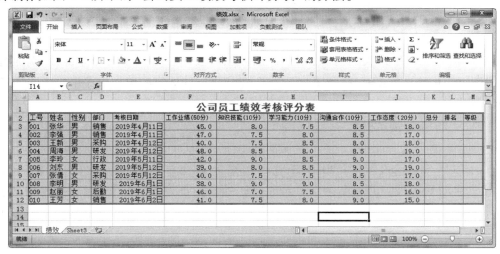

图 4-1 "公司员工绩效考核评分表"制作效果

二、任务准备

1.Excel 2010 的窗口组成

Excel 2010 启动成功后就可看到如图 4-2 所示的窗口界面。

● 标题栏:用来显示 Excel 应用程序名称和当前工作簿的名称。在标题栏上按下鼠标左键并拖动鼠标可移动窗口。标题栏的左端有快速访问工具栏,提供常用的功能命令。标题栏的最右端有三个按钮,可以对 Excel 2010 应用程序窗口进行最小化、最大化及关闭操作。

● 选项卡栏:Excel 2010 的核心,所有操作命令都能在这些选项卡中找到。使用时只需用鼠标单击选项卡栏中的某一选项卡,在下方对应的功能区中选择要使用的命令即可。

● 功能区:汇集了与选项卡栏相对应的命令按钮,单击即可执行相应命令。

● 编辑栏:可输入或修改工作表中的数据。它由三部分组成,自左向右依次为单元格名称框、按钮和数据编辑区。

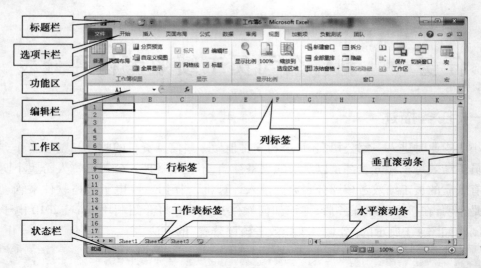

图 4-2　Excel 2010 窗口界面

● 工作区：窗口中最大的区域，用于存放数据。数据区由上端的列标签、左端的行标签、右端和右下端的滚动条、左下端的工作表表标签、中间区域的单元格等组成。

● 状态栏：用于显示当前窗口工作状态信息。

2.Excel 2010 的基本概念

（1）工作簿

工作簿是 Microsoft Excel 2010 环境中用来处理和存储数据的文件，其扩展名为".xlsx"。启动 Excel 2010，程序会自动创建一个工作簿，创建的第 1 个工作簿文件的名字默认为"工作簿 1"，之后 Excel 将自动按"工作簿 2""工作簿 3"……的默认顺序为新工作簿命名。

（2）工作表

一个工作簿可包含多个工作表。在一个工作簿中最多可以有 255 个工作表。每个工作簿默认有 3 个工作表，分别以 Sheet1、Sheet2、Sheet3 来命名。工作表的名字标签位于工作簿窗口的左下角，标签为白色表示当前工作表。

工作表是一张电子表格，用来管理和分析数据。Excel 2010 的每张工作表由 16 384 列和 1 048 576 行构成。行的编号由上到下从"1"到"1 048 576"编号；列的编号从左到右，用字母从"A"到"XFD"编号。

（3）单元格

在工作表中，行与列相交形成单元格，它是存储数据的基本单位，这些数据可以是字符串、数字、公式等。在工作表中，每一个单元格都有自己唯一的名称，也称为单元格地址。单元格名称由单元格所在的列号和行号组成，列号在前，行号在后。例如，A1 表示第 A 列第 1 行的单元格。

用鼠标单击一个单元格，即可使其成为活动单元格，活动单元格的名称会在编辑栏的名称框中显示，用户可以通过单元格名称来引用单元格中的数据。为了区分工作簿中不同工作表的单元格，可在单元格名称前增加工作表名称，工作表与单元格名称之间用"!"分开。例如,Sheet2!B3,表示该单元格是"Sheet2"工作表中的"B3"单元格。

3.工作簿的操作

（1）新建工作簿

启动 Excel 2010 后,程序会默认创建一个工作簿。除此之外,还可通过选择"文件"选项卡,选择"新建"命令,双击"可用模板"选项组中的"空白工作簿"图标来新建空白工作簿,如图 4-3 所示。

图 4-3　新建空白工作簿

（2）打开工作簿

常用以下几种方法打开工作簿文件。

●选择"文件"→"打开"命令,在弹出的"打开"对话框中选择要打开的工作簿文件,然后单击"打开"按钮即可,如图 4-4 所示。

●单击工具栏中的"打开"按钮 ,在弹出的"打开"对话框中选择要打开的工作簿文件,然后单击"打开"按钮即可。

●按"Ctrl+O"键,在弹出的"打开"对话框中选择要打开的工作簿文件,然后单击"打开"按钮即可。

（3）保存工作簿

常用以下几种方法保存工作簿文件。

●选择"文件"选项卡,选择"保存"或"另存为"命令,在弹出的"另存为"对话框中选择保存位置和保存类型并输入文件名,然后单击"保存"按钮即可。

●单击标题栏中的"保存"按钮 ,在弹出的"另存为"对话框中选择保存位置和保存类型并输入文件名,然后单击"保存"按钮即可。

图4-4　打开选定的工作簿

●按"Ctrl+S"键,在弹出的"另存为"对话框中选择保存位置和保存类型并输入文件名,然后单击"保存"按钮即可。

> **注意**
>
> 选择"另存为"命令每次都会弹出"另存为"对话框,其他方法只有新建工作簿第一次保存才会弹出"另存为"对话框。

(4)关闭工作簿

对于不再使用的工作簿可以将其关闭,以节约内存空间。关闭工作簿的操作如下:

●选择"文件"选项卡,选择"关闭"命令即可。

●单击工作簿窗口右上角的"关闭窗口"按钮 ✕ 即可。

> **注意**
>
> "关闭"命令是只关闭当前工作簿窗口,"退出"命令是退出 Excel 应用程序窗口并同时关闭打开的工作簿窗口。

4.工作表的操作

(1)插入工作表

除了新建工作簿默认的 3 张工作表之外,还可在工作簿中根据需要插入新的工作表,常用的插入方法如下:

●首先用鼠标右键单击某一工作表标签,在弹出的快捷菜单中选择"插入"命令,如图4-5 所示;然后在弹出的"插入"对话框中选择"工作表"图标,如图 4-6 所示;最后单击"确定"按钮,即可在该工作表标签的左侧插入一个空白工作表。

图 4-5 "插入"工作表命令

图 4-6 "插入"工作表对话框

- 单击工作表标签右侧的"插入工作表"按钮 ，即可在所有工作表标签的右侧插入一个空白工作表。

- 单击窗口左上角的"开始"选项卡，在"单元格"选项组中单击"插入"下拉按钮，从弹出的下拉列表中选择"插入工作表"命令，如图 4-7 所示，即可在当前工作表标签的左侧插入一个空白工作表。

图 4-7 使用"插入"工具按钮插入工作表

（2）删除工作表

删除工作表的方法如下：

- 鼠标右键单击欲删除的工作表标签，在弹出的快捷菜单中选择"删除"命令，即可将该工作表删除。

- 单击窗口左上角的"开始"选项卡，在"单元格"选项组中单击"删除"下拉按钮，在弹出的下拉列表中选择"删除工作表"命令，即可删除活动工作表，如图 4-8 所示。

图 4-8 使用"删除"工具按钮删除工作表

（3）重命名工作表

如果用户想要修改指定工作表的名称，则可重命名工作表，方法如下：

●用鼠标右键单击想要重命名的工作表标签,在弹出的快捷菜单中选择"重命名"命令,输入新名称即可。

●用鼠标左键双击想要重命名的工作表标签,输入新的工作表名称,按"Enter"键即可完成。

(4)选定工作表

用鼠标左键单击工作表标签即可选定一个工作表。如果希望对多个工作表同时进行相同的设置,则可同时选定多个工作表。当同时选中多个工作表时,在标题栏中工作簿文件名后将出现"[工作组]"字样。要同时选定多个工作表,则可以使用以下方法:

●若要选定工作簿中一组不连续的工作表,则用鼠标左键单击第一个工作表的标签,然后按住"Ctrl"键不放,再分别用鼠标左键单击要选定的工作表标签,最后松开"Ctrl"键即可。

●若要选定工作簿中一组连续的工作表,则用鼠标左键单击要选中的第一个工作表的标签,按住"Shift"键不放,再单击最后一个工作表标签,最后松开"Shift"键即可。

●若要选定工作簿中的所有工作表,用鼠标右键单击任一工作表标签,从弹出的快捷菜单中选择"选定全部工作表"命令即可。

取消对工作表的选定,只需用鼠标左键单击任意一个未选定的工作表标签或鼠标右键单击工作表标签,从弹出的快捷菜单中选择"取消组合工作表"命令即可。

(5)移动或复制工作表

Excel 中可以实现在同一工作簿间或不同工作簿间移动和复制工作表。

●如果要移动工作表,则在要移动的工作表标签上按住鼠标左键不放向左或向右拖动鼠标,当鼠标指向目标位置时放开鼠标左键,即可移动工作表。如果复制工作表,则按住"Ctrl"键不放,并按住鼠标左键不放向左或向右拖动鼠标,当鼠标指向目标位置时松开鼠标左键,即可复制工作表。

●在要移动或复制的工作表标签上单击鼠标右键,在弹出的快捷菜单中选择"移动或复制"命令,在弹出的"移动或复制工作表"对话框的"工作簿"下拉列表框中选择目标工作簿,在"下列选定工作表之前"的列表框中选择一个工作表。默认为移动工作表,如果需要复制工作表,则选中"建立副本"复选框,最后单击"确定"按钮即可,如图4-9所示。

(6)隐藏或显示工作表

图4-9 "移动或复制工作表"对话框

隐藏工作表能将暂时不想看到的工作表不显示,当需要该工作表时再将其显示出来,方法如下:

●用鼠标右键单击欲隐藏的工作表标签,从弹出的快捷菜单中选择"隐藏"命令,即可将选择的工作表隐藏起来。

●选中要隐藏的工作表标签,单击窗口左上角的"开始"选项卡,在"单元格"选项组中单击"格式"下拉按钮,从弹出的下拉列表中选择"隐藏和取消隐藏",在弹出的下一级菜单中选择"隐藏工作表"命令即可,如图 4-10 所示。

图 4-10　使用工具按钮隐藏工作表　　　图 4-11　"取消隐藏"对话框

如果要取消工作表的隐藏,用鼠标右键单击工作表标签,在弹出的快捷菜单中选择"取消隐藏"命令,在弹出的"取消隐藏"对话框中选择要取消隐藏的工作表,最后单击"确定"按钮即可显示相应的工作表,如图 4-11 所示。

5.单元格的操作

(1)单元格的选择

如果要对单元格进行编辑必须先选择单元格,方法如下:

①选择一个单元格

●用鼠标左键单击工作表中任意一个欲选择的单元格,即可将其选中。

●在名称框中输入单元格名称,如输入"C6",按"Enter"键即可选中 C6 单元格,如图 4-12 所示。

●单击窗口左上角的"开始"选项卡,在"编辑"选项组中单击"查找和选择"下拉按钮,在弹出的下拉列表中选择"转到"命令,如图 4-13 所示。弹出"定位"对话框,在"引用位置"输入框中输入单元格名称,如图 4-14 所示,单击"确定"按钮即可。

图 4-12　选中对应的单元格　　　图 4-13　单击"转到"命令　　　图 4-14　"定位"对话框

②选择多个单元格

• 选择连续的多个单元格:单击欲选择的连续单元格区域左上角的单元格,当鼠标指针为白色十字形指针时,按住鼠标左键不放拖动至单元格区域右下角的单元格,放开鼠标左键即可选择连续单元格区域。

• 选择不连续的多个单元格:先单击第一个欲选择的单元格,再按住"Ctrl"键不放,用鼠标左键依次单击其他欲选择的单元格,选择完后松开鼠标左键和"Ctrl"键即可。

• 选择全部单元格:单击工作表中的任意单元格,按"Ctrl+A"键即可选择全部单元格,或单击工作表左上角行标签和列标签交接处的"全选"按钮即可。

（2）单元格的编辑

单元格常用的编辑操作有插入、删除、移动、复制、调整单元格大小等操作。具体操作方法如下:

①插入单元格、行或列

• 用鼠标右键单击某一单元格,从弹出的快捷菜单中选择"插入"命令,在弹出的"插入"对话框中选择插入方式即可,如图4-15所示。如果选择的是"整行",则是在选中单元格的上方插入一行,如果选择的是"整列",则是在选中单元格的左侧插入一列。

• 选中某一单元格,单击窗口左上角的"开始"选项卡,在"单元格"选项组中单击"插入"下拉按钮,在弹出的下拉列表中选择相应的插入方式即可,如图4-16所示。

图4-15 "插入"对话框

图4-16 单击"插入"工具按钮

• 如果要插入整行或整列,还可在相应的行标签或列标签上单击鼠标右键,在弹出的快捷菜单中选择"插入"命令,即可在选中行的上方插入一行或选中列的左侧插入一列。

②删除单元格、行或列

• 选中要删除的单元格,在选中区域上单击鼠标右键,从弹出的快捷菜单中选择"删除"命令,在弹出的"删除"对话框中选择相应的删除方式即可,如图4-17所示。如果选择的是"整行",则选中单元格区域所在的整行被删除,如果选择的是"整列",则选中单元格区域所在的整列被删除。

• 选中要删除的单元格,单击窗口左上角的"开始"选项卡,在"单元格"选项组中单击"删除"下拉按钮,从弹出的下拉列表中选择相应的删除方式即可,如图4-18所示。

• 如果要删除整行或整列,还可在相应的行标签或列标签上单击鼠标右键,在弹出的快捷菜单中选择"删除"命令,即可删除选中的行或列。

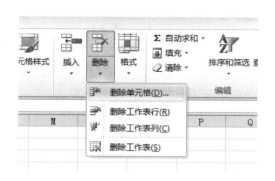

图 4-17　"删除"对话框　　　　图 4-18　单击"删除"下拉按钮

③移动或复制单元格数据

●首先选择所要移动或复制数据的单元格,然后将鼠标指针移动到选中单元格区域的边框位置,当鼠标指针变成十字形箭头时,按住鼠标左键不放拖动鼠标到目标位置即可完成移动操作。如果在拖动鼠标的同时按住"Ctrl"键不放,则可实现复制操作。

●首先选择所要移动或复制数据的单元格,按"Ctrl+X"键,用鼠标左键单击目标单元格,按"Ctrl+V"键即可实现移动操作。如果把"Ctrl+X"换成"Ctrl+C",则可实现复制操作。

④行高和列宽调整

当系统默认的行高和列宽不能满足需要时,用户可调整行高和列宽。

a.修改行高:

●选中要修改行高的单元格,单击窗口左上角的"开始"选项卡,在"单元格"选项组中单击"格式"下拉按钮,从弹出的下拉列表中选择"行高"命令,如图 4-19 所示。在弹出的"行高"对话框中输入行高值,单击"确定"按钮即可,如图 4-20 所示。

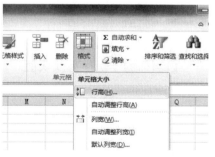

图 4-19　选择"行高"　　　　图 4-20　"行高"对话框

●鼠标指针指向要修改行高的行标签交界处,当鼠标指针变成上下双向箭头时,按住鼠标左键不放,上下拖动鼠标即可改变行高。

b.修改列宽:

操作方法与修改行高类似。

6.数据的输入与编辑

在 Excel 2010 中,可在单元格内输入数字、文本、日期和时间、逻辑、自动填充序列等类型的数据。数据输入可通过手工录入,也可根据设置自动输入。

（1）数字输入

Excel 的主要功能之一就是对数字数据进行处理，日常操作中会经常在 Excel 单元格里输入大量的数字内容。在 Excel 中，数值型数据是由数字 0~9、正号、负号、小数点、分数号"/"、百分号"%"、指数符号"E"或"e"、货币符号"￥"或"$"、千位分隔号"，"等组成的。数值型数据会自动单元格右对齐。

如果是分数（如 1/2），应先输入"0"和一个空格，然后输入"1/2"，如输入"0 1/2"；则 Excel 会把该数据当作日期格式处理，存储为"1 月 2 日"。

输入负数有两种方式：一是直接输入负号和数，如输入"-5"；二是输入括号和数，如输入"（5）"，最终两者效果相同。

输入百分数时，先输入数字，再输入百分号即可，如输入"10%"。

当用户输入的数值过长超出单元格宽度时，会产生两种结果；当单元格数字格式为常规格式时会自动采用科学记数法来显示，例如，输入"123456789"，由于列宽不够，则显示为 1.2E+08，表示 1.2 乘以 10 的正 8 次方的一个数。如果输入的数据无法完整显示时，则显示为"####"，可通过增加列宽使数据完整显示。

（2）文本输入

在 Excel 中输入的非纯数字字符数据，默认的是文本数据。输入文本数据的具体操作方法如下：

选中要输入数据的单元格，然后输入数据，最后按"Enter"键确认即可。如果输入以 0 开头的数字字符，需要先切换到英文输入法，在单元格中先输入一个单引号，再输入以 0 开头的字符即可。例如，要显示"005"，则应输入"'005"。如果要使某个单元格内数据强制换行，则用鼠标左键双击该单元格，将插入点定位到要换行的位置，然后按"Alt+Enter"键即可。

（3）日期时间输入

输入日期时，一般使用"/"或"-"字符来分隔日期的年、月、日。年份通常用两位数来表示，如果输入时省略了年份，则 Excel 2010 会以当前的年份作为默认值。输入时间时，可以使用"："字符来将时、分、秒隔开。

如果要输入当天的日期，按"Ctrl+；"键；如果要输入当前的时间，按"Ctrl+Shift+；"键。用户可使用 12 小时制或者 24 小时制来显示时间。如果使用 12 小时制格式，则在时间后加上一个空格，然后输入 AM（表示上午）或 PM（表示下午）；如果使用 24 小时制格式，则不必使用 AM 或 PM。

（4）逻辑

Excel 中的逻辑值只有两个：True（逻辑真）和 False（逻辑假）。Excel 公式中的关系表达式的值为逻辑值。例如，在单元格中输入 =1>2 后，按"Enter"键，结果显示为逻辑值 False，表示 1 大于 2 这个关系不成立。

（5）自动填充序列

在输入数据的过程中，经常要输入连续或有规律的日期、数字或文本。例如，要在相邻的单元格中输入序列 1、2、3…，或者输入序列 001、002、003…，这时就可以利用 Excel 提供

的序列自动填充功能来快速输入数据,具体操作方法如下:

①在要进行序列填充区域的第一个单元格中输入序列中的第一个值,如输入"1",然后将鼠标指针移至该单元格右下角填充柄,先按住"Ctrl"键不放,当鼠标指针变成黑色双十字形时,如图 4-21 所示,再按住鼠标左键不放,向下或向右拖动到相应的位置,最后依次松开鼠标左键和"Ctrl"键,Excel 将自动完成该区域的填充工作。如果输入的初始值为文本型数据(如 001),则直接用鼠标拖动单元格右下角的填充柄,即可完成序列填充。

②如果要填充等差序列,如 1、3、5、7、…,可首先在填充区域的第 1 个单元格中输入序列中的第 1 个值,在相邻的右方或下方单元格输入第 2 个值,然后选中这两个单元格,将鼠标指针移至该选中区域右下角填充柄,当鼠标指针变成黑色十字形时,如图 4-22 所示,再按住鼠标左键不放,向下或向右拖动到相应的位置,最后松开鼠标左键,Excel 2010 将自动完成该区域的填充工作。

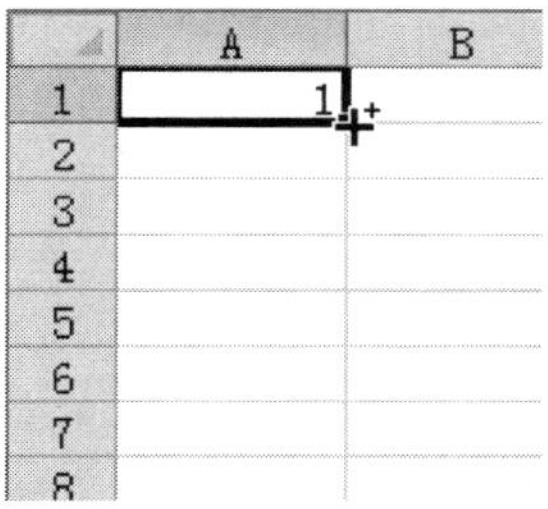

图 4-21　在填充柄处按住鼠标左键 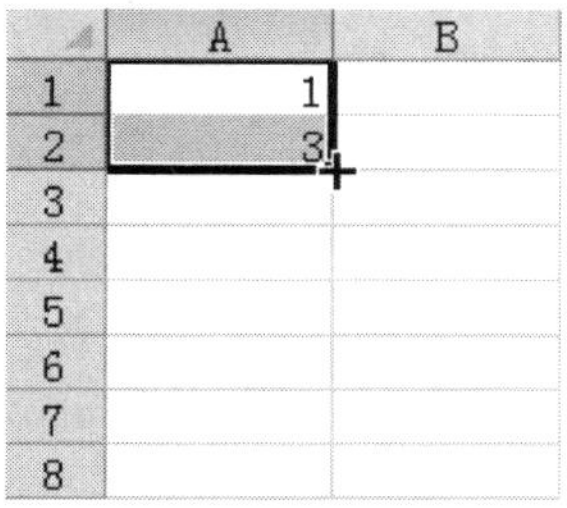　　　　图 4-22　按住鼠标左键拖曳填充

③如果要填充等比序列,可首先在填充区域的第 1 个单元格中输入序列中的第 1 个值,在相邻的右方或下方单元格中输入第 2 个值,然后选中这两个单元格,将鼠标指针移至该选中区域右下角填充柄,当鼠标指针变成黑色十字形时,再按住鼠标右键不放,向下或向右拖动到相应的位置,最后松开鼠标右键,在弹出的快捷菜单中选择"等比序列",如图 4-23 所示,Excel 将自动完成该区域的填充工作,如图 4-24 所示。

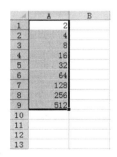

图 4-23　选择"等比序列"命令　　　　图 4-24　拖曳填充等比序列

三、任务实施

1.录入数据

按照如图 4-25 所示的布局,录入"公司员工绩效考核评分表"数据。具体操作步骤如下:

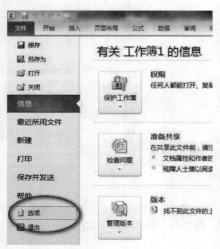

图 4-25　公司员工绩效考核评分表

①在第一行 A1 单元格中输入标题"公司员工绩效考核评分表"。

②在第二行中依次输入工号、姓名等标题。

③采用自动填充序列方式输入工号:001、002、003、…。首先在 A3 单元格中输入"001"后按"Enter"键,然后将鼠标移动到 A3 单元格右下角,当出现黑色十字形填充句柄时,按住鼠标左键不放,用鼠标向下拖动至 A12 单元格后放开鼠标左键,即可完成序列填充。

④可直接在单元格中输入姓名:张华、李强……,也可采用自定义序列输入姓名。Excel 2010 中可根据需要设置自定义序列,以便更加快捷地填充经常使用的序列。采用自定义序列输入姓名的步骤如下:

a.选择"文件"选项卡,从弹出的菜单中选择"选项"命令,如图 4-26 所示。弹出"Excel 选项"对话框,在左侧选择"高级"选项,然后在右侧单击"编辑自定义列表"按钮,如图 4-27 所示。

b.弹出"自定义序列"对话框,在"输入序列"文本框中输入自定义的序列项,如输入员工姓名张

图 4-26　选择"选项"命令

华、李强等。在每项末尾按"Enter"键隔开,输入完成后单击"添加"按钮,即可将输入的列表添加到右边的"自定义序列"列表框中,如图 4-28 所示。

图 4-27　单击"编辑自定义列表"按钮

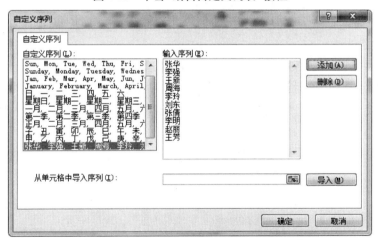

图 4-28　将列表添加到"自定义序列"列表框

　　c.单击"确定"按钮返回工作表。在起始单元格 B3 中输入自定义序列的第一个数据,例如,输入"张华",再通过鼠标左键向下拖动单元格右下角的填充柄到单元格 B12 的方法进行填充,松开鼠标后,即可完成自定义序列的填充。

　　⑤输入性别、部门等其他列的数据。

2.美化工作表

　　按照如图 4-29 所示的表格格式对"公司员工绩效考核评分表"进行美化。具体操作步骤如下:

图 4-29　"公司员工绩效考核评分表"美化效果

在 Excel 2010 中,可利用"设置单元格格式"对话框,对工作表中的单元格数据进行数字、对齐、字体、边框、填充等格式设置。通过鼠标右键单击要进行格式设置的单元格区域,在弹出的快捷菜单中选择"设置单元格格式"命令,打开"设置单元格格式"对话框,如图 4-30 所示。

（1）设置数字格式

首先选中要进行数字格式化的单元格区域,如选中 F3 到 J12 单元格区域,打开"设置单元格格式"对话框,在该对话框中选择"数字"选项卡,在"分类"列表框中选择相应的数字格式进行设置。也可通过"数值"选项设置单元格中数据保留的小数位数,如设置所有评分保留 1 位小数,如图 4-31 所示。

图 4-30　"设置单元格格式"对话框

图 4-31　设置单元格数字格式

还可用同样的方法进行货币、日期、时间、百分比、分数、文本等多种数字格式的设置。例如,选中 E3 到 E12 区域的单元格,设置其日期格式为中文年月日格式,如图 4-32 和图 4-33 所示。

图 4-32 选中单元格区域

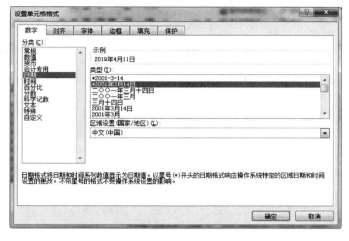

图 4-33 设置日期格式

（2）设置文本对齐与控制方式

Excel 2010 在默认的情况下，单元格中的数据是按照数字右对齐、文本左对齐、逻辑值居中对齐的方式来进行的。Excel 2010 允许自由设置单元格数据对齐方式来满足实际需要。

例如，希望工号、姓名、性别和部门列的文本单元格居中对齐，首先选中要进行文本对齐的单元格区域，如选中 A3 到 D12 单元格区域，如图 4-34 所示；然后打开"设置单元格格式"对话框，如图 4-35 所示，选择"对齐"选项卡，可根据需要进行如下格式设置。

图 4-34 选中单元格区域

图 4-35 设置单元格中文本对齐方式

● "水平对齐"格式有常规（系统默认的对齐方式）、靠左（缩进）、居中、靠右（缩进）、填充、两端对齐、跨列居中、分散对齐（缩进），选择水平对齐为"居中"。

● "垂直对齐"格式有靠上、居中、靠下、两端对齐、分散对齐，选择垂直对齐为"居中"。

● "文本控制"格式有自动换行、缩小字体填充、合并单元格，选中"自动换行"复选框后，如果所设置的单元格中的内容宽度大于列宽时，则会自动换行；选中"合并单元格"复选框,则会合并选中的多个单元格,取消"合并单元格"复选框的选中,则会拆分选中的已合并的单元格。

例如,要设置标题合并居中对齐,可先选中标题要合并的单元格区域 A1 到 M1,如图 4-36 所示;然后设置水平对齐方式为"居中",文本控制为"合并单元格",如图 4-37 所示。

图 4-36　选中单元格区域

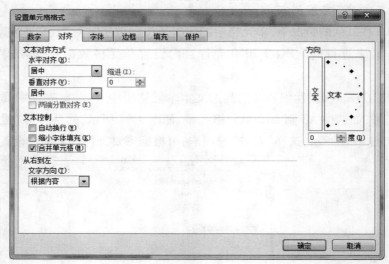

图 4-37　勾选"合并单元格"

（3）设置字体格式

在 Excel 2010 中可根据实际需要通过选择"设置单元格格式"对话框中的"字体"选项卡进行字体、字形、字号、下画线、字体颜色、文字特殊效果等字体格式设置。例如,选中标题文本"公司员工绩效考核评分表"后,设置其字体为黑体、加粗、16 号、蓝色,如图 4-38 所示。

（4）设置单元格边框样式

工作表中默认显示的网格线是为管理数据方便而设置的,是不能直接打印输出的。如果需要打印表格边框,则可在"设置单元格格式"对话框中的"边框"选项卡上进行单元格边框设置。例如,要设置公司员工绩效考核评分表外边框为蓝色双线边框、内边框为红色单线边框。可以先选中要设置边框的单元格区域 A2 到 M12,在"设置单元格格式"对话框中的"边框"选项卡上单击样式中的双线,选择颜色为蓝色,单击"外边框"按钮,然后再选择样式中的单线,选择颜色为红色,单击"内部"按钮,最后单击"确定"按钮即可,如图4-39 所示。如果要取消边框设置,只需单击"边框"选项卡中的"无"按钮,再单击"确定"按钮即可。

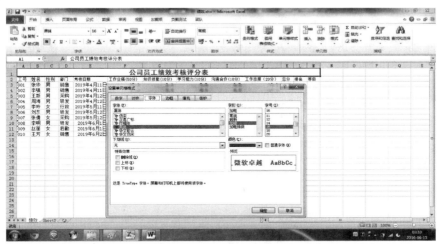

图 4-38　设置字体格式

图 4-39　设置单元格边框样式

（5）设置单元格背景填充样式

"填充"选项卡用于设置单元格的背景颜色、背景图案和填充效果。例如,要设置公司员工绩效考核评分表背景为黄色,可先选中要设置背景的单元格区域 A2 到 M12,在"设置单元格格式"对话框的"填充"选项卡上选黄色即可,如图4-40 所示。

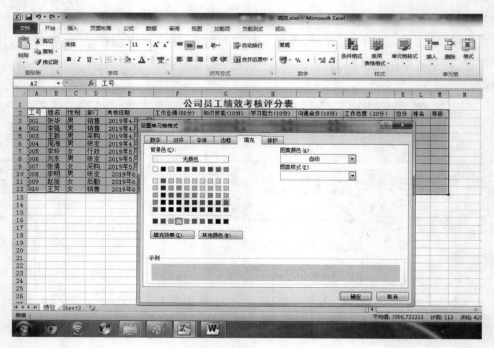

图 4-40　单元格背景填充

（6）格式化工作表的其他方法

利用 Excel 2010 窗口上方"开始"选项卡功能区中的各种工具按钮可对工作表进行字体、对齐方式、数字、样式等格式设置，如图 4-41 所示。

图 4-41　"开始"选项卡中的各种工具按钮

●"剪贴板"选项组：可对单元格中数据内容进行复制和移动。如果希望复制单元格格式，则可先选中要复制格式的单元格，然后单击"剪贴板"选项组中的"格式刷"按钮

格式刷 ，最后再用鼠标选择要应用格式的单元格，即可复制单元格格式。

●"字体"选项组：选定要设置字体格式的单元格区域后，单击"字体"选项组中的字体、字号、字体颜色、加粗、倾斜、下画线等按钮即可。

●"对齐方式"选项组：选定要设置对齐方式的单元格区域后，单击"对齐方式"选项组中的相应对齐方式工具按钮即可。

●"数字"选项组：选定要设置数字格式的单元格区域后，单击"数字"选项组中的"数字格式"下拉列表，可选择如图 4-42 所示的各种数字格式；也可在"数字"选项组中使用"百分比样式""千位分隔样式""增加小数位数""减少小数位数"等工具按钮来设置数字格式,如图 4-43 所示。

图 4-42　"数字格式"下拉列表　　　图 4-43　"数字格式"快捷按钮

● "样式"选项组:提供条件格式、套用表格格式、单元格样式的设置功能,利用"条件格式"功能可根据单元格数据值作为条件来设置不同数据的格式;"套用表格格式"功能可利用预设的表格格式快速设置选中的表格格式;"单元格样式"功能可利用预设的单元格样式快速设置选中的单元格样式。

任务二　公司员工绩效考核评分数据管理

Excel 2010 不仅具有丰富的数据编辑功能,还具有强大的数据管理功能,可以方便地实现对表格数据的计算、排序和筛选等。

一、任务描述

公司负责人希望小明在创建好的"公司员工绩效考核评分表"的基础上,对表中的数据进行统计管理。具体任务如下:

①计算每位员工的绩效考核总分。

②根据员工绩效考核总分设置等级,90 分以上为"优秀",90 分以下为"合格"。

③按总分由高到低的顺序对表格排序,并设置好总分排名。

④可以查看指定部门的员工考核数据。

如果你是小明,你该如何操作? 下面将详细介绍利用 Excel 2010 电子表格软件对公司员工绩效考核评分数据进行统计管理的方法。最终效果如图 4-44 所示。

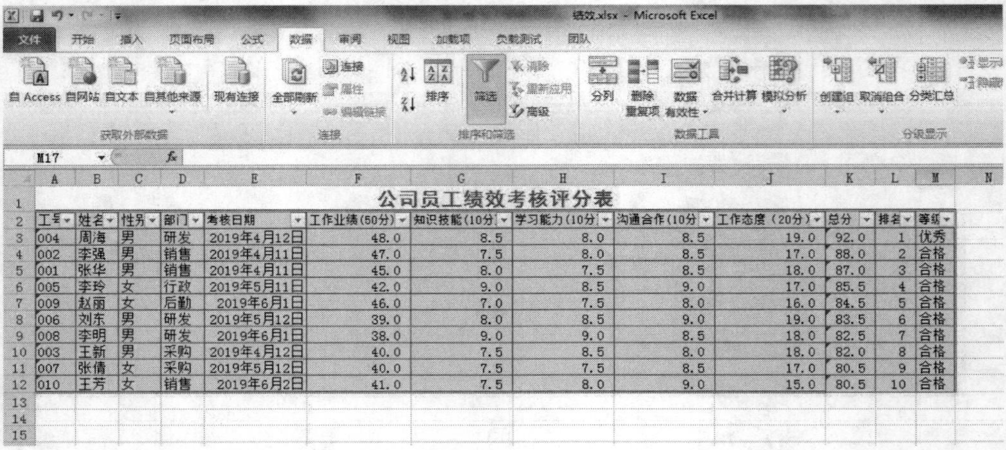

公司员工绩效考核评分表

工号	姓名	性别	部门	考核日期	工作业绩(50分)	知识技能(10分)	学习能力(10分)	沟通合作(10分)	工作态度(20分)	总分	排名	等级
004	周海	男	研发	2019年4月12日	48.0	8.5	8.0	8.5	19.0	92.0	1	优秀
002	李强	男	销售	2019年4月11日	47.0	7.5	8.0	8.5	17.0	88.0	2	合格
001	张华	男	销售	2019年4月11日	45.0	8.0	7.5	8.5	18.0	87.0	3	合格
005	李玲	女	行政	2019年5月11日	42.0	9.0	8.5	9.0	17.0	85.5	4	合格
009	赵丽	女	后勤	2019年6月1日	46.0	7.0	7.5	8.0	16.0	84.5	5	合格
006	刘东	男	研发	2019年5月12日	39.0	8.0	8.5	9.0	19.0	83.5	6	合格
008	李明	男	研发	2019年6月1日	38.0	9.0	9.0	8.5	18.0	82.5	7	合格
003	王新	男	采购	2019年4月12日	40.0	7.5	8.5	8.0	18.0	82.0	8	合格
007	张倩	女	采购	2019年5月12日	40.0	7.5	7.5	8.5	17.0	80.5	9	合格
010	王芳	女	销售	2019年6月2日	41.0	7.5	8.0	9.0	15.0	80.5	10	合格

图 4-44　最终效果

二、任务准备

1.公式和函数

公式和函数是 Excel 2010 的重要功能，其作用是实现对工作表中数据的计算。利用公式可以很方便地对工作表中的数据进行加、减、乘、除等运算。

(1)公式

Excel 公式可由常量、单元格引用、函数、运算符组成。当设置好公式后，只要改变了公式中所引用的单元格的值，则 Excel 会自动更新计算结果。输入公式时要以“=”开头，其一般形式为“=表达式”，例如“=(A1+B1)/2”。公式可直接在单元格内输入和编辑，也可在公式编辑框中输入和编辑，输入完后按“Enter”键即可。

(2)运算符

运算符用来对公式中的各数据进行运算，Excel 常用运算符有算术运算符、比较运算符、文本连接符、引用运算符等。

- 算术运算符：用于完成基本的数学运算的运算符，包括“+”(加号)、“-”(减号)、“*”(乘号)、“/”(除号)、“%”(百分号)和“^”(乘幂)。
- 比较运算符：用于比较两个数值的大小，结果为逻辑值“TRUE”或“FALSE”，包括“=”(等号)、“>”(大于号)、“<”(小于号)、“>=”(大于等于号)、“<=”(小于等于号)和“<>”(不等于号)。
- 文本连接符：文本连接符“&”将两个或多个文本连接生成一个文本串。
- 引用运算符：用于对单元格区域进行引用。引用运算符有“:”(冒号)、“,”(逗号)和空格。其中冒号为区域运算符，用于引用连续区域，如 A1:A10 表示引用 A1 单元格到 A10 单元格的连续区域；逗号为联合运算符，可将多个引用合并为一个引用，用于引用不连续单元格区域，如 A2、B5、D3 表示同时引用 A2、B5 和 D3 单元格；空格为交叉运算符，产生对同时属于两个引用的单元格区域的引用，如 B3:E6 D4:F8 是引用 D4:E6 单元格区域。

（3）单元格引用

在 Excel 工作表中每一个单元格都有自己唯一的名称,也称为单元格地址。可通过单元格名称对工作表中的一个或多个单元格进行引用。通过单元格引用可以告诉 Excel 使用哪些单元格的值。单元格的引用分为相对引用、绝对引用和混合引用。

● 相对引用:在公式复制过程中所引用的地址会根据目标位置自动发生变化。公式中相对引用的单元格名称格式由单元格所在的列号和行号组成。例如,在 D2 单元格中有公式"=B1+B2",将该公式复制到 E5 单元格中,由于 B1 和 B2 是相对引用,且 E5 单元格相对 D2 单元格的列增加了 1,行增加了 3,则公式中相对引用的单元格的行号和列号也会发生相应变化,变成"=C4+C5"。

● 绝对引用:在公式复制过程中所引用的地址不会根据目标位置自动发生变化。公式中绝对引用的单元格名称格式由单元格所在的列号和行号组成,并在列号和行号前分别加上绝对引用符"$"。例如,在 D2 单元格中有公式"=$C$3+$D$5",将该公式复制到 E6 单元格中,由于$C$3 和$D$5 是绝对引用,所以公式不会发生变化,还是"=$C$3+$D$5"。

● 混合引用:综合了相对引用和绝对引用的特点,可以让列相对引用、行绝对引用,例如,C$3;或者让列绝对引用、行相对引用,如$D4。在 D2 单元格中有公式"=B$1+$B2",将该公式复制到 E5 单元格中,由于 B$1 和$B2 都是混合引用,且 E5 单元格相对 D2 单元格的列增加了 1,行增加了 3,因此公式中只有相对引用的单元格的行号或列号才会发生相应变化,变成"=C$1+$B5"。

利用以上 3 种单元格引用的特点,可在公式计算时利用拖动复制公式的方法提高计算效率。

（4）函数

函数是 Excel 预定义的内置公式,有其特定的格式与用法。

输入函数时要以"="开头,其一般形式为"=函数名(参数,参数,……)"。

在 Excel 中,函数按其功能可分为财务函数、数学与三角函数、统计函数、查找与引用函数、数据库函数、文本函数、日期时间函数、逻辑函数以及其他函数等,Excel 中常用函数见表 4.1。

表 4.1 Excel 中常用函数

类别	函　　数	功　　能
数学函数	ABS(number)	返回参数 number 的绝对值
	INT(number)	取一个不大于参数 number 的最大整数
	PI( )	返回圆周率 π 的值
	ROUND(number, num_digits)	根据指定位数,将数字四舍五入
	MOD(number, divisor)	返回两数相除的余数。结果的正负号与除数相同
	RAND( )	返回一个位于[0,1)区间内的随机数
	SQRT(number)	返回给定正数的平方根

续表

类别	函　数	功　　能
数学函数	SUM(number1,number2,…)	返回参数表中所有参数之和
	SUMIF(range, criteria, sum_range)	根据指定条件对若干单元格求和
统计函数	AVERAGE(number1, number2, …)	求参数的平均值
	AVERAGEIF(range, criteria, average_range)	返回某个区域内满足给定条件的所有单元格的平均值(算术平均值)
	COUNT(value1, value2, …)	计算所列参数(最多255个)中数值型数据的个数
	COUNTA(value1, value2, …)	计算所列参数(最多255个)中数据项的个数
	COUNTIF(range, criteria)	计算给定区域内满足特定条件的单元格数目
	MAX(number1, number2, …)	求参数表(最多255个)中的最大值
	MIN(number1, number2,)	求参数表(最多255个)中的最小值
文本函数	LOWER(text)	将一个字符串中的所有大写字母转换为小写字母
	UPPER(text)	将一个字符串中的所有小写字母转换为大写字母
	LEFT(text, num_chars)	在字符串 text 中从左边第一个字符开始截取 num chars 个字符
	RIGHT(text, num_chars)	在字符串 text 中从右边第一个字符开始截取 num chars 个字符
	MID(text, start_num, num_chars)	从字符串 text 的第 start_num 个字符开始截取 num_chars 个字符
	LEN(text)	返回字符串 text 中字符的个数
日期时间函数	DATE(year, month, day)	返回指定日期的序列数
	YEAR(serial_number)	返回序列数(serial_number)相对应的年份数
	MONTH(serial_number)	返回序列数(serial_number)相对应的月份数
	DAY(serial_number)	返回序列数(serial_number)相对应的天数
	TODAY()	返回计算机系统内部时钟的现在日期
	NOW()	返回计算机系统内部时钟的现在日期和时间
逻辑函数	IF(logical_test, value_if_true, value_if_false)	根据条件判断选择执行指定的表达式
	AND(logical1, logical2, …)	当所有参数的逻辑值为真(TRUE)时返回 TRUE;只要一个参数的逻辑值为假(FALSE)即返回 FALSE
	OR(logical1, logical2, …)	在参数中,任何一个参数逻辑值为真(TRUE),即返回逻辑值 TRUE
	NOT(logical)	对逻辑参数 logical 求相反的值

续表

类别	函　数	功　能
其他函数	RANK(number, ref, order)	返回单元格 number 在一个垂直区域 ref 中的排位名次,order 是排位的方式
	VLOOKUP(lookup_value, table_array, col_index_num, range_lookup)	搜索某个单元格区域（区域:工作表上的两个或多个单元格。区域中的单元格可以相邻或不相邻。）的第一列,然后返回该区域相同行上任何单元格中的值

2.排序

为了按照一定的顺序来显示或打印数据,可根据数据中的相应列的数值对数据行进行排序。Excel 可根据一列或多列的内容按升序(由小到大)或降序(由大到小)对数据排序。

3.筛选

数据筛选是在工作表的大量数据中显示满足条件的数据,隐藏不满足条件的数据。筛选分为自动筛选和高级筛选。

三、任务实施

1.计算每位员工的绩效考核总分

（1）使用公式计算

首先选中 K3 单元格,输入公式" =F3+G3+H3+I3+J3",如图 4-45 所示,输完后按"Enter"键即可完成员工张华的绩效考核总分的计算。如果希望继续计算其他员工的绩效考核总分,则将鼠标移到 K3 单元格右下角的选取句柄,当鼠标指针变成黑色十字形时,按住鼠标左键不放向下拖动鼠标到 K12 单元格,松开鼠标左键即可完成所有员工绩效考核总分的计算。

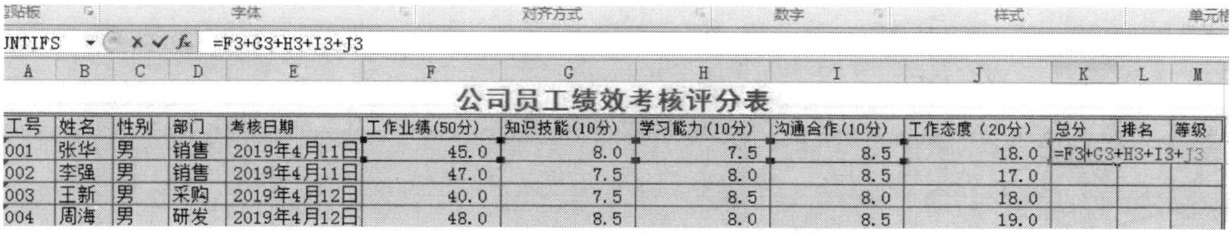

图 4-45　输入公式计算总分

（2）使用函数计算

①首先选中 K3 单元格,输入" =SUM(F3:J3)",如图 4-46 所示,输完后按"Enter"键即可完成员工张华的绩效考核总分的计算。如果希望继续计算其他员工的绩效考核总分,则将鼠标移到 K3 单元格右下角的选取句柄,当鼠标指针变成黑色十字形时,按住鼠标左键不放向下拖动鼠标到 K12 单元格,松开鼠标左键即可完成所有员工绩效考核总分的计算。

| | | | | | 粘贴板 | | | | 字体 | | | | 对齐方式 | | | 数字 | | | | 样式 | | 单元格 |

| JNTIFS | ▼ | × | ✓ | fx | =SUM(F3:J3) | | | | | | | | |

| | A | B | C | D | E | F | G | H | I | J | K | L | M |

公司员工绩效考核评分表

工号	姓名	性别	部门	考核日期	工作业绩(50分)	知识技能(10分)	学习能力(10分)	沟通合作(10分)	工作态度(20分)	总分	排名	等级
001	张华	男	销售	2019年4月11日	45.0	8.0	7.5	8.5	18.0	=SUM(F3:J3)		
002	李强	男	销售	2019年4月11日	47.0	7.5	8.0	8.5	17.0	SUM(number1, [numb		
003	王新	男	采购	2019年4月12日	40.0	7.5	8.5	8.0	18.0			

图4-46 输入函数计算总分

②首先选中 K3 单元格,用鼠标单击编辑栏上的"插入函数"按钮,如图4-47 所示,在弹出的"插入函数"对话框中选择求和函数 SUM,如图4-48 所示;然后单击"确定"按钮,在弹出的"函数参数"对话框中输入求和数据所在单元格区域的引用 F3:J3,或者直接在工作表中拖动鼠标选中求和数据所在的单元格区域,使其被虚线框住,如图4-49 所示;最后单击"确定"按钮即可完成该员工张华的绩效考核总分的计算。之后的操作可以参考步骤一进行设置即可。

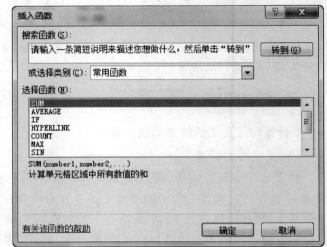

| 图4-47 "输入函数"按钮 | 图4-48 选择函数 |

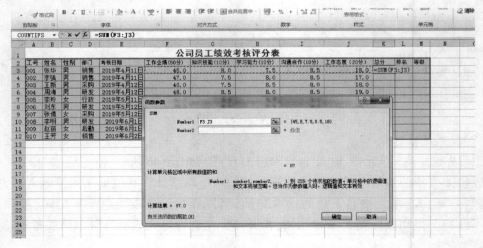

图4-49 设置"函数参数"对话框

③首先选中 K3 单元格,用鼠标单击窗口上方的"公式"选项卡,在"函数库"选项组中单击左边的"插入函数"按钮,如图 4-50 所示,之后的操作可以参考步骤一进行设置。

图 4-50　单击"插入函数"按钮

④首先选中 K3 单元格,用鼠标单击窗口上方的"公式"选项卡,在"函数库"选项组中单击左边的"自动求和"下拉按钮,在弹出的菜单中选择"求和"命令,如图 4-51 所示,即可在 K3 单元格中插入对应的求和函数,最后按"Enter"键即可。之后的操作可以参考步骤一进行设置。

图 4-51　"自动求和"下拉按钮

图 4-52　选择判断函数 if

2.使用函数计算每位员工的绩效考核等级

首先选中 M3 单元格,用鼠标单击编辑栏上的"插入函数"按钮,在弹出的"插入函数"对话框中选择判断函数 if,如图 4-52 所示;然后单击"确定"按钮,在弹出的"函数参数"对话框中按如图 4-53 所示的形式输入;最后单击"确定"按钮即可完成员工张华的绩效考核等级的计算。如果希望继续计算其他员工的绩效考核等级,则将鼠标移到 M3 单元格右下角的选取句柄,当鼠标指针变成黑色十字形时,按住鼠标左键不放向下拖动鼠标到 M12 单元格,松开鼠标左键即可完成所有员工绩效考核等级的计算。

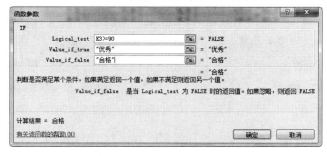

图 4-53　参数设置

3.对员工的绩效总分进行排序

按总分由高到低的顺序对表格排序,并设置好总分排名。

①首先在总分列中选中任一单元格,如选中 K3 单元格;然后用鼠标单击窗口上方的"排序和筛选"下拉按钮,在弹出的菜单中选择"降序"命令即可,如图 4-54 所示。或者选择"数据"选项卡,在"排序和筛选"选项组中直接单击"降序"或"排序"按钮即可,如图 4-55 所示。如果单击"排序"按钮可弹出"排序"对话框,在该对话框中可设置高级排序功能,如图 4-56 所示。

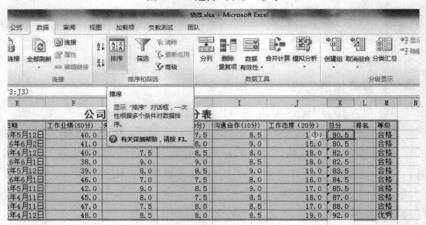

图 4-54　选择"降序"命令

图 4-55　单击"排序"按钮

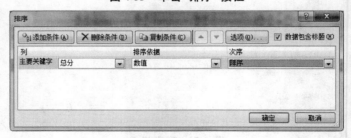

图 4-56　设置高级排序功能

②先按总分对表格排好序后,在 L3 单元格中输入 1;然后将鼠标指针移至该单元格右下角填充柄,先按住"Ctrl"键不放,当鼠标指针变成黑色双十字形时,再按住鼠标左键不放,向下拖动到 L12 单元格,最后依次松开鼠标左键和"Ctrl"键,则可生成员工总分"排名"。

4.查看指定部门的员工考核数据

(1)使用自动筛选查看

①首先在要进行自动筛选的数据区域中选中任一单元格,例如,选中部门列的 D2 单元格;然后单击窗口上方的"排序和筛选"下拉按钮,在弹出的菜单中选择"筛选"即可,如图 4-57 所示。或者选择"数据"选项卡,在"排序和筛选"分组中直接单击"筛选"按钮即可,如图 4-58 所示。

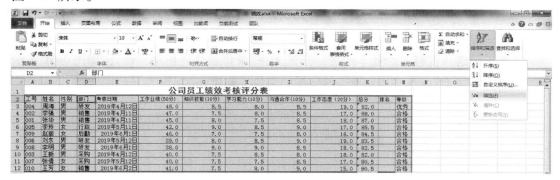

图 4-57 选择"筛选"命令

图 4-58 单击"筛选"工具按钮

②最后在数据清单的每一列标题右边会出现下拉箭头,如图 4-59 所示,单击部门列上的箭头,在弹出的下拉菜单中选择相应的筛选条件即可。

图 4-59 筛选后列标题的效果

如果要取消自动筛选,则只需再次单击"排序和筛选"分组中的"筛选"按钮即可。

(2)使用高级筛选查看

如果筛选条件比较复杂,则需使用高级筛选。其操作方法如下:

①首先在工作表中找一空白区域输入筛选条件,如果筛选条件只有一个,则按如图4-60 所示的格式输入筛选条件,表示希望只显示研发部门的数据。

	A	B	C	D	E	F	G	H	I	J
1						公司员工绩效考核评分表				
2	工号	姓名	性别	部门	考核日期	工作业绩(50分)	知识技能(10分)	学习能力(10分)	沟通合作(10分)	工作态度(20分)
3	004	周海	男	研发	2019年4月12日	48.0	8.5	8.0	8.5	19.0
4	002	李强	男	销售	2019年4月11日	47.0	7.5	8.0	8.5	17.0
5	001	张华	男	销售	2019年4月11日	45.0	8.0	7.5	8.5	18.0
6	005	李玲	女	行政	2019年5月11日	42.0	9.0	8.5	9.0	17.0
7	009	赵丽	女	后勤	2019年6月1日	46.0	7.0	7.5	8.0	16.0
8	006	刘东	男	研发	2019年5月12日	39.0	8.0	8.5	9.0	19.0
9	008	李明	男	研发	2019年6月1日	38.0	9.0	9.0	8.5	18.0
10	003	王新	男	采购	2019年4月12日	40.0	7.5	8.5	8.0	18.0
11	007	张倩	女	采购	2019年5月12日	40.0	7.5	7.5	8.5	17.0
12	010	王芳	女	销售	2019年6月2日	41.0	7.5	8.0	9.0	15.0
13										
14										
15						部门				
16						研发				

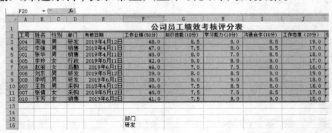

图 4-60　在空白区域输入筛选条件

②如果筛选条件有多个且条件是“与”的关系,则将条件放在同一行,按如图 4-61 所示的格式输入筛选条件,表示希望显示采购部的女员工数据。

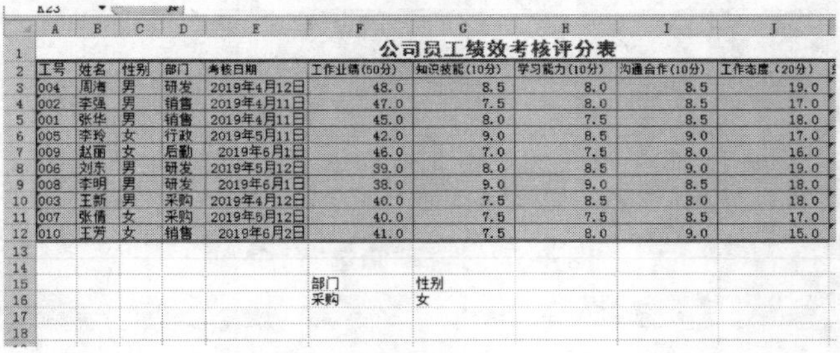

	A	B	C	D	E	F	G	H	I	J
1						公司员工绩效考核评分表				
2	工号	姓名	性别	部门	考核日期	工作业绩(50分)	知识技能(10分)	学习能力(10分)	沟通合作(10分)	工作态度(20分)
3	004	周海	男	研发	2019年4月12日	48.0	8.5	8.0	8.5	19.0
4	002	李强	男	销售	2019年4月11日	47.0	7.5	8.0	8.5	17.0
5	001	张华	男	销售	2019年4月11日	45.0	8.0	7.5	8.5	18.0
6	005	李玲	女	行政	2019年5月11日	42.0	9.0	8.5	9.0	17.0
7	009	赵丽	女	后勤	2019年6月1日	46.0	7.0	7.5	8.0	16.0
8	006	刘东	男	研发	2019年5月12日	39.0	8.0	8.5	9.0	19.0
9	008	李明	男	研发	2019年6月1日	38.0	9.0	9.0	8.5	18.0
10	003	王新	男	采购	2019年4月12日	40.0	7.5	8.5	8.0	18.0
11	007	张倩	女	采购	2019年5月12日	40.0	7.5	7.5	8.5	17.0
12	010	王芳	女	销售	2019年6月2日	41.0	7.5	8.0	9.0	15.0
13										
14										
15						部门	性别			
16						采购	女			
17										
18										

图 4-61　在同一行输入筛选条件

③如果筛选条件有多个且条件是“或”的关系,则将条件放在不同行,按如图 4-62 所示的格式输入筛选条件,表示希望显示采购和研发部的员工数据。

	A	B	C	D	E	F	G	H	I	J	K
1						公司员工绩效考核评分表					
2	工号	姓名	性别	部门	考核日期	工作业绩(50分)	知识技能(10分)	学习能力(10分)	沟通合作(10分)	工作态度(20分)	总分
3	004	周海	男	研发	2019年4月12日	48.0	8.5	8.0	8.5	19.0	92.0
4	002	李强	男	销售	2019年4月11日	47.0	7.5	8.0	8.5	17.0	88.0
5	001	张华	男	销售	2019年4月11日	45.0	8.0	7.5	8.5	18.0	87.0
6	005	李玲	女	行政	2019年5月11日	42.0	9.0	8.5	9.0	17.0	85.5
7	009	赵丽	女	后勤	2019年6月1日	46.0	7.0	7.5	8.0	16.0	84.5
8	006	刘东	男	研发	2019年5月12日	39.0	8.0	8.5	9.0	19.0	83.5
9	008	李明	男	研发	2019年6月1日	38.0	9.0	9.0	8.5	18.0	82.5
10	003	王新	男	采购	2019年4月12日	40.0	7.5	8.5	8.0	18.0	82.0
11	007	张倩	女	采购	2019年5月12日	40.0	7.5	7.5	8.5	17.0	80.5
12	010	王芳	女	销售	2019年6月2日	41.0	7.5	8.0	9.0	15.0	80.5
13											
14											
15						部门	部门				
16						采购					
17							研发				
18											
19											

图 4-62　在不同行输入筛选条件

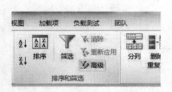

图 4-63　单击“高级”筛选按钮

④输入完筛选条件后,选择“数据”选项卡,在“排序和筛选”分组中单击“高级”按钮,如图 4-63 所示,弹出“高级筛选”对话框;然后在工作表中拖动鼠标分别选中列表区域和条件区域,如图 4-64 所示;最后单击“确定”按钮即可看到满足输入条件筛选结果。如果要取消高级筛选,则只需单击

"排序和筛选"分组中的"清除"按钮即可。

图 4-64 "高级筛选"对话框

任务三 公司员工绩效考核评分数据分析

Excel 2010 还有很多高级的数据统计和分析功能,可对表格数据进行分类统计、图表展示等。

一、任务描述

小明设计的员工绩效考核数据表统计功能已基本能满足要求,但公司负责人希望小明增加如下更高级的分析统计功能。

①计算员工的绩效考核总分的部门平均分。

②使用图表展示每个部门员工的绩效考核总分的汇总情况。

如果你是小明,你该如何操作?下面将详细介绍利用 Excel 2010 电子表格软件进行操作的方法。其最终效果如图 4-65 所示。

二、任务准备

1.分类汇总

分类汇总是根据数据清单中某一列的值分类统计指定列的数据,便于对数据进行分析和管理。要对数据清单进行分类汇总,应先将数据清单按照分类字段排序,以便将同一类数据行集中到一起。

2.图表创建与编辑

图表是以图形化的方式表示工作表中数据的方法。与工作表相比,图表具有使用户看起来更清晰、更直观的特点,不仅能直观地表现出数据值,还能更形象地反映出数据的对比关系。

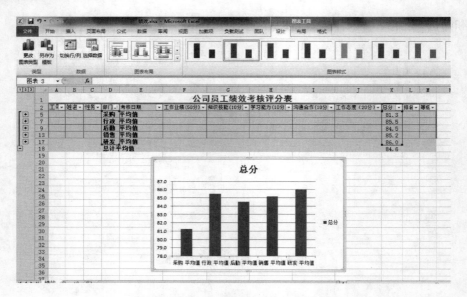

图 4-65　员工绩效考核数据表分析统计后的效果图

图表的类型有多种,包含柱形图、折线图、饼图、条形图、面积图、XY(散点图)、股价图、曲面图、圆环图、气泡图、雷达图等类型。Excel 的默认图表类型为柱形图。

三、任务实施

1.统计员工的绩效考核总分的部门平均分

首先对数据清单中要分类的列进行排序。如果要按部门分类,就必须先按部门列的值对数据清单排序;然后选中要分类汇总的数据清单中的任一单元格,选择"数据"选项卡,在功能区右边的"分级显示"分组中直接单击"分类汇总"按钮,在弹出的"分类汇总"对话框中选择分类字段为"部门"、汇总方式为"平均值"、汇总项为"总分",如图 4-66 所示;最后单击"确定"按钮即可完成对数据清单的分类汇总,如图 4-67 所示,可以看到每个部门的员工总分列的平均值。如果单击窗口左边的"−"图标可以折叠数据,仅显示汇总结果,如图 4-68 所示。

图 4-66　"分类汇总"对话框

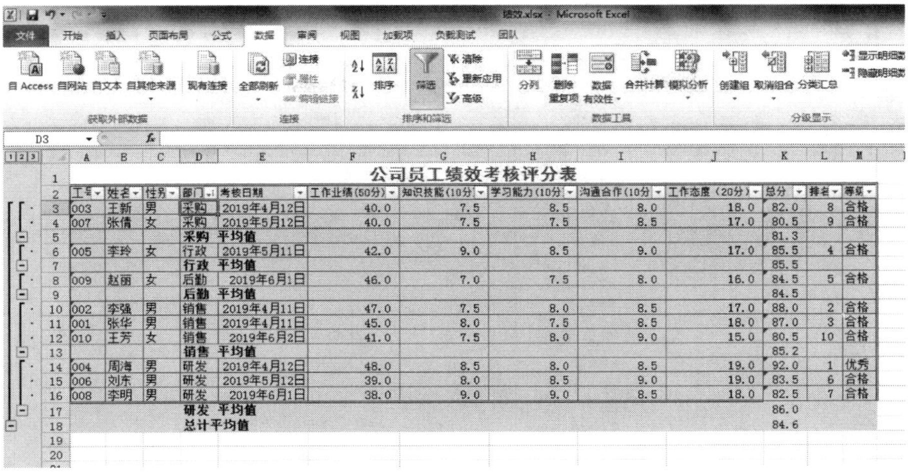

图 4-67　完成对数据清单的分类汇总

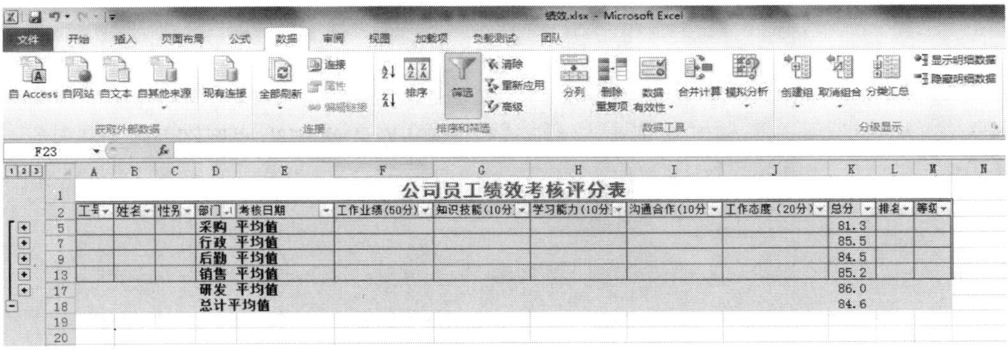

图 4-68　折叠数据仅显示汇总结果

如果要删除分类汇总,还原最初的数据清单。可选中已经分类汇总的数据区域中任一单元格;然后选择"数据"选项卡,在功能区右边的"分级显示"分组中直接单击"分类汇总"按钮,在弹出的"分类汇总"对话框中单击左下角的"全部删除"按钮;最后单击"确定"按钮即可删除对数据清单的分类汇总。

2.利用图表展示每个部门员工的绩效考核总分的汇总情况

在如图 4-66 所示的分类汇总的基础上,使用 Excel 提供的图表功能,即可利用图表展示每个部门员工的绩效考核总分的汇总情况,具体操作步骤如下:

(1)创建图表

首先在如图 4-68 所示的数据清单中选中要在图表上显示的数据,如果数据不是连续的,则按住"Ctrl"键不放拖动鼠标选择,如选择"部门"和"总分"两列;然后,选择"插入"选项卡,在功能区的"图表"分组中单击相应的图表类型按钮,在按钮下拉菜单中可选择要创建的图表类型,如图 4-69 所示。或者单击"图表"分组右下角的"创建图表"按钮 ,在弹出的"插入图表"对话框中选择一种图表类型,如图 4-70 所示;最后单击"确定"按钮,即可生成相应的图表,如图 4-71 所示。

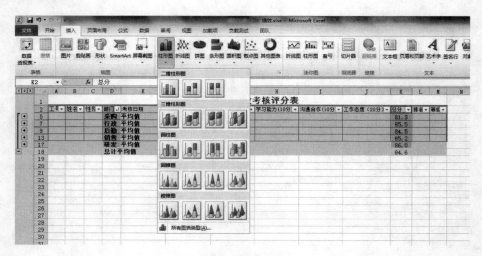

图 4-69　选择图表类型

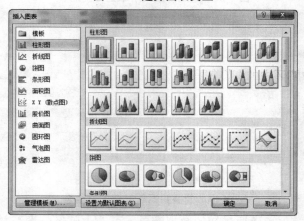

图 4-70　"插入图表"对话框

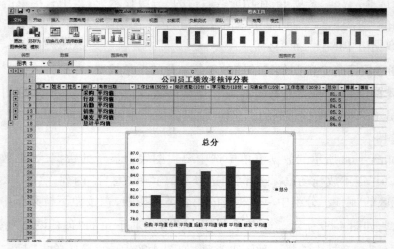

图 4-71　生成相应的图表

（2）编辑图表

图表生成后，可对其进行编辑，如修改图表类型、修改图表源数据、设置图表外观格式、移动和复制图表等。

● 编辑图表设计：用鼠标选中要编辑的图表，选择"图表工具"中的"设计"选项卡，如图 4-72 所示，利用功能区中的"类型"分组的工具可以更改图表类型。利用功能区中的"数据"分组的工具可以修改图表中的显示数据；利用功能区中的"图表布局"分组的工具可以重新布局图表；利用功能区中的"图表样式"分组的工具可以修改图表外观样式；利用功能区中的"位置"分组的工具可以修改图表存放的位置，可将图表设置为独立式图表或嵌入式图表。

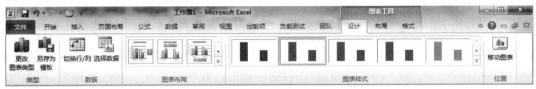

图 4-72　选择"设计"选项卡

● 编辑图表布局：用鼠标选中要编辑的图表，选择"图表工具"中的"布局"选项卡，如图 4-73 所示，利用功能区中的"当前所选内容"分组的工具可以更改图表所选内容的布局；利用功能区中的"插入"分组的工具可以在图表中插入图片、形状、文本框对象；利用功能区中的"标签"分组的工具可以编辑图表标题、坐标轴标题、图例、数据标签等图表标签在图表中的位置；利用功能区中的"坐标轴"分组的工具可以编辑图表坐标轴、网格线的布局。

图 4-73　选择"布局"选项卡

● 编辑图表格式：用鼠标选中要编辑的图表，选择"图表工具"中的"格式"选项卡，如图 4-74 所示，利用功能区中的"当前所选内容"分组的工具可以更改图表所选内容的填充、边框等格式；利用功能区中的"形状样式"分组的工具可以对图表进行外观形状、三维、阴影等格式的设置；利用功能区中的"艺术字样式"分组的工具可以编辑图表中文字的艺术字样式。

图 4-74　选择"格式"选项卡

任务四　公司财会人员工资核算

一、任务描述

如果财会人员要对 1 月和 2 月的个人工资进行求和,计算每个人的总工资。这两个月的姓名的顺序可能是不同的,这时可用合并计算中的求和,一次性地分别算出每个人的合计数。如果你是财会人员,你应如何操作?

二、任务准备

Excel 2010 中的合并计算能帮助用户将多个相似格式的工作表或数据区域中的数据,按照项目的匹配,对同类数据进行汇总。数据汇总的方式包括求和、计数、平均值、最大值、最小值等。

三、任务实施

1.单表合并计算

①用"合并计算"统计数据时,先选中一个放置统计结果的单元格,例如,选择 F1 单元格,单击"数据"选项卡,再单击功能区中的"合并计算"按钮,如图 4-75 所示。

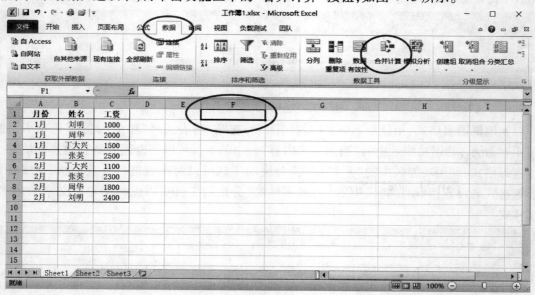

图 4-75　单击"数据工具"功能区中的"合并计算"按钮

②在弹出的"合并计算"对话框中,选择"函数"下拉列表中的"求和"项,然后将光标定位在"引用位置"编辑栏中,直接在表格中选择 B1:C9 区域,然后单击"添加"按钮,将选择的引用位置添加到"所有引用位置"列表中;选择"首行"和"最左列"复选框,单击"确定"

按钮,如图 4-76 所示。

图 4-76　"合并计算"对话框

③单击"确定"按钮后,可以看到 F1:G5 单元格区域生成了新的表格,如图 4-77 所示;最后在 F1 单元格中输入"姓名"即可,如图 4-78 所示。

	A	B	C	D	E	F	G
1	月份	姓名	工资				工资
2	1月	刘明	1000			刘明	3400
3	1月	周华	2000			周华	3800
4	1月	丁大兴	1500			丁大兴	2600
5	1月	张英	2500			张英	4800
6	2月	丁大兴	1100				
7	2月	张英	2300				
8	2月	周华	1800				
9	2月	刘明	2400				
10							

图 4-77　F1:G5 单元格区域生成新的表格

	A	B	C	D	E	F	G
1	月份	姓名	工资			姓名	工资
2	1月	刘明	1000			刘明	3400
3	1月	周华	2000			周华	3800
4	1月	丁大兴	1500			丁大兴	2600
5	1月	张英	2500			张英	4800
6	2月	丁大兴	1100				
7	2月	张英	2300				
8	2月	周华	1800				
9	2月	刘明	2400				
10							

图 4-78　在 F1 单元格中输入"姓名"

2.多表合并计算

例如,财会人员要将 1 月和 2 月共两个月的个人工资进行求和,计算每人的总工资,但两个月的数据分别在名字为"1 月工资"和"2 月工资"的两张工作表中,这两个月的姓名顺序可能是不同的,这时同样可以用"合并计算"中的求和,一次性分别算出各人的合计数。具体的操作方法如下:

①用"合并计算"统计数据时,先新建一张工作表,命名为"合计工资",然后,在"合计工资"工作表中,选中一个放置统计结果的单元格,例如,选择 A1 单元格,单击"数据"选项卡,最后单击功能区中的"合并计算"按钮,如图 4-79 所示。

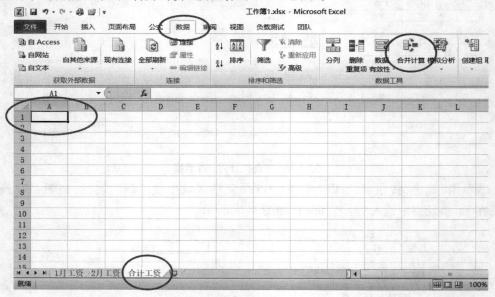

图 4-79　单击"数据"工具功能区中的"合并计算"按钮

②在弹出的"合并计算"对话框中,选择"函数"下拉列表中的"求和"项,然后将光标定位在"引用位置"编辑栏中,单击"1 月工资"工作表标签,切换到"1 月工资"工作表,在表格中选择 A1:B5 区域,然后单击"添加"按钮,将选择的引用位置添加到"所有引用位置"列表中,如图 4-80 所示;继续单击"2 月工资"工作表标签,切换到"2 月工资"工作表,在表格中选择 A1:B5 区域,然后单击"添加"按钮,将选择的引用位置添加到"所有引用位置"列表中,如果有更多月份的工作表的工资数据需要合并计算,可用同样的方法添加引用;选择"首行"和"最左列"复选框,单击"确定"按钮,如图 4-81 所示。

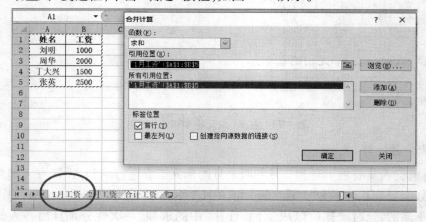

图 4-80　"合并计算"对话框

图 4-81 "合并计算"对话框

③单击"确定"按钮后，可以看到"合计工资"工作表中 A1：B5 单元格区域生成了新的表格，如图 4-82 所示。最后在 A1 单元格中输入"姓名"即可，如图 4-83 所示。

图 4-82 在 A1：B5 单元格区域生成新的表格

图 4-83 在 A1 单元格中输入"姓名"

项目小结

本项目通过对"公司员工绩效考核评分表"的制作、数据管理和高级数据分析 3 个任务，介绍了电子表格软件 Excel 2010 的如下知识：

①Excel 2010 的基本概念。

②工作簿、工作表、单元格的基本知识。

③工作表数据的录入、编辑、排版知识。

④工作表的数据计算、排序、筛选、分类汇总等数据管理知识。

⑤工作表图表制作和编辑的基本知识。

⑥Excel 2010 中的合并计算方法。

拓展训练

1.如图 4-84 所示为某电视经销商 2019 年电视机销售情况,请根据以下要求作出相应的设计。

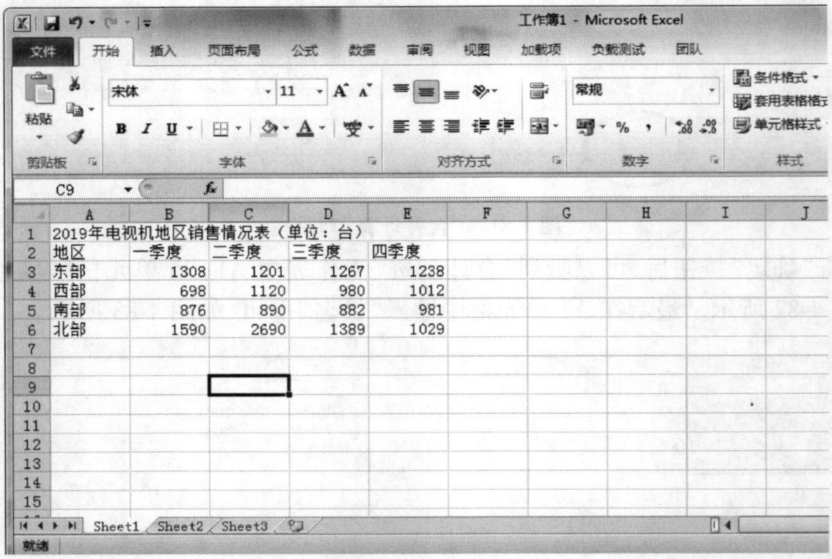

图 4-84　销售数据表

(1)修改工作表 Sheet1 名为"销售情况表",删除工作表 Sheet2 和 Sheet3。

(2)将 A2 到 G6 区域的边框设为双实线,边框颜色设为"红色",底纹图案设为"细水平条纹""灰色-25%"。设置大标题合并居中显示,字体为黑体、加粗、20 号字。

(3)在 F2 单元格内输入文本:年平均值,在 F3 到 F6 单元格内用函数计算出各个地区的销售"年平均值"并填入。

(4)在 G2 单元格内输入文本:完成情况,在 G3 到 G6 单元格内利用函数判别各个地区的年销售完成情况,如果年平均值大于 1 200 台,则在该地区的"完成情况"中填充:完成;否则填充:未完成。

(5)根据 Sheet1 工作表中的数据作一簇状柱形图,数据产生区域为:B3 到 E6,系列产生在列,图标标题为"电视机销售情况",分类(X)轴标题为"地区",数值(Y)轴标题为"单位:台",将图标插入 Sheet1 的 A8:G19 区域内。

2.如图 4-85 所示为某公司部分员工的工资表,请根据以下要求作出相应设计。

(1)在 Sheet1 工作表中的 A1 单元格内输入文本:员工工资表,并设置文本对齐方式为:居中。

(2)将 A1 到 H1 单元格进行合并操作,设置合并后的单元格内的文字格式为楷体、加粗、红色、18 号字。

(3)在 G2 单元格内输入文本:实发工资,在 G3 到 G6 内用公式计算出每个员工的实发工资(实发工资=基本工资+岗位加津贴+奖金－扣款)。

图 4-85　工资数据表

(4)按主关键字为"基本工资",次关键字为"奖金"对 A2 到 G6 单元格内的数据进行有标题行的降序排序。

(5)筛选出实发工资大于 3 000 元的员工记录。

(6)根据 Sheet1 工作表中的数据作一簇状柱形图,图表标题为"员工工资情况",通过图表可以看到员工的实发工资情况。

(7)修改工作表 Sheet1 的名字为"工资表"。

3.如图 4-86 所示为某班部分学生的成绩,请根据以下要求作出相应的设计。

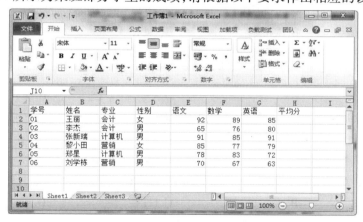

图 4-86　学生成绩数据表

(1)在 G2 到 G8 中用公式[平均分=(数学+历史+外语)/3]计算出每个学生的平均分,平均分保留一位小数。

(2)请将 A2 到 G8 区域的底纹样式设为"12.5%灰色",将从 A2 到 G8 的矩形区域的边框线条样式设为"双实线";同时将从 A2 到 G8 的单元格内的数据,水平对齐方式设为"居中",垂直对齐方式设为"居中";再将文本数据的字体设为"仿宋_GB2312",字形设为"加粗",字号设为"14"。

（3）对所有单元格数据以"性别"为分类字段，汇总方式为"计数"，汇总项为"平均分"，设置"汇总结果放在数据下方"，分别汇总出所给数据男生和女生的人数。

项目考核

一、单选题

1.Excel 2010 工作簿文件的默认扩展名为（　　）。

    A..docx   B..xlsx   C..pptx   D..mdbx

2.Excel 2010 主界面窗口中编辑栏上的"fx"按钮用来向单元格插入（　　）。

    A.文字   B.数字   C.公式   D.函数

3.Excel 工作表是一个很大的表格，其左上角的单元格是（　　）。

    A.11   B.AA   C.A1   D.1A

4.启动 Excel 2010 应用程序后，自动建立的工作簿文件的文件名为（　　）。

    A.工作簿1   B.工作簿文件   C.Book1   D.BookFile1

5.对于新安装的 Excel 2010，一个新建的工作簿默认的工作表个数为（　　）。

    A.1   B.2   C.3   D.255

6.下列不属于 Excel 2010 中数字分类的是（　　）。

    A.常规   B.货币   C.文本   D.条形码

7.向 Excel 2010 工作簿文件中插入工作表时，默认的表标签中的英文单词为（　　）。

    A.Sheet   B.Book   C.Table   D.List

8.为了区别"数字"与"数字字符串"数据，Excel 要求在输入项前添加（　　）符号来确认。

    A."   B.'   C.#   D.@

9.在 Excel 2010 中，电子工作表中的列标为（　　）。

    A.数字   B.字母

    C.数字与字母混合   D.第一个为字母其余为数字

10.准备在一个单元格内输入一个公式，应先键入（　　）先导符号。

    A.$ B.>   C.〈   D.=

11.在 Excel 2010 的工作表中，最小操作单元是（　　）。

    A.一列   B.一行   C.一张表   D.单元格

12.绝对地址在被复制或移动到其他单元格时，其单元格地址（　　）。

    A.不会改变   B.部分改变

    C.发生改变   D.不能复制

13.在 Excel 2010 中，若要选择一个工作表的所有单元格，应鼠标单击（　　）。

    A.表标签   B.左下角单元格

    C.列标行与行号列相交的单元格   D.右上角单元格

14.在 Excel 2010 中,在具有常规格式(也是默认格式)的单元格中输入数值(即数值型数据)后,其显示方式是(　　　)。

　　A.居中　　　　　　B.左对齐　　　　　　C.右对齐　　　　　　D.随机

15.在 Excel 2010 中,填充句柄在所选单元格区域的(　　　)。

　　A.左下角　　　　　B.左上角　　　　　　C.右下角　　　　　　D.右上角

16.在 Excel 2010 中,如果没有预先设定整个工作表的对齐方式,则数字自动以(　　　)方式存放。

　　A.左对齐　　　　　　B.右对齐　　　　　　C.两端对齐　　　　　　D.视具体情况而定

17.在 Excel 2010 的电子工作表中,一个行和一个列(　　　)。

　　A.可以同时处于选择状态　　　　　　B.不能同时处于选择状态

　　C.没有交叉点　　　　　　　　　　　D.有多个交叉点

18.如果某个单元格中的公式为"=＄D2",这里的＄D2 属于(　　　)引用。

　　A.绝对　　　　　　　　　　　　　　B.相对

　　C.列绝对行相对的混合　　　　　　　D.列相对行绝对的混合

19.在 Excel 2010 中,如果只需删除所选区域的内容,则应执行的操作是(　　　)。

　　A."清除"→"清除批注"　　　　　　B."清除"→"全部清除"

　　C."清除"→"清除内容"　　　　　　D."清除"→"清除格式"

20.在 Excel 2010 中,电子工作表的每个单元格的默认格式为(　　　)。

　　A.数字　　　　　　B.常规　　　　　　C.日期　　　　　　D.文本

21.在 Excel 2010"单元格格式"对话框中,不存在的选项卡为(　　　)。

　　A."数字"　　　　　　　　　　　　　B."对齐"

　　C."保存"　　　　　　　　　　　　　D.可以是 A,也可以是 B

22.已知在 C2:C6 中输入数据 8、2、3、5、6,函数 AVERAGE(C2:C5)=(　　　)。

　　A.24　　　　　　　B.12　　　　　　　C.66　　　　　　　D.4.5

23.在 Excel 2010 中,假定一个单元格的地址为 D25,则该单元格的地址称为(　　　)。

　　A.绝对地址　　　　B.相对地址　　　　C.混合地址　　　　D.三维地址

24.在 Excel 2010 中,使用地址＄D＄1 引用工作表第 D 列(即第 3 列)第 1 行的单元格,这称为对单元格的(　　　)。

　　A.绝对地址引用　　B.相对地址引用　　C.混合地址引用　　D.三维地址引用

25.在 Excel 2010 中,若要表示当前工作表中 B2 到 G8 的整个单元格区域,则应书写为(　　　)。

　　A.B2 G8　　　　　B.B2:G8　　　　　C.B2;G8　　　　　D.B2,G8

26.在 Excel 2010 中创建图表,首先要打开(　　　),然后在"图表"组中操作。

　　A."开始"选项卡　　B."插入"选项卡　　C."公式"选项卡　　D."数据"选项卡

27.在 Excel 2010 中,若要选择一个工作表的所有单元格,应单击(　　　)。

　　A.表标签　　　　　　　　　　　　　B.左下角单元格

　　C.列标行与行号列相交的单元格　　　D.右上角单元格

28.假定单元格 D3 中保存的公式为"＝B3+C3",若将其复制到 E4 中,则 E4 中保存的公式为（　　）。

    A.＝B3+C3　　　　　B.＝C3+D3　　　　　C.＝B4+C4　　　　　D.＝C4+D4

29.在 Excel 2010 中,向一个单元格输入公式或函数时,则使用的前导字符必须是（　　）。

    A.＝　　　　　　　　B.>　　　　　　　　C.<　　　　　　　　D.%

二、多选题

1.Excel 2010 中单元格地址的引用有哪几种?（　　）

    A.相对引用　　　　B.绝对引用　　　　C.混合引用　　　　D.任意引用

2.在 Excel 2010 中,序列有哪些类型?（　　）

    A.等差序列　　　　　　　　　　B.日期序列

    C.等比序列　　　　　　　　　　D.自动填充序列

3.关于对图表的操作,下列说法正确的有（　　）。

    A.用户可以修改图表的外观、颜色、图案和文字

    B.用户可以随意增加和删除数据。

    C.用户可以调整图表的大小

    D.用户可以将图表保存为独立的工作表

4.在 Excel 2010 中,下列关于打印的说法中,正确的是（　　）。

    A.可以将内容打印至文件

    B.可以将文件一次性打印出多份

    C.在打印时可以对工作表进行缩放

    D.以上说法全部正确

5.在 Excel 2010 中,下列区域表示中错误的是（　　）。

    A.al#d4　　　　　B.al.d5　　　　　C.al>d4　　　　　D.al:d4

6.下列关于 Excel 2010 筛选掉的记录的叙述,正确的有（　　）。

    A.不打印　　　　B.不显示　　　　C.永远丢失　　　　D.可以恢复

7.下列属于 Excel 2010 图表类型的有（　　）。

    A.饼图　　　　　　　　　　　　B.XY 散点图

    C.曲面图　　　　　　　　　　　D.圆环图

8.下列关于分类汇总的叙述,正确的是（　　）。

    A.分类汇总前首先应按分类字段记录排序

    B.分类汇总只能按一个字段分类

    C.只能对数值型字段分类

    D.汇总方式只能求和

9.下列关于 Excel 2010"排序"功能的说法,正确的有（　　）。

    A.可以按行排序　　　　　　　　B.可以按列排序

    C.最多允许有 3 个排序关键字　　D.可以自定义序列排序

10.在 Excel 2010 中,下列对单元格引用正确的是(　　　)。

A.B2　　　　　　B.B$2　　　　　　C.$B2　　　　　　D.$B$2

三、判断题

1.在 Excel 2010 中,将记录按关键字段值从大到小的排序称为降序排序。　　（　　）

2.在 Excel 2010 中,Excel 工作表的数量可根据工作需要作适当增加或减少,同时可进行重命名、设置标签颜色等相应的操作。　　（　　）

3.在 Excel 2010 中,筛选方式中的"全部",表示不进行筛选,不显示任何记录。（　　）

4.在 Excel 2010 中,可以更改工作表的名称和位置。　　（　　）

5.在 Excel 2010 中,输入当前日期的快捷键是"Ctrl+Shift+;"。　　（　　）

6.在 Excel 2010 中,在分类汇总前,需要先对数据按分类字段进行排序。　　（　　）

7.在 Excel 2010 中,用户可自定义填充序列。　　（　　）

8.在 Excel 2010 中,"####"是当列不够宽,出现的错误提示信息。　　（　　）

9.在 Excel 2010 中,在 A1 单元格内输入"30001",然后按住"Ctrl"键,拖动该单元格填充柄至 A8,则 A8 单元格中内容是"30008"。　　（　　）

10.在 Excel 2010 中,只能清除单元格中的内容,不能清除单元格中的格式。　　（　　）

四、填空题

1._____是工作表中的最基本单位。

2.在 Excel 2010 中,单元格 A5 的绝对地址是_____。

3.在 Excel 2010 中,如果需要选取不连续的单元格区域,应先按下_____键,然后单击所要的单元格。

4.在 Excel 2010 中,公式都是以"＝"开始的,后面由操作数和_____构成。

5.在 Excel 2010 中,_____是指从数据清单中选取满足条件的数据,将所有不满足条件的数据隐藏起来。

6.在 Excel 2010 中,工作簿文件的默认文件类型为_____。

7.公式被复制后,参数的地址不发生变化的引用称为_____。

8.对数据列表进行分类汇总以前,必须先对作为分类依据的字段进行_____操作。

9.公式总是以_____开头。

10.删除单元格内容的快捷键是_____。

项目五 电子文稿软件 PowerPoint 2010 的应用

Microsoft PowerPoint 2010 是由美国微软公司推出的办公系列软件之一,是专门制作演示文稿的软件。其最大的特点是可以在幻灯片中输入和编辑文本、表格、组织结构图、剪贴画、图片、艺术字、声音或视频等。PowerPoint 2010 被广泛应用于学校、公司等,用于制作教学、产品展示、广告宣传、工作汇报和情况介绍等各种场合的幻灯片制作。

知识目标

◆ 掌握 PowerPoint 2010 启动、退出和窗口组成等基本知识;

◆ 理解幻灯片、模板等基本概念;

◆ 掌握幻灯片版式设置方法;

◆ 掌握幻灯片中插入各种对象的方法;

◆ 掌握幻灯片中超链接的设置方法;

◆ 掌握幻灯片切换和放映方式的设置;

◆ 掌握幻灯片动画效果的设置。

技能目标

◆ 学会幻灯片的编辑和美化;

◆ 学会幻灯片切换、放映方式的设置;

◆ 学会动画按钮和超链接的设置;

◆ 学会幻灯片的动画、背景音乐等的设置;

◆ 学会利用 SmartArt 图形及素材美化组织结构及布局。

任务一　"魅力机电"演示文稿制作

一、任务描述

小明想要将重庆机电职业技术大学(以下简称"机电大学")的校园风光展示给更多的新同学,于是他决定使用 PowerPoint 2010 来制作一个以"魅力机电　激情无限"为主题的演示文稿。效果如图 5-1 所示。

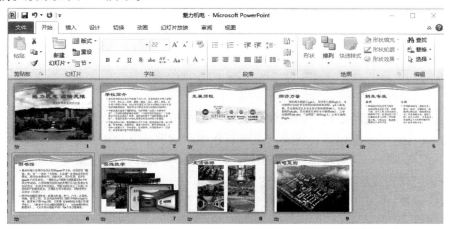

图 5-1　"魅力机电　激情无限"演示文稿

二、任务准备

1.PowerPoint 的窗口界面

安装 PowerPoint 后,有多种启动方式供用户选择,启动方式和 Word、Excel 类似,可以选择在"开始"菜单中的快捷方式来启动,也可以选择打开桌面快捷图标或直接打开 Power-Point 文件启动。

启动 PowerPoint 后,系统将打开如图 5-2 所示的 PowerPoint 主程序界面。

PowerPoint 2010 的窗口界面与 Office 其他软件类似,由标题栏、快速访问工具、选项卡栏、工具组、编辑区、状态栏、显示按钮和缩放滑块等部分组成。

- 快速访问工具:常用命令位于此处,如"保存""撤销"和"重复输入"。

- 选项卡栏:PowerPoint 2010 基本命令位于此处,如"保存""另存为""打开""关闭""信息""最近所用文件""新建"和"打印"等。

- 工具组:使用 PowerPoint 2010 制作演示文稿时,需要用到的命令位于此处。它与其他软件中的"菜单"或"工具栏"相同。

- 编辑区:用于显示正在编辑的演示文稿,左边是通过"大纲视图"或"幻灯片视图"查看演示文稿中的幻灯片。其中,"大纲"选项卡用于显示幻灯片中的文本大纲;"幻灯片"选

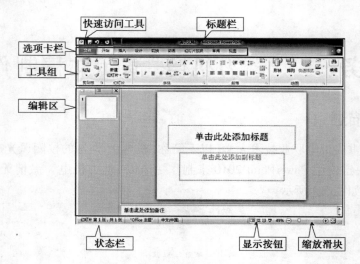

图 5-2　PowerPoint 2010 界面组成

项卡用于显示每张幻灯片的缩略图。

- 状态栏:用于显示正在编辑的演示文稿的相关信息。
- 显示按钮:用户根据自己的要求更改正在编辑的演示文稿的显示模式,如普通视图、幻灯片浏览、阅读视图和幻灯片放映视图,每种视图都有自己特定的显示方式,可通过显示按钮处的 4 个按钮实现不同视图之间的切换。
- 缩放滑块:可以更改正在编辑的文档的缩放设置。

2.PowerPoint 2010 视图

PowerPoint 2010 中可用于编辑、打印和放映的演示文稿的视图有普通视图、幻灯片浏览视图、备注页视图、幻灯片放映视图、阅读视图、母版视图(包括幻灯片母版、讲义母版和备注母版),如图 5-3 所示。

图 5-3　演示文稿视图

切换视图的方法有两种:一是利用"视图"菜单;二是利用窗口界面左下角的视图按钮 来实现。

- 普通视图:PowerPoint 的默认视图方式,是编辑文稿时最常用的一种视图。它将幻灯片视图、大纲视图和备注页视图集成到一个视图中,在此视图中可以处理文本、声音、动画和其他效果,能满足普通用户大部分编辑的需要,因此,用户最常使用的是普通视图。其编辑界面如图 5-4 所示。

图 5-4　普通视图

● 幻灯片浏览视图：显示了当前演示文稿的全部幻灯片，可以提供幻灯片整理浏览功能，当需要对所有的幻灯片进行整理编排或次序调整时，建议使用幻灯片浏览视图。幻灯片浏览视图还可在幻灯片浏览视图中添加节，并按不同类别或节对幻灯片进行排序，但在幻灯片浏览视图中不能对幻灯片的具体内容进行编辑。其编辑界面如图 5-5 所示。

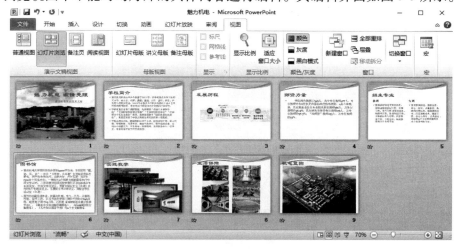

图 5-5　幻灯片浏览视图

● 备注页视图："备注"窗格位于"幻灯片"窗格下方，可以在该窗格中输入要应用于当前幻灯片的备注，在打印时可将备注打印出来并在放映演示文稿时进行参考，如图 5-6 所示。

● 阅读视图：用于向使用自己的计算机查看演示文稿的人员放映演示文稿（非全屏放映），如果要更改演示文稿，可随时从阅读视图切换至某个其他视图，如图 5-7 所示。

● 母版视图：包括幻灯片母版视图、讲义母版视图和备注母版视图。它们是存储有关演示文稿的信息的主要幻灯片，其中包括背景、颜色、字体、效果、占位符大小和位置。使用母版视图的一个主要优点在于：在幻灯片母版、备注母版和讲义母版上，可以对与演示文稿关联的每个幻灯片、备注页或讲义的样式进行全局更改，如图 5-8 所示。

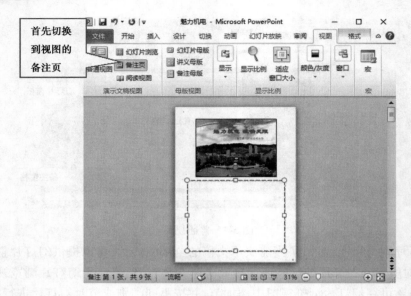

图 5-6　备注页视图

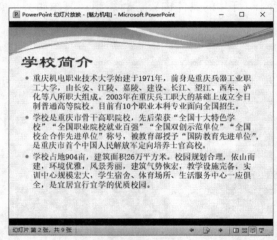

图 5-7　阅读视图

图 5-8　母版视图

● 放映视图：可用于放映演示文稿，幻灯片放映视图会占用整个计算机屏幕。单击"幻灯片放映"选项卡，从"从头开始""从当前幻灯片开始""广播幻灯片"或"自定义幻灯片放映"中选择放映模式，同时，可通过"设置"和"监视器"工具组设置放映参数。如果要退出幻灯片放映视图，请按"Esc"键，如图 5-9 所示。

- 使用键盘上的快捷键"Ctrl+C"复制幻灯片,选择目标位置后按"Ctrl+V"粘贴。

（3）幻灯片的移动

- 选择要移动位置的幻灯片,按住鼠标左键将要移动的幻灯片移动到目标位置后松开鼠标左键。
- 先选择要移动的对象按"Ctrl+X"（剪切）,然后选择目标位置后按"Ctrl+V"（粘贴）。

（4）幻灯片的删除

- 选择要删除的幻灯片,单击鼠标右键在弹出的菜单项中选择"删除幻灯片"。
- 选择要删除的幻灯片,按键盘上的"Delete"键即可删除。

如果在执行删除命令后发现误删了某一幻灯片,此时可通过"撤销"命令来恢复被删除的幻灯片,要恢复被删除的幻灯片,还可单击"快速访问"工具栏上的"撤销"按钮 或使用"Ctrl+Z"键来撤销删除。

5.幻灯片版式

幻灯片版式是预先设定好的版面格式,一般而言,幻灯片对位于其上的各个要素按排版要求划分好位置大小,并使用一个虚线框来标注。PowerPoint 中即使不使用版式也能制作任意的幻灯片,通过幻灯片版式的应用可以对文字、图片等合理布局,并有利于制作小组之间的协同工作。不同版式有不同的对象布局方式,在幻灯片编辑过程中,用户也可根据需要随时更改幻灯片的版式,如图 5-13 所示。

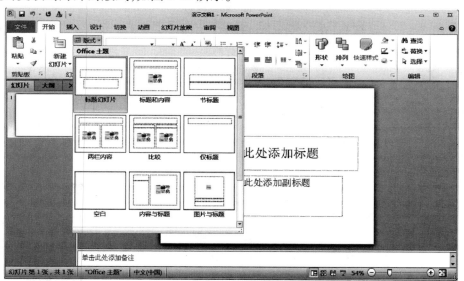

图 5-13　幻灯片版式

设计模板是一种以特殊格式保存的演示文稿,一旦选用了一种模板后,幻灯片的布局、背景图片、色调等就确定了,其扩展名为.pptx。模板可以包含版式、主题颜色、主题字体、主题效果和背景样式,甚至还可以包含内容。在创建模板时可以创建自己的自定义模板、可以获取多种不同类型的 PowerPoint 内置免费模板,还可在 Office.com 和其他合作伙伴网站上获取可以应用于自己演示文稿的免费模板。

● 应用样本模板：单击"文件"选项卡选择"新建"选项，在"可用模板和主题"中选择"样本模板"，如图 5-14 所示。在 PowerPoint 2010 中，默认的样本模板有 PowerPoint 2010 简介、都市相册、古典型相册、宽屏演示文稿、培训、现代性相册、项目状态报告、小测验短片、宣传手册。

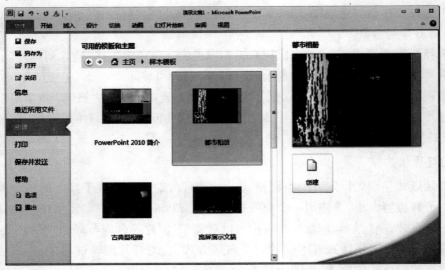

图 5-14   样本模板

● 应用 Office.com 模板：在"Office.com 模板"中提供了上千个免费的模板，用户可根据自己的需要使用或修改这些模板，如图 5-15 所示。

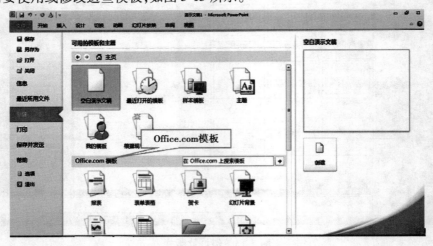

图 5-15   Office.com 模板

6.幻灯片中插入对象

(1)"文本"工具栏

"文本"工具栏包括文本框、页眉和页脚、艺术字、日期和时间、幻灯片编号和对象，如图 5-16 所示。

　　文本是演示文稿中必不可以少的一部分,在幻灯片中输入文本有两种方法:一是直接将文本输入占位符中;二是利用"文本框"工具中的"横排文本框"或"垂直文本框"绘制文本框后输入内容。

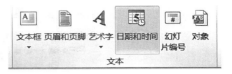

图 5-16　"文本"工具栏

　　• 在占位符中输入文本:在幻灯片中,占位符中的文本是一些提示性的内容,用户可用实际所需要的内容去替换占位符中的文本。占位符文本包括一个标题占位符和一个副标题占位符,如图 5-17 所示。

图 5-17　占位符中的文本

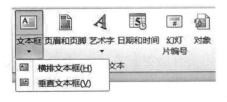

图 5-18　"文本框"工具

　　• 在文本框中输入文本:单击"插入"选项卡,在"文本"分组中选择"文本框"中的"横排文本框"或"垂直文本框"工具,然后在幻灯片的编辑区域绘制文本框,同时可通过文本框的控制点调整文本框的大小,如图 5-18 所示。

　　在幻灯片中插入某一文本框后,利用"开始"选项卡中的"字体""段落"等工具对文本框输入的内容进行格式设置;利用"绘图工具"的"格式"选项卡中的工具对文本框的形状、形状样式、艺术字样式等进行设置,如图 5-19、图 5-20 所示。

图 5-19　"开始"选项卡中的工具

图 5-20　绘图工具

　　• 在幻灯片中插入"艺术字":单击"文本"分组中的"艺术字",展开下一级子菜单,如图 5-21 所示。选择合适的艺术字效果后在幻灯片弹出的文本框中输入相应的文字内容,如图 5-22 所示；同时，利用"绘图工具"中的"格式"选项卡对"艺术字样式"进行设置。

图 5-21　艺术字

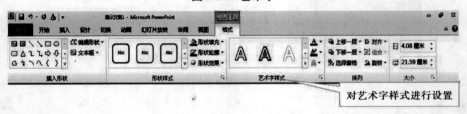

对艺术字样式进行设置

图 5-22　艺术字样式

●插入日期、页脚和幻灯片编号：在 PowerPoint 中可将自动更新的日期、单位名称、演讲者姓名以及幻灯片编号添加到每张幻灯片上。具体步骤如下：

①单击"插入"选项卡中的"日期和时间"或者"幻灯片编号"按钮，打开"页眉和页脚"对话框，如图 5-23 所示。

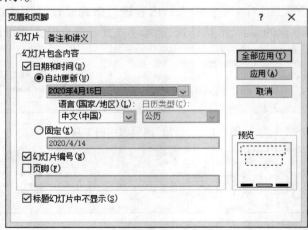

图 5-23　"页眉和页脚"对话框

②在图 5-23 的幻灯片选项卡中可以设置插入的日期格式、幻灯片编号和页脚。

③若用户要将插入的元素应用于当前幻灯片，则可单击"应用"按钮；若要将其应用于

全部幻灯片,则可单击"全部应用"按钮。

(2)"图像"工具栏

幻灯片中的文字内容是演示文稿的主要内容,如果将图形和文字配合在一起,不但可以正确表达课件的内容,而且可以增强课件的渲染力、增强演示效果,使幻灯片的内容更加形象生动。幻灯片中的图片可以是来自文件的图片、剪贴画、屏幕截图、相册、形状、SmartArt 或图表等对象。

图 5-24　"插入图像"工具

"图像"分组包括图片、剪贴画、屏幕截图、相册等工具按钮,如图 5-24 所示。

在幻灯片中插入图像后,利用"图片工具"的"格式"选项卡中的工具对图像的样式、排列、大小等进行设置,如图 5-25 所示。

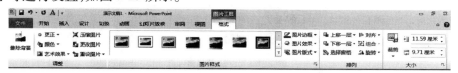

图 5-25　图片工具

知识拓展

在幻灯片中可插入一些扩展名为 GIF 格式的小动画,使幻灯片更生动。

---

(3)"插图"工具栏

如果要插入的是"插图"则在"插图"分组中选择适当的选项即可,如图 5-26 所示。

● 在幻灯片中插入"形状":单击 PowerPoint 中"插入"选项卡,"插图"分组中的"形状"包括最近使用的形状、线条、矩形、基本形状、箭头总汇、公式形状、流程图、星与旗帜等工具,可以从中选择需要的形状,如图 5-27 所示。

图 5-26　"插入插图"工具

图 5-27　"插图"中的"形状"

在幻灯片中插入形状后,利用"绘图工具"的"格式"选项卡中的工具对形状样式、艺术字样式、排列、大小等进行设置,如图 5-28 所示。

图 5-28　绘图工具

● 在幻灯片中插入"SmartArt":单击 PowerPoint 中"插入"选项卡,"插图"分组中的"SmartArt"包括列表、流程、循环、层次结构、关系等,可以从中进行选择,如图 5-29 所示。

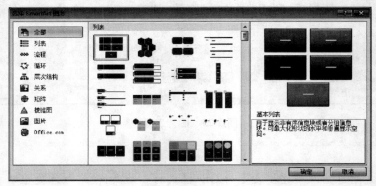

图 5-29　"选择 SmartArt 图形"对话框

在幻灯片中插入 SmartArt 图形后,利用"SmartArt 工具"中的"设计"和"格式"选项卡,对 SmartArt 图形的布局、SmartArt 样式、重置、形状、形状样式、艺术字样式、排列、大小进行设置,如图 5-30 所示。

图 5-30　"SmartArt 工具"

● 在幻灯片中插入"图表":单击 PowerPoint 中"插入"选项卡,"插图"分组中的"图表"包括柱形图、折线图、饼图、条形图、面积图等图示,可以根据需要进行选择,如图 5-31 所示。

选择适合的图后,会在 Excel 中弹出数据图表,如图 5-32 所示。默认情况下,"类别"产生在行,"系列"产生在列,修改 Excel 中数据图表中的行首、列首及相关数据,修改完毕后图表的内容也会随之发生变化。

当修改完数据图表中的相关数据后,可使用"图表工具"对图表进行美化,图表工具包括设计、布局和格式,如图 5-33 所示。

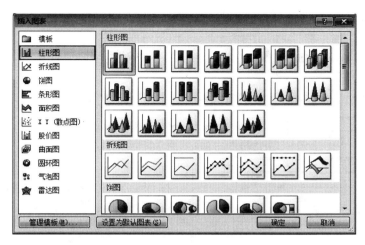

图 5-31　"插入图表"对话框

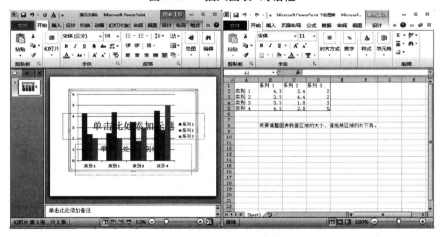

图 5-32　数据图表

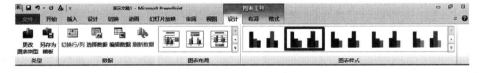

图 5-33　图表工具

（4）"表格"工具栏

在"表格"分组所展开的菜单项中选择要绘制或插入的表格，如图 5-34 所示。

● 插入表格：在"表格"工具栏所展开的菜单项中选择"插入表格"，在弹出的对话框中输入要插入表格的行数和列数，如图 5-35 所示，然后单击"确认"按钮即可插入表格。同时，通过"表格工具"设置表格的样式、边框等。

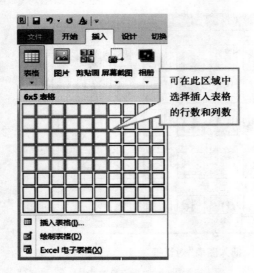

图 5-34 "表格"工具栏   图 5-35 "插入表格"对话框

● 绘制表格：在"表格"工具栏所展开的菜单项中选择"绘制表格"，在幻灯片编辑区域绘制表格的边框，然后通过表格工具中的"绘制表格"工具绘制表格的行和列，如图 5-36 所示。同时，通过"表格工具"设置表格的样式、表格边框颜色和粗细等。

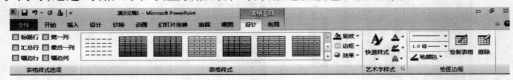

图 5-36 表格工具

（5）"媒体"工具

● 插入音频：为了突出重点，可在演示文稿中添加音频，如音乐、旁白等。如果要在幻灯片中插入音乐，就需要预先准备好音乐文件，音乐文件可以是 WAV、MID 或 MP3 文件格式。

单击 PowerPoint 中"插入"选项卡，在"媒体"分组中单击"音频"按钮，在菜单中选择"文件中的音频"，找到准备好的音频文件后单击"确认"按钮，随后在幻灯片上出现一个"喇叭"图标，如图 5-37、图 5-38 所示。

图 5-37 插入音频   图 5-38 插入音频后出现的"喇叭"图标

在幻灯片中插入音频文件后，可通过修改"音频工具"中"播放"参数来设置播放效果，如图 5-39 所示。

图 5-39　音频工具

●插入视频：在幻灯片中通过添加精彩的视频片段，可进一步提高感染力。单击 PowerPoint 中"插入"选项卡，在"媒体"分组中单击"视频"，在菜单中选择"文件中的视频"，如图 5-40 所示，找到准备好的音频文件后单击"确认"按钮即可。

（6）"链接"工具

PowerPoint 的链接工具可以轻松实现同一幻灯片文件的跳转，也可实现跳转到网页或者其他文件。

超链接：从一个对象指向一个目标的链接关系。超链接可以是从一张幻灯片到同一演示文稿中另一张幻灯片的链接，也可以是从一张幻灯片到不同演示文稿中另一张幻灯片、电子邮件地址、网页或文件的链接。

创建超链接的步骤如下：

①在幻灯片中选择要用作超链接的文本或对象。

图 5-40　插入视频　　　　　图 5-41　"链接"工具

②在"插入"选项卡上的"链接"分组中，单击"超链接"按钮，在弹出的"插入超链接"对话框中选择需要链接的内容，然后单击"确认"按钮即可，如图 5-41、图 5-42 所示。默认情况下，超链接的字体和下画线的颜色为蓝色。

图 5-42　"插入超链接"对话框

> **小提示**
>   同一对象只能做一个超链接。

●插入动作:在 PowerPoint 2010 演示文稿放映过程中,有时可能需要从一张幻灯片跳转到另一张幻灯片中观看视频播放效果,要实现两张幻灯片的自由切换,可以通过添加动作按钮来实现。将添加到演示文稿中的内置按钮形状称为动作按钮。创建动作按钮的步骤如下:

①在"插入"选项卡上的"插图"分组中单击"形状",选择要添加的"动作按钮",如图5-43 所示。

②单击幻灯片上的某一位置,通过拖动为该按钮绘制形状。

③在"动作设置"对话框中,设置"单击鼠标"或"鼠标移过"时的动作,如图 5-44 所示。

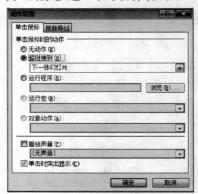

动作按钮

图 5-43 选择动作按钮   图 5-44 "动作设置"对话框

部分动作只需相应的对象,不需要动作按钮的图形可以先选中相应的操作对象,然后直接单击"插入"选项卡的"链接"工具上的"动作"即可执行相应的设置。

7.幻灯片动画

在放映幻灯片时,可对幻灯片中的文字、图像等对象设置动画效果,进而达到突出重点、增强趣味性的目的。

在幻灯片中设置动画效果的步骤如下:

①在幻灯片中选取要设置动画效果的对象,然后单击"动画"选项卡,在"动画"分组中选择合适的动画效果,如图 5-45 所示。

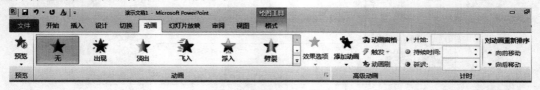

图 5-45 幻灯片动画设置

②单击"效果选项"可进一步设置,对设置的动画进行优化设置。

③在"高级动画"和"计时"分组中设置动画参数或单击"其他效果选项"按钮来进一步设置动画参数，如图 5-46、图 5-47 所示。

图 5-46 "其他效果选项"按钮

图 5-47 设置"其他效果按钮"中的参数

④调整动画的先后顺序。如果在同一个幻灯片中有多个动画设置，可在"动画窗格"中利用鼠标拖动设置动画的先后顺序，或选中"动画窗格"动画设置，单击"计时"工具的"向前移动"或者"向后移动"来进行动画顺序的设置，如图 5-48 所示。

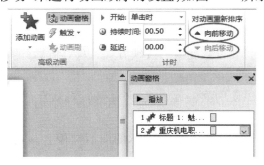

图 5-48 设置动画的先后顺序

⑤动画计时设置，有开始时间、持续时间及延迟时间，如图 5-48 所示。

⑥单击"预览"或"动画窗格"播放按钮，查看当前幻灯片页所设置的动画效果。

温馨提示

　同一对象上可以设置多个动画。

8.幻灯片切换

幻灯片切换也称为换页,指从一张幻灯片变换到另一张幻灯片的过程。PowerPoint 可以设置换页的方式、换页时的显示效果及伴音等。设置幻灯片切换效果的具体步骤如下:

①选中相应的幻灯片,选择"切换"选项卡中"切换到此幻灯片"工具中的切换效果,如图 5-49 所示。

图 5-49 "幻灯片切换"对话框

②在下拉列表中选择所需的幻灯片切换效果,在其下方还可设置切换速度。

③在"换页方式"区中可以选择手工切换还是自动切换。若选择"单击鼠标换页"复选框,则只有单击鼠标时才切换;若选择"每隔"复选框,则需要在下方的数值框中输入一个数值,则经过这段时间后自动切换。

④在"声音"列表框中可选择换页时所伴随的声音。

⑤若用户只需将切换效果应用于当前幻灯片,则可单击"应用"按钮;若要将其应用于全部幻灯片,则可单击"全部应用"按钮。

> **提醒**
>
> 设置切换效果既可在幻灯片视图中进行,也可在幻灯片浏览视图中进行,但是在幻灯片浏览视图中操作更方便,因为用户可利用"幻灯片浏览"工具栏直接在该视图中设置并预览切换效果。

9.幻灯片放映

演示文稿制作完成后,要设置相应的放映方式,以达到最好的播放效果。

(1)设置幻灯片放映方式

在 PowerPoint 中,可以使用演讲者放映(全屏幕)、观众自行浏览(窗口)和在展台浏览(全屏幕)3 种不同的放映方式。

● 演讲者放映(全屏幕):可运行全屏显示的演示文稿。这是最常用的方式,通常用于演讲者亲自播放演示文稿。

● 观众自行浏览(窗口):放映时演示文稿出现在窗口内,可使用滚动条或键盘上的翻页键从某一张幻灯片转到另一张幻灯片。通常用于个人通过内部网进行浏览。

● 在展台浏览(全屏幕):放映时幻灯片可自动切换,放映完毕后自动重新开始循环播放,无须有人管理。使用这种方式必须先执行菜单栏中"幻灯片放映"|"排练计时"进行排演,以确定自动放映的速度。这种放映模式一般用于展览的循环播放。

(2)设置幻灯片放映方式

①单击"幻灯片放映"选项卡中的"设置放映方式"按钮,弹出"设置放映方式"对话框,

如图 5-50 所示。

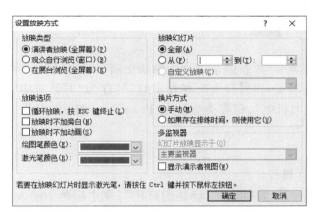

图 5-50　"设置放映方式"对话框

②在该对话框中,可以设置放映类型,选择放映幻灯片的范围以及换片的方式,也可在选择范围之后选取自定义放映方式。

③单击"确定"按钮完成放映方式的设置。

(3)观看放映

①打开一个演示文稿,选择"幻灯片放映"选项卡中的"从头开始"命令或按"F5"键,或单击"幻灯片放映"视图按钮 ，进入幻灯片放映视图,如图 5-51 所示。

图 5-51　幻灯片放映视图

②有时需要从当前正在使用的或者编辑的幻灯片页进行幻灯片放映,此时单击"幻灯片放映"选项卡的"从当前幻灯片开始"或者按"Shift+F5"进行。

③单击鼠标右键,在弹出的快捷菜单中可以定位到指定的幻灯片进行播放。另外,还可在弹出的菜单中选择"结束放映"命令或"Esc"键结束幻灯片放映。

三、任务实施

1.新建演示文稿

①单击"文件"选项卡→"新建"→"空白演示文稿"→"创建"。

②单击"文件"选项卡→"另存为",在弹出的"另存为"对话框中设置保存位置和文件名,将文件名设为"魅力机电",保存类型设为"PowerPoint 演示文稿",此处 PowerPoint 的文件扩展名为.pptx。

2.制作幻灯片

（1）制作第 1 张标题幻灯片

选择第 1 张幻灯片,设置版式为"标题幻灯片",在主标题中输入"魅力机电　激情无限",在副标题中输入"重庆机电职业技术大学"。

（2）制作第 2 张幻灯片

单击"开始"选项卡中的"新建幻灯片",选择"标题和内容",如图 5-52 所示,在标题栏中输入"学校简介",在内容栏中输入学校的基本情况信息,如图 5-53 所示。

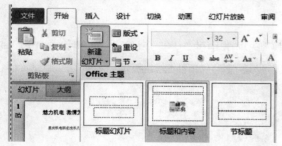

学校简介

- 重庆机电职业技术大学始建于1971年,前身是重庆兵器工业职工大学,由长安、江陵、嘉陵、建设、长江、望江、西车、泸化等八所职大组成。2003年在重庆兵工职大的基础上成立全日制普通高等院校。目前有10个职业本科专业面向全国招生。

- 学校是重庆市骨干高职院校,先后荣获"全国十大特色学校""全国职业院校就业百强""全国双创示范单位""全国校企合作先进单位"称号,被教育部授予"国防教育先进单位",是重庆市首个中国人民解放军定向培养士官高校。

- 学校占地904亩,建筑面积26万平方米。校园规划合理,依山而建,环境优雅,风景秀丽,建筑气势恢宏,教学设施完备,实训中心规模宏大。学生宿舍、体育场所、生活服务中心一应俱全,是宜居宜行宜学的优质校园。

图 5-52　新建幻灯片页　　　　图 5-53　"学校简介"幻灯片

（3）制作第 3 张幻灯片

新建版式为"仅标题"的幻灯片页,在标题栏中输入"发展历程",然后通过"插入"选项卡中的"图片"按钮,找到"发展历程.jpg"的图片,单击"确定"按钮插入图片,并适当调整图片的位置。效果如图 5-54 所示。

（4）制作第 4 张幻灯片

创建"标题和内容"幻灯片。在标题中录入"师资力量",在内容栏中录入学校的师资情况。效果如图 5-55 所示。

发展历程

师资力量

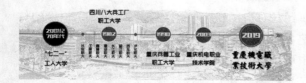

- 　学院现有教职工546人,其中专任教师477人。专任教师中有6位享受国务院政府特殊津贴,4名二级教授;具有副高及以上专业技术职称教师186人,占专任教师的38.9%;具有研究生学位专任教师178人,占专任教师的37.3%;"双师型"教师253人,占专任教师的53%。

图 5-54　学校发展历程幻灯片页　　　图 5-55　学校师资力量幻灯片

（5）制作第 5 张幻灯片

新建幻灯片，选择版式为"比较"，标题为"招生专业"，在两栏中将左边小标题设为本科，左边内容为我校的本科招生专业名称；右边小标题设为专科，右边内容设为我校的专科招生专业名称，如图 5-56 所示。

（6）制作第 6 张幻灯片

新建幻灯片，介绍我校图书馆情况，标题为图书馆，内容为图书馆简介，如图 5-57 所示。

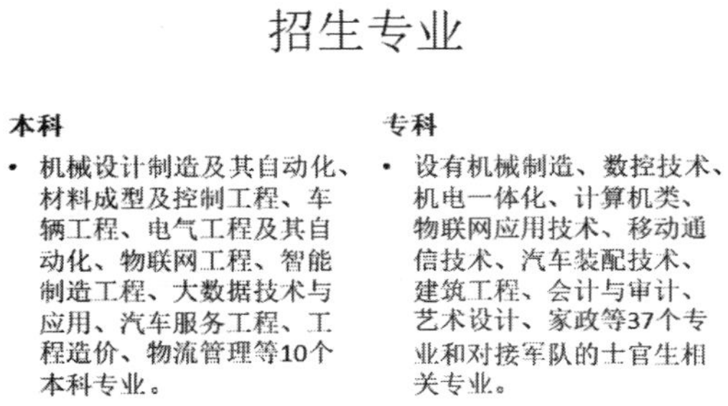

图书馆

- 重庆机电大学图书馆舍面积19000平方米，本馆采用"藏、借、阅、咨"一体化"大开放、大流通"全开架阅览管理模式。图书馆布局合理、功能齐全，共分五层，设计有1500余个阅览座位；一楼设有9个纸质文献基藏库和1个中国文学读吧；二至四楼分别设有校史展厅以及包括重点专业阅览室、外国文学阅览室、军事文献阅览室（在建）在内的6个专题阅览室；五楼设有学习研讨室，图管会学生活动室（在建）。
- 图书馆馆藏资源丰富，收藏有机械、电气、汽车、计算机、环境、管理工程，以及社会科学等门类的书刊合计69.6万册，超星电子图书15万册，已开通《CIDP制造业数字资源平台》《维普中文科技期刊数据库》《CNKI期刊全文数据库》《万方知识服务平台》等11个全文数据库。

招生专业

本科

- 机械设计制造及其自动化、材料成型及控制工程、车辆工程、电气工程及其自动化、物联网工程、智能制造工程、大数据技术与应用、汽车服务工程、工程造价、物流管理等10个本科专业。

专科

- 设有机械制造、数控技术、机电一体化、计算机类、物联网应用技术、移动通信技术、汽车装配技术、建筑工程、会计与审计、艺术设计、家政等37个专业和对接军队的士官生相关专业。

图 5-56 我校招生专业

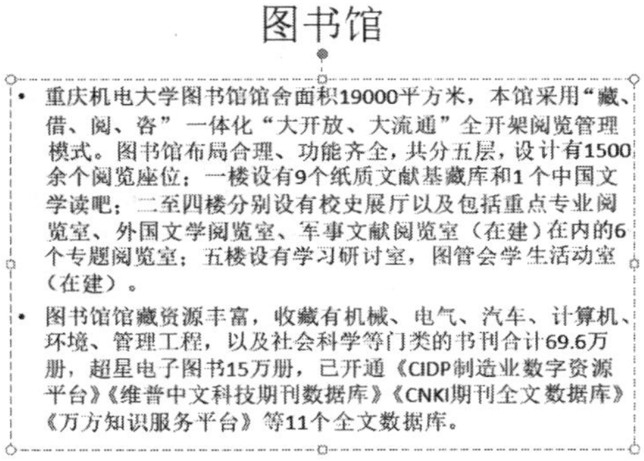

图 5-57 图书馆介绍页

（7）制作第 7 张幻灯片

新建"仅标题"幻灯片，标题栏输入，然后在页面空白处插入图片，调整图片位置，如图 5-58 所示。

实践教学

图 5-58 学生实践

（8）制作第 8 张幻灯片

此幻灯片为学生生活保障，操作方式同第 7 张幻灯片，如图 5-59 所示。

（9）制作第 9 张幻灯片

新建幻灯片，创建"仅标题"幻灯片，插入我校规划图，介绍学校的整体布局。效果如图 5-60 所示。

生活保障

图 5-59　学生生活保障

机电蓝图

图 5-60　学校蓝图

3.背景设置

内容制作完后,通过视图选项卡的幻灯片浏览可以看到,幻灯片的背景为白色较为单一,需进一步进行背景设置。

选择第 1 张幻灯片,单击"设计"选项卡主题中的"流畅",如图 5-62 所示。单击右键在弹出的快捷菜单中选择"应用于所有的幻灯片",然后适当调整标题与图片的距离,完成后的效果如图 5-63 所示。我们可以看到第一张幻灯片的背景,蓝色不太适合需求,需设置第一张幻灯片的背景。单击"设计"选项卡的"背景样式"下拉菜单,单击"设置背景格式",如图 5-64 所示。随后弹出"设置背景格式"对话框,选择单选项"图片或纹理填充",单击"文件",如图 5-65 所示,选择背景文件,单击"关闭"后,适当调整主标题和副标题的位置以及字体的颜色,效果如图 5-66 所示。

图 5-61　幻灯片浏览视图效果

图 5-62　选择主题"流畅"

图 5-63　设置为流畅主题后的效果图

图 5-64　设置幻灯片的背景格式

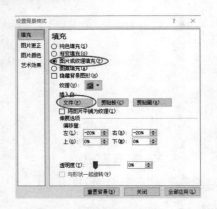

图 5-65 "设置背景格式"对话框

图 5-66 设置背景格式后的效果图

图 5-67 主标题动画设置

4.动画设置

①选择第 1 张幻灯片的主标题,单击"动画"选项卡"动画窗格",打开动画窗格,然后单击"添加动画""飞入",如图 5-67 所示,打开"效果选项",选择"自左侧",如图 5-68 所示。选中副标题,添加动画"浮入",在动画窗格中选中副标题的动画,单击"开始"下拉选项"上一动画之后",如图 5-69 所示。

图 5-68 主标题动画效果选项设置

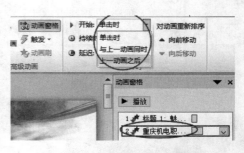

图 5-69 副标题动画时机设置

②在第 2 张幻灯片中选中内容添加动画"出现"。在动画窗格中选中第 1 段的动画,单击右键,在弹出的快捷方式中选择"效果选项",在弹出的"出现"对话框中将声音设置为"打字机",动画文本设置为"按字母",延迟时间设置为"0.1 秒",如图5-70 所示。用同样的方法设置第 2、第 3 段的动画,然后将第 2、第 3 段的动画计时设置为"上一动画之后"。

③第 3 至第 6 张幻灯片根据个人需求可设置成其他动画效果。

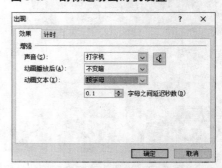

图 5-70 设置动画效果为打字机
逐一出现文字

④第 7 张幻灯片的 5 张图片从底层到顶层,分别添加效果为"劈裂""形状""弹跳""随机线条""弹跳"。

⑤为第 8 张幻灯片设置动画。第 1 张图片添加动画为"强调"的"大小缩放",第 2 张图片添加动画为"强调"的"跷跷板",第 3 张图片添加动画为"退出"的"缩放",第 4 张图片添加动画为"退出"的"收缩并旋转",第 5 张图片添加动画为"动作路径"的"直线",第 6 张图片添加动画为"动作路径"的"自定义",最后设置自定义的动作路径。

⑥第 9 张幻灯片的图片添加动画设置为"飞入",效果选项设置为"自顶部"。

5.设置幻灯片的切换效果

①选中第 1 张幻灯片,单击"切换"选项卡的"时钟"效果,如图 5-71 所示。

②用同样的方法设置第 2 张幻灯片的切换效果为"联谊",第 3 张幻灯片的切换效果为"闪耀",第 4 张幻灯片的切换效果为"平移",第 5 张幻灯片的切换效果为"旋转",第 6 张幻灯片的切换效果为"翻转",第 7 张幻灯片的切换效果为"推进",第 8 张幻灯片的切换效果为"蜂巢",第 9 张幻灯片的切换效果为"传送带"。

6.播放幻灯片

单击"幻灯片放映"选项卡的"从头开始"(或者按"F5"键),即可进行幻灯片的播放。若想结束幻灯片的播放,单击右键在弹出的快捷菜单中选择"结束放映",如图 5-72 所示,或者按"Esc"键结束放映。

图 5-71　设置切换效果为时钟

图 5-72　结束幻灯片放映

任务二　"电子相册"演示文稿制作

一、任务描述

今年的摄影比赛结束后,校摄影社团希望可以借助 PowerPoint 将优秀作品在社团活动中进行展示。这些优秀的摄影作品保存在辅助资料"PPT2"文件夹中, 并以 Photo(1).jpg～Photo(12).jpg 命名。完成后的效果如图 5-73 所示。在 PPT2 中有"相册主题.pptx"样式,要求相册主题以此样式为模板。

图 5-73　制作相册幻灯片浏览效果图

具体要求如下：

①利用 PowerPoint 应用程序创建一个相册,包含 Photo(1).jpg~Photo(12).jpg 共 12 幅摄影作品。在每张幻灯片中包含 4 张图片,并将每幅图片设置为"居中矩形阴影"相框形状。

②设置相册主题为 PPT2 文件夹中的"相册主题.pptx"样式。

③为相册中每张幻灯片设置不同的切换效果。

④在标题幻灯片后插入一张新的幻灯片,将该幻灯片设置为"标题和内容"版式。在该幻灯片的标题位置输入"摄影社团优秀作品赏析",并在该幻灯片的内容文本框中输入 3 行文字,分别为"湖光春色""冰消雪融"和"田园风光"。

⑤将"湖光春色""冰消雪融"和"田园风光"3 行文字转换成样式为"蛇形图片重点列表"的 SmartArt 对象,并将 Photo(1).jpg、Photo(6).jpg 和 Photo(9).jpg 定义为该 SmartArt 对象的显示图片。

⑥为 SmartArt 对象添加自左至右的"擦除"进入动画效果,并要求在幻灯片放映时该 SmartArt 对象元素可逐个显示。

⑦在 SmartArt 对象元素中添加幻灯片跳转链接,使得单击"湖光春色"标注形状可跳转至第 3 张幻灯片,单击"冰消雪融"标注形状可跳转至第 4 张幻灯片,单击"田园风光"标注形状可跳转至第 5 张幻灯片。

⑧将 PPT2 文件夹中的"E1PHRG01.wav"声音文件作为该相册的背景音乐,并在幻灯片放映时开始播放。

⑨将该相册保存为"摄影比赛电子相册.pptx"文件。

二、任务准备

1.电子相册

电子相册是将图片、背景音乐、各种特效和精美相框等有机融合而成的相册。利用 PowerPoint2010 制作的电子相册,可配以超炫的动画效果,还可打包成 CD 永久保存。

2.文字转换为 SmartArt

SmartArt 图形是信息和观点的视觉表示形式。可通过从多种不同布局中进行选择来创建 SmartArt 图形,从而快速、轻松、有效地传达信息。创建 SmartArt 图形时,系统将提示你选择一种 SmartArt 图形类型,如"流程""层次结构""循环"或"关系",类型类似于 SmartArt 图形类别,且每种类型包含几个不同的布局。SmartArt 图形十分精美,正因如此使用相当广泛。将现有的幻灯片文本转换为 SmartArt 形式,这样毫无疑问会给幻灯片增色,提高用户体验。

将介绍文字转换为 SmartArt 的具体步骤如下:

①文本的准备:打开 PowerPoint 2010,编辑文字,选中文本框,在同一文本框中所有的文本属于同一级的按"Enter"正常输入即可;如果是下一级文本内容必须在每次录入前先按"Enter"键再按"Tab"键或单击"开始"选项卡中"段落"组的"提高列表级别"按钮来增大缩进,如图 5-74 所示。文字录完后的缩进效果如图 5-75 所示。

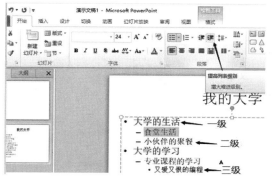

图 5-74　提高列表级别
图 5-75　按级别录入后的效果 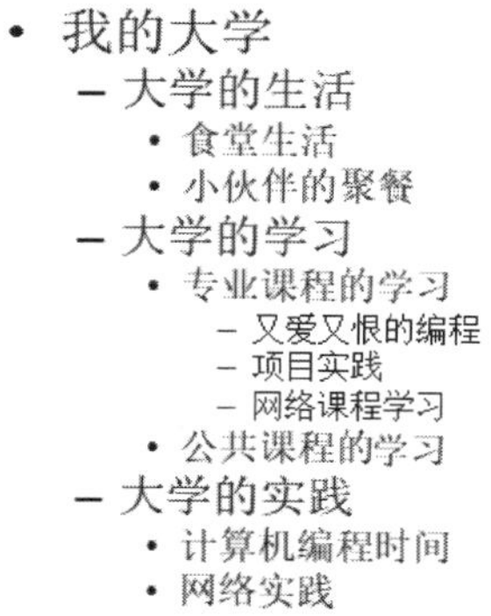

②选中相应的文字,单击"开始"选项卡"段落"组中的"转换为 SmartArt 图形"按钮,如图 5-76 所示,设置后的效果如图 5-77 所示。如果显示的 SmartArt 不能满足需求,单击"其他 SmartArt 图形",弹出如图 5-78 所示的对话框,然后再选择相应的图形。在选中的 SmartArt 图形后可根据自己的需求在"格式"选项卡下选择层次结构,更改颜色及样式等,如图 5-79 所示。

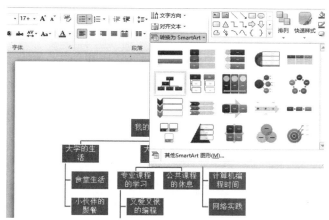

图 5-76　文字转换为 SmartArt 图形

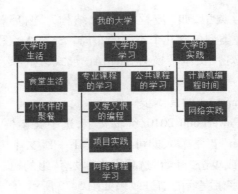

图 5-77 完成的效果图

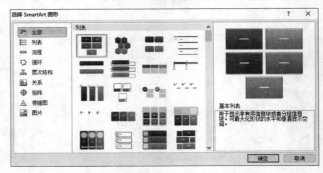

图 5-78 选择其他 SmartArt 后出现的对话框

图 5-79 布局,更改颜色,样式

三、任务实施

1.生成相册

图 5-80 相册对话框

①打开 PowerPoint 2010 应用程序,单击"插入"选项卡下"图像"分组中的"相册"按钮,弹出"相册"对话框,如图 5-80 所示。

②单击"文件/磁盘"按钮,弹出"插入新图片"对话框,选中要求的 12 张图片,最后单击"插入"按钮即可,如图 5-81 所示。

③回到"相册"对话框,在"图片版式"下拉列表中选择"4 张图片",在"相框形状"的下拉列表中选择"居中矩形阴影",最后单击"创建"按钮即可,如图5-82 所示。

图 5-81　选择插入的相片

图 5-82　相册对话框参数设置

2.设置相册主题

单击"设计"选项卡下"主题"分组中的"其他"按钮,在弹出的下拉列表中选择"浏览主题",如图 5-83 所示,在弹出的"选择主题或主题文档"对话框中,选中"相册主题.pptx"文档,如图 5-84 所示。设置完成后单击"应用"按钮即可。

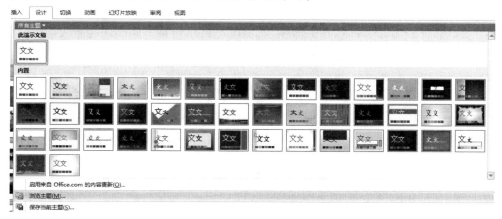

图 5-83　浏览主题

图 5-84　"选择主题或主题文档"对话框

3.幻灯片切换

选中第一张幻灯片,在"切换"选项卡下"切换到此幻灯片"分组中选择合适的切换效果,这里我们选择"淡出"。对第2至第4张幻灯片进行同样的操作,注意之前选过的切换方式则不再被选择。

图 5-85 "标题和内容"幻灯片
录入文字后的效果图

4.增加"标题和内容"幻灯片

①选中第一张主题幻灯片,单击"开始"选项卡下"幻灯片"分组中的"新建幻灯片"按钮,在弹出的下拉列表中选择"标题和内容"。

②在新建的幻灯片标题文本框中输入"摄影社团优秀作品赏析",并在该幻灯片的内容文本框中输入 3 行文字,分别为"湖光春色""冰消雪融"和"田园风光",完成后的效果如图5-85 所示。

5.文字转换为 SmartArt 图形

①选中"湖光春色""冰消雪融"和"田园风光"3 行文字,单击"段落"组中的"转化为SmartArt"按钮,在弹出的下拉列表中选择"蛇形图片重点列表",如图 5-86 所示。

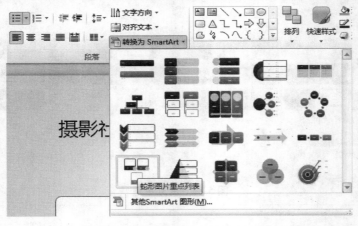

图 5-86 文字"转换为 SmartArt"

②选中"湖光春色"上的文本框,单击右键,在弹出的快捷菜单中选择"设置形状格式"命令,在弹出的"设置图片格式"对话框中选择"填充",然后选择"图片或纹理填充",最后单击插入自下的"文件",如图 5-87 所示,在"插入图片"对话框中选择"Photo(1).jpg"图片,单击"插入"后,再单击"关闭"按钮即可完成。

③用同样的方法在"冰消雪融"和"田园风光"行中依次选中 Photo(6).jpg 和 Photo(9).jpg 图片。最终设置好的效果如图 5-88 所示。

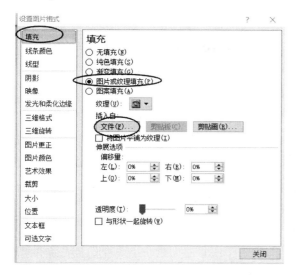

图 5-87　文本框填充为图片　　　　　　　**图 5-88　定义为 SmartArt 对象的显示图片效果**

6.为 SmartArt 对象添加逐个显示效果

①选中 SmartArt 对象元素,单击"动画"选项卡下"动画"分组中的"擦除"按钮,持续时间设为 1 s。

②单击"动画"选项卡下"动画"分组中的"效果选项"按钮,在弹出的下拉列表中,依次选中"自左侧"和"逐个"命令,如图 5-89 所示。

图 5-89　设置动画为"擦除",效果为"逐个"显示

7.幻灯片跳转链接

①选中 SmartArt 中的"湖光春色",单击鼠标右键,在弹出的快捷菜单中选择"超链接"命令,即可弹出"插入超链接"对话框。在"链接到"组中选择"本文档中的位置"命令后选择"幻灯片 3",最后单击"确定"按钮即可,如图 5-90 所示。

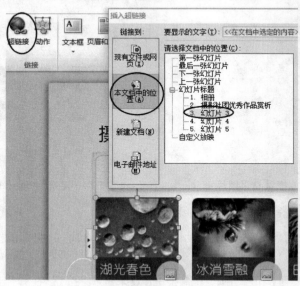

图 5-90 设置"湖光春色"的超链接

②用同样的方法设置"冰雪消融"到幻灯片 4,"田园风光"到幻灯片 5。

图 5-91 插入"音频"

8.声音文件作为该相册的背景音乐

①选中第 1 张主题幻灯片,单击"插入"选项卡下"媒体"分组中的"音频"按钮,如图 5-91 所示。

②在弹出的"插入音频"对话框中选中"El-PHRG01.way"音频文件,最后单击"确定"按钮即可。

③选中"音频"小喇叭图标,在"音频工具""播放"选项卡的"音频选项"分组中,勾选"循环播放,直到停止"和"播放返回开头"复选框,在"开始"下拉列表框中选择"自动",即可设置背景音乐。

9.保存文件

①单击"文件"选项卡下的"保存"按钮。

②在弹出的"另存为"对话框中,在"文件名"下拉列表框中输入"摄影比赛电子相册.pptx"。最后单击"保存"按钮即可。

项目小结

　　Microsoft PowerPoint 2010 是最常用的演示文稿制作软件,在各个领域有着广泛的应用。本项目主要介绍了 PowerPoint 2010 的以下功能:PowerPoint 2010 启动、退出和窗口组成等基本知识;幻灯片、模板等的基本概念;幻灯片版式设置方法;幻灯片中插入各种对象的方法;幻灯片中超链接的设置方法;幻灯片切换和放映方式的设置;幻灯片动画效果的设置。

拓展训练

　　请根据提供的"现代学习理念.docx"设计制作演示文稿,并以文件名"练习 1.pptx"存盘,具体要求如下:

　　1.演示文稿中需要包含 6 张幻灯片,每张幻灯片的内容与"现代学习理念.docx"文件中的序号内容相对应,并为演示文稿选择一种内置主题。

　　2.设置第 1 张幻灯片为标题幻灯片,标题为"现代学习理念",副标题包含制作单位"计算机基础教研室"和制作日期(格式:××××年××月××日)内容。

　　3.设置第 3、4、5 张幻灯片为不同版式,并根据文件"现代学习理念.docx"内容将其所有文字布局到各对应幻灯片中,第 4 张幻灯片需包含所指定的图片。

　　4.根据"现代学习理念.docx"文件中的动画类别提示设计演示文稿中的动画效果,并保证各幻灯片中的动画效果先后顺序合理。

　　5.在幻灯片中突出显示"现代学习理念.docx"文件中的重点内容(素材中加粗部分),包括字体、字号、颜色等。

　　6.第 2 张幻灯片作为目录页,采用垂直列表 SmartArt 图形表示"现代学习理念.docx"文件中要介绍的三项内容,并为每项内容设置超级链接,单击各链接时跳转到相应的幻灯片。

　　7.设置第 6 张幻灯片为空白版式,并修改该页幻灯片背景为纯色填充。在第 6 张幻灯片中插入包含文字为"末尾"的艺术字,并设置其动画动作路径为圆形形状。

项目考核

一、单选题

1.PowerPoint 2010 演示文稿存盘时,默认的扩展名是(　　　)。

A.xlsx　　　　　　　　B.docx　　　　　　　　C.jpg　　　　　　　　D.pptx

2.下列选项中,(　　　)是幻灯片中无法打印出来的。

A.幻灯片中的表格　　　　　　　　B.幻灯片中的图片

C.幻灯片中的日期　　　　　　　　D.幻灯片中的动画

3.选择"设计"选项卡中的某一主题后,默认情况下该主题将( )生效。

A.仅对当前幻灯片　　　　　　　　B.对所有已打开的演示文稿

C.对正在编辑的幻灯片对象　　　　D.对所有幻灯片

4.如果要终止幻灯片的放映,可直接按( )键。

A.Ctrl+C　　　　B.Esc　　　　C.End　　　　D.Alt+F4

5.当一张幻灯片要建立超级链接时,下列说法错误的是( )。

A.可链接到其他幻灯片上　　　　　B.可链接到本页幻灯片上

C.可链接到其他演示文稿上　　　　D.不可链接到其他演示文稿上

6.在 PowerPoint 2010 中,如果要同时选中几个对象,应按住( )键,然后单击待选对象。

A.Ctrl　　　　B.Alt　　　　C.Delete　　　　D.Shift

7.按"F5"键时,在屏幕上将看到( )。

A.从第一张幻灯片开始全屏幕放映所有幻灯片

B.从当前幻灯片放映剩余的幻灯片

C.只放映当前的幻灯片

D.放映最后一张幻灯片

8.对某张幻灯片设置隐藏后,则( )。

A.在幻灯片视图窗格中,该张幻灯片被隐藏了

B.在大纲视图窗格中,该张幻灯片被隐藏了

C.在幻灯片浏览视图状态下,该张幻灯片被隐藏了

D.在幻灯片放映时,该张幻灯片被隐藏了

9.自定义动画时,下列说法错误的是( )。

A.各种对象均可设置动画　　　　　B.动画设置后,先后顺序不可改变

C.同时还可设置动画声音　　　　　D.可将对象设置成动画播放后隐藏

10.超链接只有在下列哪种视图中才能被激活?( )

A.幻灯片视图　　　　　　　　　　B.大纲视图

C.幻灯片浏览视图　　　　　　　　D.幻灯片放映视图

11.单击 PowerPoint 2010"文件"选项卡下的"最近所用文件"命令,所显示的文件名为( )。

A.正在使用的文件名　　　　　　　B.正在打印的文件名

C.扩展名为.PPTX 的文件名　　　　D.最近被 PowerPoint 软件处理过的文件名

12.在幻灯片浏览视图中,可进行的操作是( )。

A.移动幻灯片　　　　　　　　　　B.为幻灯片中的文字设置颜色

C.为幻灯片设置项目符号　　　　　D.向幻灯片中插入图表

13.在下列哪种母版中插入徽标可使其在每张幻灯片上的位置自动保持相同?( )

A.讲义母版　　B.幻灯片母版　　C.标题母版　　D.备注母版

二、多选题

1.在幻灯片上可以设置动画的对象有(　　　)。

　A.文本　　　　　　　　B.图片　　　　　　　C.图表　　　　　　　D.背景

2.在使用幻灯片放映演示文稿后,要结束放映,可进行的操作有(　　　)。

　　A.按"Esc"键

　　B.按"Ctrl+E"组合键

　　C.按"Enter"键

　　D.单击鼠标右键,在弹出的快捷菜单中选择"结束放映"

3.在 PowerPoint 2010 的各种视图中,可以编辑、修改幻灯片内容的视图有(　　　)。

　　A.普通视图　　　　　　　　　　B.幻灯片浏览视图

　　C.幻灯片放映视图　　　　　　　D.大纲视图

4.在 PowerPoint 2010 的幻灯片浏览视图中,可进行的工作有(　　　)。

　　A.复制幻灯片　　　　　　　　　B.删除幻灯片

　　C.幻灯片文本内容的编辑修改　　D.重排演示文稿中所有幻灯片的次序

5.以下有关 PowerPoint 2010 中插入图片的叙述,不正确的有(　　　)。

　　A.插入的图片来源不能是网络映射驱动器

　　B.插入图片的格式必须是 PowerPoint 2010 所支持的图片格式

　　C.图片插入完毕将无法修改

　　D.以上说法都不正确

三、判断题

1.在 PowerPoint 2010 的大纲视图中,可增加、删除、移动幻灯片。　　　　　　　(　　)

2.在 PowerPoint 2010 中,各张幻灯片可使用不同的背景。　　　　　　　　　　(　　)

3.PowerPoint 2010 文件默认的扩展名为.PPT。　　　　　　　　　　　　　　　　(　　)

4.在 PowerPoint 2010 中,按住"Shift"键,依次单击各个图像可以选择多个图形。

　　　　　　　　　　　　　　　　　　　　　　　　　　　　　　　　　　　(　　)

5.在 PowerPoint 2010 的幻灯片上使用超链接,可改变幻灯片的播放顺序。　　(　　)

6.在幻灯片的放映过程中,用户可在幻灯片上写字或画画,这些内容将保存在演示文稿中。　　　　　　　　　　　　　　　　　　　　　　　　　　　　　　　　　　　　(　　)

7.PowerPoint 2010 中放映幻灯片的快捷键是"F12"。　　　　　　　　　　　　(　　)

8.在 PowerPoint 2010 中通过"页面设置"对话框可为幻灯片添加幻灯片编号。(　　)

9.在 PowerPoint 2010 的"幻灯片切换"中设置每隔 3 秒换页,可实现幻灯片自动放映。

　　　　　　　　　　　　　　　　　　　　　　　　　　　　　　　　　　　(　　)

10.在 PowerPoint 2010 中,若希望在文字预留区外的区域输入其他文字,可通过文本框按钮插入文字。　　　　　　　　　　　　　　　　　　　　　　　　　　　　　　　(　　)

四、填空题

1.PowerPoint 2010 提供了多种基本视图方式,常见的有 _____、_____、_____、_____、_____和_____6种视图。

2.PowerPoint 2010 模板文件的扩展名为_____。

3.结束幻灯片放映,通常按_____键。

4.编辑和制作幻灯片时,应在_____视图中进行。

5.PowerPoint 2010 处理的主要对象是_____。

项目六　数据库基本知识及操作

Microsoft Office Access 是微软公司把数据库引擎的图形用户界面和软件开发工具结合在一起的一个关系数据库管理系统,是 Microsoft Office 的系列程序之一。Access 可以存储和检索信息,提供用户所需的信息以及自动完成可重复执行的任务,以功能强大、界面友好、效率高、扩展性强等特点吸引了广大用户,是当今流行的数据库软件之一,尤其在中小数据库中得到了广泛应用。

知识目标

◆ 了解数据库及数据库系统的基本知识;
◆ 熟悉关系数据模型;
◆ 掌握数据库的基本操作:建立数据库、数据表和数据查询。

技能目标

◆ 会使用 Access 软件建立空白数据库并新建数据表;
◆ 会使用本地模板创建数据库;
◆ 能用特色联机模板创建数据库;
◆ 会进行简单的查询操作。

任务一　创建学生基本信息数据库

一、任务描述

小张大学毕业后进入高校担任辅导员工作,他的日常工作之一是经常需要对班级同学的基础信息进行系统性管理。小张记得有老师提及过,对数据进行表格式的存储时可以用 Excel 或 Access 软件,但如果表与表之间有关联时最好用专业的数据库软件 Access。

二、任务准备

数据处理是计算机应用的一个主要发展方向,它涉及对各种不同形式的数据进行收集、存储、加工和传播等一系列活动。数据处理的核心问题是数据管理,即对数据的分类、组织、编码、存储、检索和维护。在计算机系统中,数据管理通常使用数据库管理系统完成。在当今社会,数据库技术已成为数据管理的重要基础之一,也是计算机软件技术的一个重要分支。

1.数据库概述

数据库是按照数据结构来组织、存储和管理数据的仓库。在数据管理的日常工作中,常常需要把某些相关的数据放进这样的"仓库",并根据管理的需要进行相应的处理。例如,在企业财务管理、仓库管理、生产管理中一般都需要建立众多的"数据库",使其可以利用计算机实现财务、仓库、生产数据的自动化管理。采用数据库技术进行数据管理是当今的主流技术,其核心是建立、管理和使用数据库。

(1)信息与数据

信息是对客观事物的特征、运动形态以及事物间的相互联系等多种要素的抽象反映。在信息社会,信息已成为人类社会活动的一种重要资源,与能源、物质并称为人类社会活动的三大要素。

数据是信息的符号表示。在计算机内部,所有信息均采用 0 和 1 进行编码。在数据库技术中,数据的含义更加广泛,不仅包括数字,还包括文字、图形、图像、声音、视频等多种数据,它们分别表示不同类型的信息。

(2)数据管理

数据管理是利用计算机硬件和软件技术对数据进行分类、组织、编码、存储、检索和维护的过程。其目的在于充分有效地发挥数据的作用。有效的数据管理可提高数据的使用效率,减轻程序开发人员的负担。随着计算机技术的发展,数据管理经历了人工管理、文件系统、数据库系统 3 个发展阶段。数据库技术是针对数据管理的计算机软件技术。

2.数据库系统

数据库系统(Database System,DBS)包括数据库、数据库管理系统、计算机软硬件系统和数据库管理员。

(1)数据库

数据库(Database,DB)是存储数据的仓库,是长期存放在计算机内、有组织、可共享的大量数据的集合。一个数据库系统可包含多个数据库。

(2)数据库管理系统

数据库管理系统(Database Management System,DBMS)是一种操纵和管理数据库的软件,用于建立、使用和维护数据库。它是对数据库进行统一的管理和控制,以保证数据库的安全性和完整性。用户通过数据库管理系统访问数据库中的数据,数据库管理员也可通过数据库管理系统对数据库进行维护工作。典型的数据库管理系统有 Microsoft SQL Server、Microsoft Access、Microsoft FoxPro、Oracle、Sybase、MySQL 等。

(3)计算机软硬件系统

前面章节已讲述,此处略。

（4）数据库管理员

数据库管理员（Database Administrator，DBA）是一个负责管理和维护数据库服务器的人。数据库管理员负责全面管理和控制数据库系统。

3.数据模型

数据模型是数据特征的抽象，是对现实世界的模拟，是数据库系统中用以提供信息表示和操作手段的形式构架，是数据库系统的核心和基础。数据模型应满足 3 个方面的需求：一是真实模拟现实世界；二是容易被人理解；三是便于在计算机上实现。常见的数据模型有层次模型、网状模型、关系模型和面向对象模型。

（1）层次模型

层次模型如图 6-1 所示，采用树状结构表示数据之间的联系，树的节点称为记录，记录之间只有简单的层次关系。层次模型满足如下条件：

①有且只有一个节点没有父节点，该节点称为根节点。

②其他节点有且只有一个父节点。

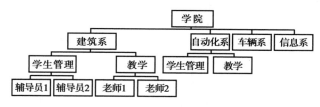

图 6-1　层次模型

（2）网状模型

网状模型如图 6-2 所示，是层次模型的扩展，它满足如下条件：

①允许一个以上的节点没有父节点。

②一个节点可以有多于一个的父节点。

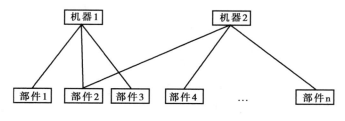

图 6-2　网状模型

（3）关系模型

关系模型是用二维表表示数据之间的联系，一个关系就是一个二维表，这种用二维表的形式表示实体和实体间联系的数据模型称为关系模型，如图 6-3 所示。Microsoft Access 就是一种典型的关系模型数据库管理系统。

机器型号	部件型号	零件型号
机器 1	部件 1	零件 11
机器 1	部件 2	零件 21
机器 2	部件 4	零件 41
⋮	⋮	⋮

图 6-3　关系模型

学生

学号	姓名	性别	年龄
01	张三	男	19
02	李四	女	20
03	王五	男	18
04	赵二	女	20

图 6-4　学生关系图表

要学习关系数据库，首先需对其基本概念作一些了解。

● 关系：一个关系就是一个二维表，每个关系有一个关系名。如图 6-4 所示是在 Microsoft Access 中建立的一个学生关系表。对关系的描述称为关系模式，一个关系模式对应一个关系的结构。关系模式表示形式为关系名(属性名 1，属性名 2，…，属性名 n)，例如，该学生关系模式可表示为学生(学号，姓名，性别，年龄)。

● 元组：在一个关系(二维表)中，每行为一个元组。一个关系可以包含若干个元组，但不允许有完全相同的元组。在 Microsoft Access 中，元组又称为记录。例如，图 6-4 的学生表包含了 4 条记录。

● 属性：关系中的列称为属性。每一列都有一个属性名，在同一个关系中不允许有重复的属性名。在 Microsoft Access 中，属性又称为字段。例如，如图 6-4 所示的学生表包含了 4 个字段，分别是学号、姓名、性别和年龄。

● 域：是指属性(字段)的取值范围。例如，如图 6-4 所示的学生表的各字段的取值范围可以设置为：学号字段为 2 个字符，姓名字段最多为 10 个字符，年龄字段为整数，性别字段只能是“男”或“女”。

● 键：称为关键字，由一个或多个属性(字段)组成，用于唯一标识一个元组(记录)。例如，图 6-4 的学生表中的“学号”字段中存放的学号可以唯一标识每一个学生记录，因此“学号”字段可作为关键字。一个关系中可能存在多个关键字，例如除学号外，身份证号也可作为关键字，选出一个用于标识记录的关键字称为主关键字，其余关键字称为候选关键字。

(4) 面向对象模型

面向对象模型是一种新兴的数据模型，它采用面向对象的方法来设计数据库。面向对象模型的数据库存储对象是以对象为单位，每个对象包含对象的属性和方法，具有类和继承等特点。

三、任务实施

1.创建数据库

打开 Access 2010 软件，如图 6-5 所示。选择“空数据库”，在右下角输入数据库文件名，如“学生数据库.accdb”，选择保存的路径。

单击创建按钮，数据库创建成功后将出现如图 6-6 所示的界面。

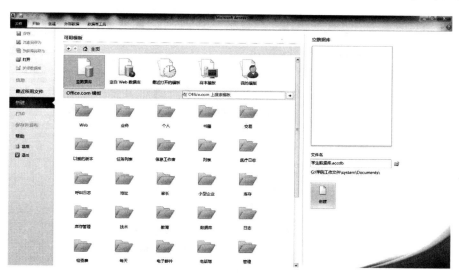

图 6-5　创建"学生数据库.accdb"数据库文件

图 6-6　数据库创建成功界面

2.创建表

单击"保存"按钮,弹出"另存为"对话框,将表命名为"学生信息表",如图 6-7 所示,单击"确定"按钮即可完成。

选中"学生信息表",单击鼠标右键,在弹出的快捷菜单中选择"设计视图"命令,打开表设计界面。

按照表 6-1 所示的数据表信息,进行"学生信息表"的创建,创建结果如图 6-8 所示。

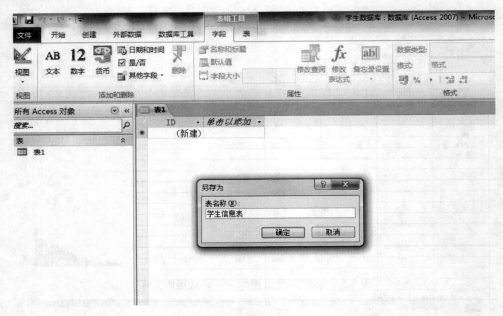

图 6-7　存储数据表界面

表 6-1　数据信息表

字段名	数据类型	字段大小
ID	自动编号	
学号	文本	10
姓名	文本	20
性别	文本	4
名族	文本	20
专业	文本	40
班级	文本	2
电话	文本	11
身份证号码	文本	18
出生日期	日期/时间	8
宿舍	文本	10
家庭住址	文本	100

3.修改表

（1）在表结构中插入字段

选中"宿舍"一行,单击鼠标右键,在弹出的快捷菜单中选择"插入行"命令,如图 6-9 所示,此时将在"宿舍"一行上面出现一行空白行,用户可在这里为数据表添加字段"楼栋",如图 6-10 所示。

图 6-8　字段设置

图 6-9　插入字段

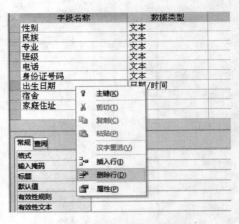

图 6-10　插入"楼栋"字段　　　　　　　　图 6-11　删除"出生日期"字段

（2）删除表结构中的字段

选中"出生日期"一行，单击鼠标右键，在弹出的快捷菜单中选择"删除行"命令，如图 6-11 所示，用户可删除"出生日期"字段。

4.设置主键

选中"学号"行，单击鼠标右键，在弹出的快捷菜单中选择"主键"命令，将其学号设置为主键，如图 6-12 所示。

5.输入表信息

双击左侧列表中的"学生信息表"，或者选中"学生信息表"，单击鼠标右键，在弹出的快捷菜单中选择"打开"命令可以进行表信息的输入，如图 6-13 所示。

图 6-12　设置"学号"字段
为主键效果图

6.其他表的建立

同"学生信息表"一样可以创建"学生成绩表"。

ID	学号	姓名	性别	民族	专业	班级	电话	身份证号码	楼栋	宿舍	家庭住址	单击
1	1260720181	张三	男	汉族	计算机应用技术	01	1388	500325	6-1	3A12	重庆市永川区	
2	1260730205	王小丫	女	土家族	工程造价	02	1399	500331	6-3	302	四川绵阳	

图 6-13　录入数据

在数据库中，设计表并录入相关内容后一个简单的数据库就创建成功了。

任务二　利用视图查看数据表的信息

一、任务描述

小张将数据录入数据库后,发现数据信息很多,如何查看需要的信息呢?小张想到了在数据库中有一项查询功能,于是准备用创建查询的方式查看学生信息表中的学号、姓名、专业、电话等信息。

二、任务实施

打开数据库文件,单击"创建"选项卡的"查询"分组中的"查询设计"按钮,如图 6-14 所示。

单击"查询设计"按钮后会弹出"显示表"对话框,如图 6-15 所示。该对话框中显示了当前数据库中的所有数据表,选择要查询的表后,单击"添加"按钮,会将这个选中的表添加进"查询设计视图"窗口,如图 6-16 所示,添加完成后,单击"关闭"按钮即可。

在如图 6-16 所示的"查询设计视图"界面中,设置需要查询的字段以及其他查询参数。可通过鼠标拖放字段的方式添加要查询的字段,也可通过"字段"列表框后的下拉按钮来选择需要的字段。

添加到设计表格中的字段、排序次序和条件(指定的筛选条件)决定了可以在查询结果中看到的内容。

查询设计完成后,关闭"查询设计视图"窗口,系统会提示要求用户输入查询名,输入查询名后保存该查询即可。

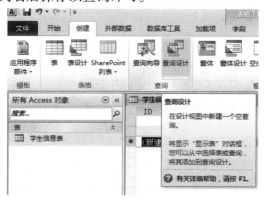

图 6-14　单击"查询设计"

图 6-15　"显示表"对话框

在对象窗格中,用鼠标左键双击要运行的查询图标,或在要运行的查询图标上单击鼠标右键,在弹出的快捷菜单中选择"打开"命令,均可运行查询,查询结果如图 6-17 所示。

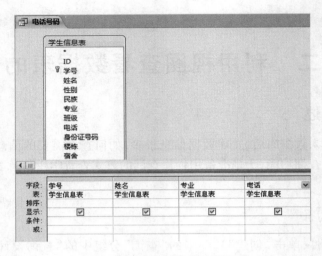

图 6-16 "查询设计视图"界面

图 6-17 查询结果

任务三 创建教职员工数据库

一、任务描述

学院领导交给了小张一项任务,统计学院所有教职员工的相关信息。小张想到在 Access 数据库中刚好有一个"教职员工"的模板,于是采用数据库的方式进行数据库的创建,并保存各个教职员工的相关信息。

二、任务实施

①打开 Access 软件,选中"文件"菜单下的"样本模板",即可进行数据库的创建,如图 6-18 所示。选择"教职员"后,单击"创建"按钮,数据库系统将自动创建相关的表和视图,如图 6-19 所示。

图 6-18 样本模板界面

图 6-19 教职员列表

②单击 ID 下面的"新建",弹出"教职员详细信息"对话框,录入相关信息,如图 6-20
所示。

图 6-20 录入"教职员详细信息"

③录入完成后单击右上角的"关闭"按钮,回到数据表的页面,如图 6-21 所示。

图 6-21　教职员列表

若需要添加多名教职员信息,单击 ID 下面的"新建"继续录入工作。

知识拓展

以上填写都是常规信息,还可填写"员工信息"和"紧急联系信息"。

在填写完员工的详细信息后(图 6-20),单击"保存并新建"按钮,在弹出的对话框中继续添加员工信息。

项目小结

数据库是按照数据结构来组织、存储和管理数据的仓库。采用数据库技术进行数据管理是当今的主流技术,其核心是建立、管理和使用数据库。一般情况下,数据库系统(Database System,DBS)由数据库、数据库管理系统、计算机软硬件系统和数据库管理员组成。Microsoft Office Access 是由微软发布的一种将数据库引擎的图形用户界面和软件开发工具结合在一起的关系数据库管理系统。Microsoft Access 在很多地方广泛使用,如小型企业、大公司的部门。其用途主要体现在两个方面:一是用来进行数据分析,利用 Access 的查询功能,可以方便地进行各类汇总、平均等统计,并可灵活设置统计的条件;二是用来开发软件,如生产管理、销售管理、库存管理等各类企业管理软件。数据库最大的优点是易学,低成本地满足从事企业管理工作的人员的管理需要,通过软件来规范同事、下属的行为,推行其管理思想。

拓展训练

用 Microsoft Access 建立学生成绩表(根据表中数据确定其数据类型),其文件名为"成绩.accdb",同时在表中录入如下数据:

学生成绩表

姓名	学号	数学	外语	计算机	备注
李建明	20191304	78	89	93	Memo
李利	20191408	92	91	95	Memo
王明理	20191307	78	75	82	Memo
吴小丽	20191410	83	86	77	Memo

项目考核

一、单选题

1.Access 数据库属于(　　)数据库。
  A.层次模型　　　　　　　　　　　B.网状模型
  C.关系模型　　　　　　　　　　　D.面向对象模型

2.打开 Access 数据库时,应打开扩展名为(　　)的文件。
  A..mda　　　　　B..mdb　　　　　C..accdb　　　　　D..DBF

3.关系数据库中的表不必具有的性质是(　　)。
  A.数据项不可再分　　　　　　　　B.同一列数据项要具有相同的数据类型
  C.记录的顺序可以任意排列　　　　D.字段的顺序不能任意排列

4.下列不能退出 Access 的方法是(　　)。
  A.单击"文件"菜单/"退出"　　　　B.单击窗口右上角"关闭"按钮
  C.Esc　　　　　　　　　　　　　D.Alt+F4

5.Access 在同一时间,可打开(　　)个数据库。
  A.1　　　　　　　　　　　　　　B.2
  C.3　　　　　　　　　　　　　　D.4

6.文本类型的字段最多可容纳(　　)个中文字。
  A.255　　　　　　　　　　　　　B.256
  C.128　　　　　　　　　　　　　D.127

7.DB、DBMS 和 DBS 三者之间的关系是(　　)。
  A.DB 包括 DBMS 和 DBS　　　　　B.DBS 包括 DB 和 DBMS
  C.DBMS 包括 DB 和 DBS　　　　　D.不能相互包括

8.下列关于信息和数据的叙述正确的是(　　)。
  A.信息与数据只有区别没有联系　　B.信息是数据的载体
  C.信息是观念性的,数据是物理性的　D.数据就是信息

9.Access 表中字段的数据类型不包括(　　)。
  A.文本　　　　　B.备注　　　　　C.通用　　　　　D.日期/时间

二、填空题

1.二维表中每列称为_____,或称为关系的属性;二维表中每行称为_____,或称为关系的元组。

2.当完成工作后,退出 Access 数据库管理系统可以使用的快捷键是_____。

3.DBMS 指的是_____。

4.DBMS 目前最常用的数据模型是_____。

5.负责管理和维护数据库服务器的计算机专业人员称为_____。

项目七　计算机网络应用基础

计算机网络是通信技术与计算机技术相结合的产物,随着 Internet(因特网)在全球范围的迅速普及,计算机网络正在对社会发展、经济结构乃至人们的生活方式产生深刻的影响与冲击。本项目主要介绍计算机网络的概念、功能、分类、拓扑结构,常用的网络设备,Internet 的概念、网络体系结构、TCP/IP 协议、IP 地址与域名等。

知识目标

- ◆ 了解计算机网络的组成、发展历史、分类方法及拓扑结构;
- ◆ 了解计算机网络的传输介质;
- ◆ 了解常用网络互连设备的功能;
- ◆ 了解计算机网络通信协议的概念及作用;
- ◆ 理解 IP 地址的概念、识记地址分类;
- ◆ 了解域名结构;
- ◆ 了解 WWW 服务、FTP 服务、邮件服务的原理及工作方式;
- ◆ 理解 URL 的构成及作用;
- ◆ 了解计算机网络安全面临的威胁、安全技术、计算机病毒的概念。

技能目标

- ◆ 学会双绞线的制作;
- ◆ 学会局域网的配置;
- ◆ 具备良好的网络安全意识。

任务一　计算机网络原理及硬件组成

一、任务描述

特殊原因,小张需要通过网络进行线上学习,由于小张家还没有安装宽带,小张只有通过网上营业厅办理了电信宽带,现在小张需要购买相应网络设备,自行进行网络安装。小张应如何操作?

二、任务实施

1.计算机网络的定义

对"计算机网络"的理解和定义有多种版本,比较经典的定义是利用通信线路和通信设备,将地理位置分散的、具有独立功能的多个计算机系统互联起来,通过软件和协议控制实现资源共享和数据通信的系统。如图7-1所示为一般企业级网络结构示意图。

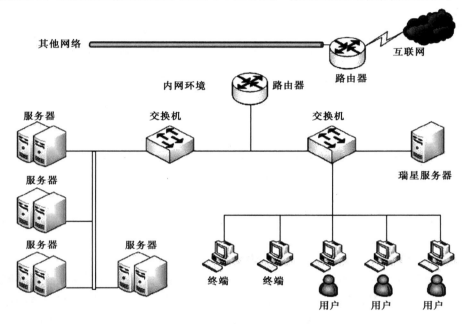

图7-1　一般企业级网络结构示意图

2.计算机网络的组成

从系统功能的角度看,计算机网络由通信子网和资源子网组成。通信子网负责底层数据链路的建立、信号传输、数据转发;资源子网是高层应用的统称。从系统构成的角度看,计算机网络由硬件和软件两大部分组成。硬件包括主机、终端、传输介质、通信设备等;软件包括网络操作系统、网络通信协议、数据库系统、网络管理软件、网络工具软件、应用软件等。

（1）传输介质

传输介质是网络中信息传输的物理通道,常用的网络传输介质分为有线介质和无线介质两种。有线传输介质主要有双绞线、同轴电缆、光纤;无线传输介质主要有红外线、微波、激光、无线电、卫星等。

● 双绞线:由两根相互绝缘的铜线按一定的扭距扭绞而成,共4对8根铜导线,扭绞的目的是降低两导线之间的电磁干扰。既可传输数字信号,又可传输模拟信号。用双绞线传输数字信号时,典型的数据传输率为10 Mbit/s和100 Mbit/s,也可高达1 000 Mbit/s。按是否有屏蔽层又可分为非屏蔽双绞线(UTP)和屏蔽双绞线(STP),如图 7-2 所示。计算机网络中最常用的是 5 类双绞线。因其价格便宜而在局域网中被广泛采用,但双绞线的传输距离是有限的,在不使用中继设备的情况下,传输距离在 100 m 以内。

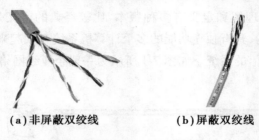

(a)非屏蔽双绞线　　　　　　　(b)屏蔽双绞线

图 7-2　非屏蔽双绞线(UTP)和屏蔽双绞线(STP)

想一想

市面上双绞线的 8 根导线是全铜的吗?

知识拓展

制作双绞线时需要用专用网钳将 8 根导线按照一定的线序压入 RJ-45 接头(水晶头)中。EIA/TIA 568B 线序:白橙、橙、白绿、蓝、白蓝、绿、白棕、棕。

●同轴电缆:在铜导线的外边有一层绝缘层,在绝缘层之外是金属屏蔽层,在屏蔽层之外有一层保护层,由于其芯线和屏蔽层同轴,因此称为同轴电缆,其形状和家用有限电视线路"闭路线"相似。同轴电缆可分为细同轴电缆(简称细缆)和粗同轴电缆(简称粗缆),如图 7-3 所示,细缆用于短距离基带传输数字信号,粗缆用于长距离传输模拟信号或数字信号。因同轴电缆其价格比双绞线贵,安装比双绞线复杂,如细缆连接需使用 BNC 接口与 T 型头,粗缆连接需使用 AUI 接口、AUI 连接线,目前最新的布线标准已不再推荐使用同轴电缆。

●光纤:光导纤维的简称。它由能传导光波的石英玻璃纤维外加保护层构成,一般分为 3 层:最内层是高折射率玻璃芯(芯径一般为 50 μm 或 62.5 μm),中间为低折射率硅玻璃包层(直径一般为 125 μm),最外层是加强用的树脂涂层。光纤电缆由一捆光导纤维组成,简称光缆。数据在光纤中是通过光信号的反射进行传输的,常用 850、1 310 和 1 550 nm 3 种波长的光信号。按所通过的光路数可分为单模光纤和多模光纤,单模光纤中只允许一条光纤直线传播,采用激光管(LD)作为光源,在无中继设备连接情况下,传输距离可达几十千米;多模光纤采用发光二极管(LED)作为光源,允许多条不同角度入射的光纤在一条光纤中传输,即有多条光路,在无中继设备连接情况下,传输距离可达几千米。光纤实物如图 7-4 所示。

图 7-3　同轴电缆

图 7-4　光纤实物图

（2）通信设备

在计算机网络中主要有数据传输设备和数据终端设备两种。数据传输设备处于网络"中间"，负责数据的中间处理与转发，常用的有中继器、集线器、网桥、交换机、路由器等；数据终端设备处于网络的"终端"，负责发送和接收数据，包括用户计算机、网卡、调制解调器等。

● 中继器（Repeater）：用于连接两个网段，因为使用某种传输介质的传输距离是有限制的，故用中继器来放大、还原或增强信号能量，避免信号失真，如图 7-5 所示。

● 网桥（Bridge）：用于连接多个网段，根据端口地址映射表进行数据帧的转发，也可看成多端口的中继器，这里的端口指网桥的端口，地址指的是物理地址，如图 7-6 所示。

● 交换机（Switch）：分为二层交换机和三层交换机，结构形式上与网桥相似，但二层交换机能在不同广播域转发数据，而且具备差错控制等功能，三层交换机还具备选择网络路径功能，比网桥功能要强得多，如图 7-7 所示。

● 路由器（Router）：用于网络之间的连接，如 LAN-LAN、LAN-WAN、WAN-WAN 等，主要功能是根据一定的算法策略，在发送和接收节点之间选择网络路径并将数据进行转发，常用的路由算法有 RIP（路由信息协议）和 OSPF（开发最短路径优先），此外，路由器还具有广播风暴抑制、流量控制等功能，如图 7-8 所示。

图 7-5　中继器

图 7-6　网桥

图 7-7　交换机

图 7-8　路由器

● 网卡：网络接口卡（Network Interface Card，NIC）的简称，又称为网络适配器，是局域网中连接计算机和传输介质的接口，主要负责底层比特流的传输，网卡上装有处理器和存储器，可实现串行/并行数据信号转换及数据缓存的功能，在服务器上通常使用 PCI 或 EISA 总线的智能型网卡，工作站可采用 PCI（图 7-9）或 ISA 总线的普通网卡，笔记本电脑使用 PCMCIA 总线的网卡（图 7-10）或采用并行接口的便携式网卡。PC 机基本上已不再支持 ISA 连接，因此当为自己的 PC 机购买网卡时，千万不要选购已经过时的 ISA 网卡，而应选购 PCI 网卡。每个网卡在出厂时就具备一个唯一的标识,即网卡地址符(又称物理地址或称 MAC 地址),由 12 位十六进制数组成,使用 ipconfig 命令可以查看所使用的计算机网卡地址,如图 7-11 所示。

图 7-9　PCI 网卡　　　　　　　　图 7-10　PCMCIA 网卡

图 7-11　使用命令查看网卡信息

> **知识拓展**
>
> 　　除了查看 MAC 地址外,还能查看 IP 地址等信息。
> 　　用户还可使用 Ping 命令检测当前网络连接是否正常。

(3)网络操作系统

网络操作系统(Network Operation System,NOS)是网络的心脏和灵魂,是能控制和管理网络资源的特殊操作系统。与一般的计算机操作系统不同的是,它在计算机操作系统下工作,使计算机操作系统增加了网络操作所需的能力。网络操作系统安装在服务器主机上,实现了对网络用户的管理与服务,典型的网络操作系统有 UNIX、Linux、Windows 以及

Netware 系统等,如 Windows Server 2003 属于 Windows 系列网络操作系统,红帽 Linux、红旗 Linux 属于 Linux 系列网络操作系统,各种操作系统在网络应用方面都有各自的优势,而实际应用却千差万别,这种局面促使各种操作系统都极力提供跨平台的应用支持。

（4）网络通信协议

网络上通过通信线路和设备互连起来的各种大小不同、厂家不同、结构不同、系统软件不同的计算机系统要能协同工作实现信息交换,必须具有共同的语言,即遵守事先约定好的规则:交流什么、怎样交流及何时交流。这些为计算机网络中进行数据交换而建立的关于信息格式、内容及传输顺序等方面的规则、标准或约定的集合统称为网络协议（Protocl）。通信双方只有遵循相同的物理和逻辑标准,才能实现互通互访。例如,网络中一个微机用户和一个大型主机的操作员进行通信,由于这两个数据终端所用字符集不同,因此操作员所输入的命令彼此不认识。为了能进行通信,规定每个终端都要将各自字符集中的字符先变换为标准字符集的字符后,才进入网络传送,到达目的终端之后,再变换为该终端字符集的字符。当然,对于不相容终端,除了需变换字符集字符外,其他特性,如显示格式、行长、行数、屏幕滚动方式等也需作相应的变换。计算机网络通信协议由语法、语义、语序三要素组成,计算机网络中的通信协议成千上万,常用的网络协议有 NETBEUI、IPX/SPX、TCP/IP 等,而目前使用最广的 Internet 是基于 TCP/IP 协议的网络。如图 7-12 所示,计算机系统中安装了 TCP/IP 协议后才能使用 Internet。

注意

　　TCP/IP 代表的因特网上成千上万种协议,因此称之为 TCP/IP 协议簇。

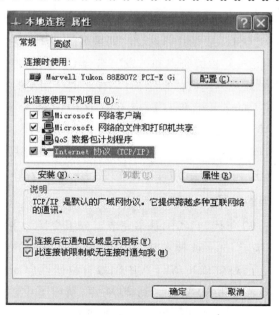

图 7-12　"网上邻居"的本地连接属性对话框

3.计算机网络的发展历程

计算机网络的发展经历了以下 4 个阶段：

第一阶段：20 世纪 50 年代，面向终端的计算机通信网，其特点是以单个计算机为中心联接多个远程终端。

第二阶段：20 世纪 60 年代末，多个自主功能的主机通过通信线路互连，形成资源共享的计算机网络，其特点是计算机与计算机互联通信。

第三阶段：20 世纪 70 年代末，实现更大范围的网络互联，其特点是国际标准化。

第四阶段：20 世纪 80 年代末，向高速、智能化方向发展的计算机网络，以物联网、云计算为代表。

4.计算机网络体系结构

20 世纪 60 年代，美国国防部高级研究计划署（Advanced Research Project Agency，ARPA"阿帕"）研究构建了 ARPAnet（阿帕网），从建立之初的 4 个节点发展到 1983 年的 100 多个节点，通过有线、无线与卫星通信线路基本覆盖了美国本土。ARPAnet 之后分离成两支：一支留作军用；另一支供研究机构用并发展成为现在的 Internet。可以说，ARPAnet 是计算机网络技术发展的一个重要里程碑。

20 世纪 70 年代末，人们发现了计算机网络发展中出现的困惑或者说是危机，那就是网络体系结构与协议标准的不统一限制了计算机网络自身的发展和应用，不同厂商遵循的技术标准存在较大差异，导致很难实现互通互访。为此，国际标准化组织（International Organization for Standardization，ISO）成立了专门机构，研究和制定网络通信标准，以实现网络体系结构的标准化。1984 年 ISO 正式颁布了"开放系统互连参考模型"（Open System Interconection Reference Model，OSI/RM）的国际标准，即著名的 OSI 7 层模型。很多大的计算机厂商相继宣布支持 OSI 标准，并积极研究和开发出符合 OSI 标准的产品。

目前存在两种占主导地位的网络体系结构：一种是 ISO 制定的国际标准 OSI/RM；另一种是 Internet 使用的事实上的工业标准 TCP/IP RM（TCP/IP 参考模型）。前者将计算机网络体系结构由低到高描述为物理层、数据链路层、网络层、传输层、会话层、表示层、应用层共 7 层；后者则将计算机网络体系结构由低到高描述为主机-网络层（或网络接口层）、互联层（或网际互联层）、传输层和应用层（或用户层）共 4 层，如图 7-13、图 7-14 所示。

5.计算机网络在中国的发展

20 世纪 80 年代末至 90 年代初，我国基本完成以分组交换为主要特征的网络基础设施建设。1996 年建成 4 个基于 Internet 技术并可以和 Internet 互联的全国性公共计算机骨干网络，即中国公用计算机互联网（ChinaNET）、中国教育科研网（CerNET）、中国科学技术网（CstNET）、中国金桥信息网（ChinaGBN）。到 2004 年，新增了中国联通网、中国网通公用网、中国移动网、中国国际经济贸易网等公用计算机网络。

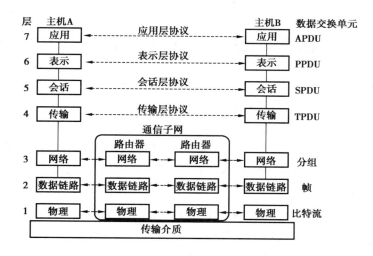

图 7-13　OSI/RM 层次结构示意图

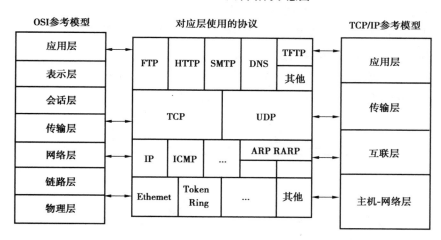

图 7-14　两种体系结构对照及各层次使用的主要协议

6.计算机网络的分类

计算机网络的类型从不同的角度有很多种划分,主要从地理覆盖范围和网络拓扑结构进行分类:

(1)按网络的地理覆盖范围分类

①局域网(Local Area Network,LAN):局域网是在局部范围内构建的网络,其覆盖范围在几米至几千米,一般在 10 千米左右,属于一个部门或单位组建的小范围网络。一般学校的数字化校园网、企业办公网络、学生宿舍网均属于局域网。局域网具有传输速率快、误码率低等特点。

②广域网(Wide Area Network,WAN):广域网是一种跨越较大地域的网络,其范围可跨越城市、地区甚至国家。覆盖范围在几百千米至几万千米不等。一个国家的公用网络是广域网,目前全球最大的广域网是 Internet(因特网)。

③城域网(Metropolitan Area Network,MAN):规模介于局域网与广域网之间,其范围可覆盖一个城市或地区,一般为几千米至几十千米。城域网的设计目标是构建城市骨干网,向城市内的机关、工厂、小区提供网络接入服务。

（2）按网络拓扑结构分类

计算机及通信设备在网络中的物理布局称为网络拓扑结构,借用"拓扑学"的原理,用点和线的连接反映网络的连接形状,其中计算机及通信设备是拓扑结构中的节点,而传输介质是拓扑结构中的连线,两个节点间的连线称为链路。网络拓扑可反映网络中各实体之间的结构关系,有星型、总线型、环型、树型和网状型,其中星型、总线型、环型是3种基本的拓扑结构。

①总线型:如图7-15(a)所示,网络中的所有节点均连接到一条称为总线的公共线路上,所有的节点共享同一条数据通道,节点间通过广播进行通信。

②环型:如图7-15(b)所示,各节点通过链路连接,在网络中形成一个首尾相连的闭合的环路,信息在环中做单向流动,通信线路共享。

③星型:是局域网组网中最常用的拓扑结构,如图7-15(c)所示,以一台设备为中央节点,其他外围节点都与中心节点相连,各外围节点之间的通信必须通过中央节点进行。中心节点可以是服务器或专门的设备(如集线器Hub、交换机Switch)。

④树型和网状型:可看成以上3种基本结构的延伸或组合。

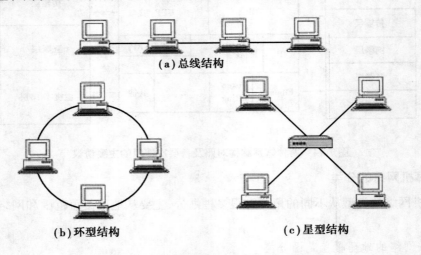

（a）总线结构

（b）环型结构　　　　　　　　　　（c）星型结构

图7-15　计算机网络的3种基本拓扑结构

（3）从其他角度进行的分类

①按网络的使用范围可分为公用网和专用网。

②按网络的数据传输方式可分为广播式网络和点对点网络。

③按网络带宽和传输能力可分为窄带网和宽带网。

任务二　全球最大的广域网——Internet

一、任务描述

小张连接好家庭宽带,进行线上学习,需输入网址,登录互联网,录入学习账号信息,才能正常学习。对互联网不熟悉的小张,应该怎么做呢?

二、任务实施

Internet 也称为"因特网"或"国际互联网",是一个基于 TCP/IP 协议簇的并把各个国家、各个部门、各种机构的内部网络以及个人计算机连接起来的全球性数据通信网,是目前规模和使用人群最大的互联网络。

1.IP 地址、子网掩码与域名

为了实现 Internet 上不同计算机之间的通信,除了使用相同的通信协议 TCP/IP 之外,每台计算机都必须有一个不与其他计算机重复的标识,好比每个公民都有唯一的身份证号码,这种便于网络中识别定位的标识称为 IP 地址。有 IPv4、IPv6 两种版本的 IP 地址,前者共有 32 位(bit)、后者共有 128 位。

(1)IP 地址的组成

IP 地址用二进制表示共 32 位,按"8 位一段"共 4 段,即 4 个字节,如 11001110 10111010　11111001　10000111,由网络号和主机号两部分组成,网络号用来标识一个网络(该节点属于哪个网络);主机号用来标识相应网络上的某一台主机。

由于二进制不容易记忆,IP 地址通常用点分十进制方式表示。就是将 32 位的 IP 地址中的每 8 位(一个字节)分别换算为十进制数字表示,每个十进制数之间用小数点分隔。例如,上述二进制 IP 地址用点分十进制方式可表示为:206.186.249.135,相对于二进制形式,这种表示要直观得多,便于阅读和理解。

> **知识拓展**
> 归纳一下,IP 地址中涉及换算时的法则是"八位一段、八位一算"。

(2)IP 地址的分类

IP 地址分为 A、B、C、D、E 共 5 类。其中,A、B、C 类可供申请分配给企业机构、组织或用户使用,D、E 类地址为组播地址或保留地址。各类地址的有效范围如下:

A 类:1.0.0.0~127.255.255.255;

B 类:128.0.0.0~191.252.255.255;

C 类:192.0.0.0~223.255.255.255;

D 类:224.0.0.0~239.255.255.255;

E 类:240.0.0.0～255.255.255.255。

(3)子网掩码

　　出于对管理、性能和安全方面的考虑,把单一的物理网络划分成多个逻辑网络,并使用路由器将它们连接起来,这些逻辑网络统称为子网。划分子网的方法是将主机号部分"借出"一定的位数用作标识本网的各个子网,其余的主机号部分仍用作标记相应子网的主机,这样,IP 地址就由 3 个部分组成,即网络号、子网号和主机号。通常用子网掩码来确定主机是属于哪个子网的,子网掩码也是一个 32 位的二进制地址格式,取值通常是将对应于 IP 地址中网络地址(网络号和子网号)的位都置为"1",对应于主机地址(主机号)的位都置为"0"。标准的 A、B、C 类地址的默认子网掩码(或者标准子网掩码)见表 7-1。

表 7-1　A、B、C 类地址的默认子网掩码(或者标准子网掩码)

地址类型	子网掩码十进制表示
A	255.0.0.0
B	255.255.0.0
C	255.255.255.0

(4)域名

　　IP 地址是一种数字型的地址,存在不便记忆的缺点。因此,人们研究出一种字符型的主机地址表示机制,即用一个有一定含义或者容易解释的名字来标识主机,这就是域名。如重庆机电职业技术大学的服务器主机的域名为 www.cqevi.net.cn。域名与 IP 地址是对应的,访问 Internet 上的主机时,既可用 IP 地址也可用域名,假设重庆机电职业技术大学的服务器主机的 IP 是 211.211.220.220,在浏览器地址栏中输入"http:// www.cqevi.net.cn"或"http:// 211.211.220.220"都能访问到学校的主页。

　　目前使用的域名是一种层次型命名结构,由若干子域名按规定的顺序连接,每一级别的域名都由英文字母和数字组成(不超过 63 个字符,不区分大小写),级别从左到右逐渐增高,并用圆点隔开,完整的域名不超过 255 个字符,形式为:

　　　　　　主机名.N 级子域名.…….二级子域名.顶级域名(2≤N≤5)

　　顶级域名有两种变现形式:一种是国家或地区代码的字母简称,见表 7-2;另一种是与机构性质有关的通用国际域名,见表 7-3。

表 7-2　部分国家和地区的顶级域名

顶级域名	国家（地区）	顶级域名	国家（地区）
cn	中国	uk	英国
fr	法国	jp	日本
de	德国	au	澳大利亚
ca	加拿大	kr	韩国
it	意大利	hk	中国香港
Ru	俄罗斯	Tw	中国台湾
⋮	⋮	⋮	⋮

表 7-3　以机构性质划分的顶级域名

顶级域名	机构性质	顶级域名	机构性质
com	商业实体	org	非营利组织
edu	教育机构	info	信息服务业实体
gov	政府部门	nom	个人活动的个体
int	国际组织	rec	休闲娱乐业实体
mil	军事机构	store	商业企业
net	互联网络	web	Web 相关业务实体
⋮	⋮	⋮	⋮

2.WWW 服务

WWW（World Wide Web）万维网，简称 3W 或 Web，是一个分布式的超媒体系统，方便用户在 Internet 上检索和浏览信息的一种广域信息发现技术和信息查询工具。日常生活中上网浏览网页依托的就是这个服务。采用浏览器/服务器体系结构（B/S 模式），由 Web 服务器和 Web 客户端浏览器两部分组成，服务器负责对各种信息按照超文本的方式组织，形成文件存在服务器上，这些文件或内容的链接由 URL 来确定。浏览器安装在用户的计算机上，用户通过浏览器向 Web 服务器提出请求，服务器负责向用户发送该文件，当用户接收到文件后，解释该文件并显示在客户端上。在 WWW 服务中应用的技术或者概念如下：

①超文本（Hyper Text）：一种全局性的信息结构，其信息组织形式不是简单的按照顺序排列，而是将文档中的不同部分通过关键字建立链接，当鼠标的光标移到这些链接上时，光标形状会变成一个手掌状，这时单击鼠标就会从这一网页跳转到另一网页上，这种链接关系称为"超链接"，可链接的有文本、图像、动画、声音、影响或者页面。

②主页(Homepage):指个人或者机构的基本信息页面,通常是用户使用万维网访问Internet上的任何WWW服务器所看到的首页。它包含了链接同一站点其他项的指针,也包含了到别的站点的链接。

③超文本传输协议(Hyper Text Transfer Protocol,HTTP):WWW所使用的通信协议是超文本传输协议,它能够传输任意类型的数据对象,从而成为Internet中发布多媒体信息的主要协议。

④同一资源定位符(Uniform Resourse Locator,URL):URL被称为"固定资源位置"或者"统一资源定位器"。用来指定Internet或Intranet(内联网)中信息资源的位置。URL的描述格式为协议类型://主机地址:端口号/路径/文件名,默认情况下,使用HTTP协议访问时使用80号端口。

⑤超文本标记语言(Hyper Text Markup Languagel,HTML):WWW上用于创建超文本链接的基本语言,主要用于创建和制作网页。用浏览器打开网页后,单击浏览器菜单栏"查看"→"源文件"(或者"源代码"),即可看到该页面对应的HTML文档。HTML文档的后缀是.html或者.htm。如访问新浪网的主页,使用的就是新浪网的WWW服务,在网址栏中输入IP地址,单击链接或转到即可打开主页面,如图7-16所示。

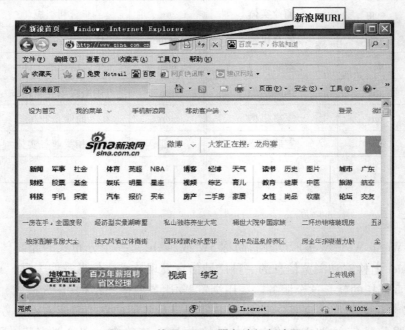

图7-16　使用WWW服务访问新浪网

如果需要将网站中某些网页或图片保存到本地计算机上,可选择要保存的内容或图片,单击鼠标右键选择"另存为"(图7-17),打开"另存为"对话框,在"另存为"对话框中,设置好文件存储位置、文件名和保存类型(图7-18),单击"保存"按钮即可完成网上内容本地化。

图 7-17 网页图片保存方法

图 7-18 在"另存为"对话框中设置保存信息

3.电子邮件服务

电子邮件(Electronic Mail,E-mail),是 Internet 上使用最频繁、应用最广泛的一种服务。采用客户/服务器体系结构(C/S 模式),用户通过注册,向邮件服务器申请空间,发送方和接收方均要通过邮件服务器的转发完成邮件的传送。用户按照一定的格式写好邮件单击发送,计算机网络将使用 SMTP(简单邮件传输协议)协议将邮件传到相应的本地邮件服务器(如新浪、网易),继续使用 SMTP 在服务器之间转发直到接收方所在的邮件服务器,接收方登录邮箱后,使用 POP(邮局协议,当前版本是 POP3)协议从服务器中将邮件拷贝到本地计算机磁盘中。

电子邮件地址由用户名和邮件服务器的主机名(包括域名)组成,中间用@隔开,其格式为 Username@ Hostmame.Domainname。

Outlook Express 是 Microsoft Office 自带的一款电子邮件客户端,也是一个基于 NNTP 协议的 Usenet 客户端。它能够从多个电子邮件账户中接收邮件和发送邮件,并能创建收件箱规则,从而帮助管理和组织用户电子邮件。

单击"开始"→"所有程序"→"Microsoft Office"→"Microsoft Outlook 2010"命令,打开 Outlook Express 邮件窗口(第一次使用要做好 Outlook 配置),如图 7-19 所示。

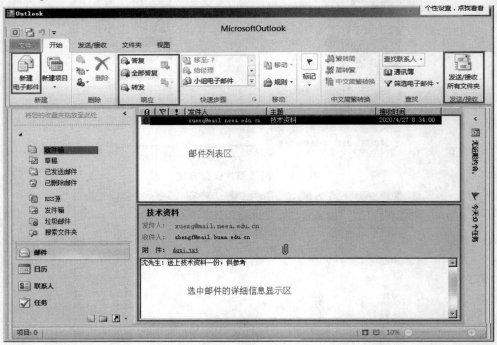

图 7-19 "Outlook Express"**管理窗口**

单击图 7-19 中"发送/接收所有文件夹"按钮,未查看的新邮件就会显示在"收件箱"的邮件列表区,单击邮件列表区中的某个邮件,该邮件的详细信息就会显示在选中邮件的详细信息显示区。

(1)保存邮件附件

要对邮件中的附件内容进行保存,则单击附件文档名或单击附件文档名后的"回形针"图片,打开"另存为"对话框,设置好附件文档存储位置、附件文档存储名和保存类型。单击"保存"按钮即可完成保存。

(2)回复邮件

要回复邮件,则单击"Outlook Express"管理窗口"响应"组中"答复"按钮,打开"写邮件"对话框,如图 7-20 所示。在收件人栏中填写收件人的邮件地址,在抄送栏中填写抄送的邮件地址,在主题栏中填写邮件主题,在信件内容编辑区中填写邮件内容。最后单击"发送"按钮进行发送。

（3）转发邮件

若要转发邮件,则先选择要转发的邮件,单击"Outlook Express"管理窗口"响应"组中"转发"按钮,打开"写邮件"对话框,如图7-20所示。按照回复邮件的方式,填写相关信息。

（4）新建邮件

要发一封新邮件,则单击"Outlook Express"管理窗口"新建"组中"新建电子邮件"按钮,打开"写邮件"对话框,如图7-20所示。按照回复邮件的方式,填写相关信息。

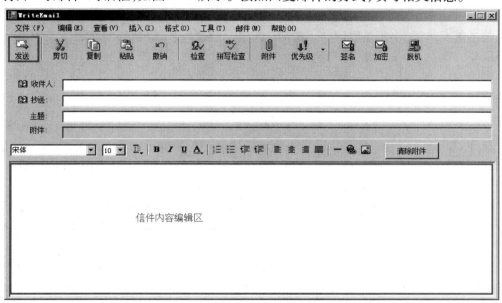

图7-20　"编辑邮件"对话框

4.文件传输服务

在Internet中,文件传输是一种高效、快速传输大量信息的方式,通过网络可将文件从一台计算机传输到另一台计算机。采用客户/服务器体系结构(C/S模式),文件传输协议(FTP)负责将文件可靠的传输,用户将文件从自己的计算机上发送到另一台计算机上,称为FTP上传(Upload);用户将服务器中共享软件和资料传到客户端上,称为FTP下载(Download)。

通常,一个用户必须在FTP服务器中进行注册,即建立合法的用户账号,拥有合法的用户名和密码后,才有可能进行有效的FTP连接和登录。但是,为了方便用户,目前大多数提供公共资料的FTP服务器都提供了一种称为匿名FTP的服务。因特网用户可随时访问这些匿名服务器而不需事先申请用户账号,用户可使用"anonymous"作为用户名,也可使用用户的电子邮件地址作为口令,即可进入服务器。为了保证FTP服务器的安全性,几乎所有的FTP匿名服务只允许用户浏览和下载文件,而不允许用户长传文件或修改服务器上的文件。目前主流的下载工具基于3类协议:P2P协议,代表软件有迅雷、QQ旋风、网际快车、网络蚂蚁等;BT协议,代表软件有Bitcomet、bittorrent等;ED2K协议,代表软件有电驴等。

任务三　新兴网络通信技术及应用

一、任务描述

美国围堵中国科技发展的事件,激发了一大批中国学子的爱国热情,他们对新兴网络通信技术越发热爱,小张是爱国学子中的一员,他正在学习了解新兴网络通信技术,主要内容有哪些?

二、任务实施

1.蓝牙

蓝牙(Bluetooth)是一种支持设备短距离通信(一般是 10 m 之内)的无线电技术,能在包括移动电话、PDA、无线耳机、笔记本电脑、相关外设等众多设备之间进行无线信息交换。蓝牙遵循的协议标准是 IEEE802.15,工作在免费的 2.4 GHz 频带,带宽为 1 Mbit/s。

蓝牙无线技术的主要特点在于功能强大、耗电量低、成本低廉。蓝牙核心系统包括射频收发器、基带及协议堆栈。该系统可以提供设备连接服务,并支持在这些设备之间交换各种类别的数据。

Bluetooth SIG(蓝牙技术联盟)是一家贸易协会,由电信、计算机、汽车制造、工业自动化和网络行业的领先厂商组成。该小组致力于推动蓝牙无线技术的发展,为短距离连接移动设备制定低成本的无线规范,并将其推向市场。Bluetooth SIG 在全球设立的办事处包括美国西雅图(全球总部)、美国堪萨斯市(美国总部)、瑞典马尔默市[欧洲、中东和非洲地区(EMEA)总部]以及中国香港特别行政区(亚太区总部)。

蓝牙目前已开发的应用如下:

①在手机上的应用。

②在掌上电脑上的应用。

③蓝牙技术在传统家电中的应用。

④其他数字设备上的应用。

2.5G 通信

5G 是第五代移动通信技术的简称,即 5th Generation mobile networks,是最新一代蜂窝移动通信技术,也是继 4G、3G 和 2G 系统之后的延伸。5G 的性能目标是高数据速率、减少延迟、节省能源、降低成本、提高系统容量和大规模设备连接。

5G 网络正朝着网络多元化、宽带化、综合化、智能化的方向发展。随着各种智能终端的普及,面向 2020 年及以后,移动数据流量将呈现爆炸式增长。在未来 5G 网络中,减小小区半径,增加低功率节点数量,是保证未来 5G 网络支持 1 000 倍流量增长的核心技术之一 。因此,超密集异构网络成为未来 5G 网络提高数据流量的关键技术。

未来无线网络将部署超过现有站点 10 倍以上的各种无线节点,在宏站覆盖区内,站点间距离将保持 10 m 以内,并且支持在每 1 km² 范围内为 25 000 个用户提供服务。同时也可能出现活跃用户数和站点数的比例达到 1∶1 的现象,即用户与服务节点一一对应。密集部署的网络拉近了终端与节点间的距离,使得网络的功率和频谱效率大幅度提高,同时也扩大了网络覆盖范围,扩展了系统容量,并且增强了业务在不同接入技术和各覆盖层次间的灵活性。虽然超密集异构网络架构在 5G 中有很大的发展前景,但是节点间距离的减少,越发密集的网络部署将使得网络拓扑更加复杂,从而容易出现与现有移动通信系统不兼容的问题。在 5G 移动通信网络中,干扰是一个必须解决的问题。网络中的干扰主要有同频干扰、共享频谱资源干扰、不同覆盖层次间的干扰等。现有通信系统的干扰协调算法只能解决单个干扰源问题,而在 5G 网络中,相邻节点的传输损耗一般差别不大,这将导致多个干扰源强度相近,进一步恶化网络性能,使得现有协调算法难以应对。

3.云计算技术

云技术是指实现云计算的一些技术,包括虚拟化、分布式计算、并行计算等;云计算除了技术之外更多的是指一种新的 IT 服务模式,也就是说,云计算 30% 是指技术,70% 是指模式。

云计算(Cloud Computing)最基本的概念:透过网络将庞大的计算处理程序自动分拆成无数个较小的子程序,再交由多部服务器所组成的庞大系统经搜寻、计算分析之后将处理结果回传给用户。透过这项技术,网络服务提供者可以在数秒之内,达成处理数以千万计甚至亿计的信息,达到和"超级计算机"同样强大效能的网络服务。

最简单的云计算技术在网络服务中已随处可见,如搜寻引擎、网络信箱等,使用者只要输入简单指令即能得到大量信息。目前,云计算技术主要在云物联(物联网)、云安全和云存储 3 个方面研究发展。

项目小结

计算机网络从组成形式上由硬件系统与软件系统构成,其中硬件系统主要包括传输介质与通信设备;软件系统主要指网络操作系统与网络协议。传输介质分为有线传输介质与无线传输介质两大类。通信设备分为数据传输设备和数据终端设备。网络操作系统是能够控制和管理网络资源的特殊操作系统,使计算机操作系统增加了网络操作所需的能力。为计算机网络中进行数据交换而建立的关于信息格式、内容及传输顺序等方面的规则、标准或约定的集合统称为网络协议,通信双方只有遵循相同的物理和逻辑标准,才能实现互通互访。计算机网络通信协议由语法、语义、语序三要素组成。20 世纪 60 年代的阿帕网(ARPAnet)是计算机网络技术发展的一个重要里程碑,在全球范围内计算机网络共经历了4 个发展阶段,当前我们正处于高速、智能化的第四个阶段。可以从多种角度对计算机网络进行分类划分,但常见的是按网络的地理覆盖范围划分为局域网、城域网和广域网;按网络的拓扑结构分为星型、总线型、环型、树型和网状型。Internet 是全球最大的广域网,通过IP 地址标识用户主机,用户通过 IP 地址或域名访问 Internet 并获取相关服务。随着以 5G技术为代表的通信技术的发展,计算机网络将更趋于智能化。

拓展训练

1.双绞线的制作。
2.简单局域网的连接配置。
3.以 Dreamweaver 8.0 软件为工具制作简单网页。

项目考核

一、单选题

1.IP 地址总共分为(　　)类。

A.3　　　　　　　B.4　　　　　　　C.5　　　　　　　D.6

2.双绞线传输介质是把两根导线绞在一起,这样可以减少(　　)。

A.信号传输时的衰减　　　　　　B.外界信号的干扰

C.信号向外泄露　　　　　　　　D.信号之间的相互串扰

3.OSI/RM 是由(　　)提出的。

A.ISO　　　　　　B.ITU　　　　　　C.IEEE　　　　　　D.Internet

4.同一个信道上的同一时刻,能够进行双向数据传送的通信方式是(　　)。

A.单工　　　　　　B.半双工　　　　　C.全双工　　　　　D.上述均不是

5.MAN 是(　　)的英文缩写。

A.局域网　　　　　B.广域网　　　　　C.城域网　　　　　D.互联网

6.在(　　)范围内的计算机网络可称为局域网。

A.在一个楼宇　　　　　　　　　B.在一个城市

C.在一个国家　　　　　　　　　D.在全世界

7.把邮件服务器上的邮件读取到本地硬盘中,使用的协议是 (　　)。

A.SMTP　　　　　　B.POP3　　　　　C.SNMP　　　　　D.HTTP

8.简单邮件传输协议为(　　)。

A.HTTP　　　　　　B.FTP　　　　　　C.Telnet　　　　　D.SMTP

9.TCP/IP 参考模型中,位于应用层和网际互联层之间的是(　　)。

A.网络接口层　　　B.传输层　　　　　C.网络层　　　　　D.会话层

10.下列不属于常用计算机网络有线传输介质的是(　　)。

A.卫星通信　　　　B.光纤　　　　　　C.双绞线　　　　　D.同轴电缆

11.下列电子邮箱地址正确的是(　　)。

A.dzgc.sina.com　　B.dzgc⊕sina.com　　C.dzgc.sina@ com　　D.dzgc@ sina.com

12.根据域名系统的约定,www.163.net 表示的域名类型是(　　)。

A.教育机构　　　　B.商业组织　　　　C.互联网络组织　　D.军事组织

13.使用 WWW 服务在因特网上浏览网页基于的应用层协议是(　　　)。

　　A.STMP　　　　　　　B.FTP　　　　　　　　C.HTTP　　　　　　　　D.TCP

14.调制解调器(Modem)俗称"猫",以下描述正确的是(　　　)。

　　A.为了使上网与接听电话同时进行

　　B.将计算机的数字信号转换成模拟信号

　　C.将模拟信号转化成计算机可识别的数字信号

　　D.在发送端,将数字信号转换为模拟信号(调制);在接收端,将模拟信号转换为数
　　　字信号(解调)

二、多选题

1.计算机网络中使用的通信设备有(　　　)。

　　A.集线器　　　　　　B.中继器　　　　　　C.交换机　　　　　　D.路由器

　　E.网桥　　　　　　　F.调制解调器

2.下列属于计算机网络安全范畴的是(　　　)。

　　A.物理安全　　　　　B.IP 地址枯竭　　　　C.操作系统安全

　　D.逻辑安全　　　　　E.传输安全

3.计算机网络的基本拓扑结构有(　　　)。

　　A.星型　　　　　B.总线型　　　　C.树型　　　　　D.网状型　　　　　E.环型

4.防止计算机感染病毒的方法是(　　　)。

　　A.定期使用软件查杀病毒　　　　　　　　B.安装防火墙软件

　　C.随意打开网站或电子邮件　　　　　　　D.打开移动存储设备前进行病毒检测

　　E.中毒后进行处理

三、判断题

1.网络域名地址一般都通俗易懂,域名长度不限制。　　　　　　　　　　　(　　　)

2.IPv6 地址由 128 位二进制数组成。　　　　　　　　　　　　　　　　　(　　　)

3.因特网协议只采用 TCP 协议和 IP 两个协议。　　　　　　　　　　　　(　　　)

4.利用电话线路传输数据信号时,必须使用调制解调器。　　　　　　　　　(　　　)

5.匿名访问文件服务器的账号是 anonymous,密码为电子邮件地址。　　　　(　　　)

四、填空题

1.IPv4 地址由_____和_____组成,共_____位二进制数。

2.HTTP 协议是指_____ 协议。HTML 是_____语言,由其编写的文档后缀是
_____。

3.URL 的中文含义是_____,由_____ 、_____、_____及文件名构成。

4.计算机网络最核心的功能是_____和_____。

5.计算机网络传输介质分为有线介质和无线介质,有线传输介质有_____、
_____、_____;无线传输介质有_____、_____ 、_____等。

项目八　计算机多媒体基础知识

本项目主要介绍多媒体、多媒体技术及流媒体的基本概念,掌握计算机多媒体的处理方法。

知识目标

◆　理解多媒体、多媒体技术及流媒体的概念;
◆　掌握计算机多媒体的处理方法。

技能目标

◆　学会使用 Windows 7 系统多媒体声音的处理方法;
◆　学会使用 Windows 7 系统多媒体播放器;
◆　学会图像的基本处理方法。

任务一　计算机多媒体声音的处理方法

一、任务描述

小李需要在 Windows 7 系统中设置录音设备及录音效果调试,应如何实现?

二、任务准备

1.多媒体的概念

现在,人们常接触的报刊、书籍、电话、广播、电影、电视等就是各种媒体的不同表现。媒体(Media)是信息的表示和传输的载体。

多媒体是融合两种或两种以上媒体的一种人机交互式信息交流和传播媒体。多媒体是计算机技术和媒体数字化的产物,它不仅属于媒体范畴,也属于技术范畴。从一般意义上讲,多媒体就是指多媒体技术,多媒体与多媒体技术是一个统一的整体。

多媒体技术是计算机交互式综合处理多媒体信息如文本、图形、图像、声音、音频等,使多种信息建立逻辑连接,集成一个具有交互性的系统。

多媒体技术强调的是交互式综合处理多种媒体的技术,因此,它具有以下3种最重要的特征。

- 信息媒体多样性:计算机所能处理的信息范围从传统的数值、文字、静止图像扩展到声音和视频信息。

- 集成性(或综合性):计算机能以多种不同的信息形式综合地表现某个内容,取得更好的效果。

- 交互性:人们可以操纵和控制多媒体信息,使获取和使用信息变被动为主动。

2.多媒体系统组成

多媒体计算机(Multimedia Personal Computer, MPC)是指能够综合处理文字、图形、图像、声音、视频、动画等多种媒体的信息,使多种媒体建立联系并具有交互能力的计算机。多媒体计算机实际上是对具有多种媒体处理能力的计算机系统的统称。

与普通的计算机系统一样,多媒体计算机系统由硬件系统和软件系统组成。

(1)多媒体硬件系统

多媒体硬件系统由主机、多媒体外部设备接口卡和多媒体外部设备构成。常见的主机就是计算机,计算机连接着多种外部设备,如声卡、视频压缩卡、VGA/TV 转换卡、视频捕捉卡、视频播放卡和光盘接口卡等。多媒体外部设备十分丰富,按其视频和音频输入功能分,多媒体外部设备包括摄像机、录像机、影碟机、扫描仪、话筒、录音机、激光唱盘和 MIDI 合成器等;视频/音频输出设备包括显示器、电视机、投影电视、扬声器、立体声耳机等。

(2)多媒体软件系统

多媒体软件系统按功能可分为系统软件和应用软件。多媒体系统软件主要包括多媒体操作系统、媒体素材制作软件及多媒体函数库、多媒体创作工具与开发环境、多媒体外部设备驱动软件和驱动器接口程序等。应用软件是在多媒体创作平台上设计开发的、面向应用领域的软件系统,如教育软件、电子图书等。

3.多媒体信息数字化

多媒体系统需将不同的媒体数据表示成统一的信息流,然后对其进行交换、重组和分析处理,以便进行进一步的存储、传送、输出和交互控制。多媒体的关键技术主要集中在数据压缩和解压缩,在保证图像和声音质量的前提下,必须广泛利用数据压缩技术,解决多媒体海量数据的存储、传输和处理问题。

信息的表示主要分为模拟方式和数字方式。在多媒体技术中,信息均采用数字方式。

4.数据压缩和解压缩技术

数字化的声音和图像数据量非常大,例如,一分钟的声音信号为:660 kB～10 MB;一幅 1024×768 像素的真彩色图像约为 2.25 MB;1 s 全活动视频画面约为 22 MB。在未压缩的情况下,实现动态视频及立体声的实时处理,对目前的计算机来说是无法实现的。因此,必须对多媒体信息进行实时压缩和解压缩。

　　数据压缩技术包括图像、视频和音频信号的压缩,文件存储和利用。图像压缩一直是技术热点之一,是计算机处理图像和视频以及网络传输的重要基础。目前 ISO 制定了两个压缩标准,即 JPEG 和 MPEG,同时使计算机实时处理音频、视频信息,以保证播高质量的视频和音频节目。

　　数据压缩技术与多媒体技术的发展是相辅相成的。数据压缩的实质是在满足还原信息质量要求的前提下,采用代码转换或消除信息冗余量的方法来实现对采样数据量的大幅缩减。

　　与数据压缩相对应的处理称为解压缩,又称数据还原。它是将压缩数据通过一定的解码算法还原到原始信息的过程。通常,人们把包括压缩与解压缩内容的技术统称为数据压缩技术。

　　研究结果表明,选用合适的数据压缩技术,有可能将原始文字数据量压缩到原来的 1/2 左右,语音数据量压缩到原来的 1/10~1/2,图像数据量压缩到原来的 1/60~1/2。

　　对声音数据的压缩,一般采用去掉重复代码和去掉声音数据中的无声音信号序列两种方法。

　　对静止图像压缩广泛采用 JPEG 算法标准。由于用计算机的中央处理器 CPU 来完成 JPEG 算法花费的时间太长,因此,都是用专门的 JPEG 算法信号处理器来完成运算。

　　对视频图像压缩的算法有 MPEG、DVI、H.261 算法。这些算法是由相应的算法信号处理器来完成的。

三、任务实施

　　Windows 7 系统提供了方便的声音处理工具,直接利用"录音机"就能完成声音的录制、播放和一些简单的编辑功能。使用 Windows 录音机录制声音的硬件设置:

　　①鼠标右键单击桌面右下角的"小喇叭"图标,在弹出的快捷菜单中选择"录音设备"命令。

　　②找到"立体声混音"选项卡,系统默认是禁用的,需要手动打开。

　　③用鼠标右键单击"立体声混音",在弹出的快捷菜单中选择"启用"命令,然后再次右键单击选择"设置为默认设备",如图 8-1 所示。

　　当"立体声混音"被正确启用后,会看到该项图标的下面有一个绿色的勾。

　　启用"立体声混音"设备已经实现了在 Windows 7 系统下播放音乐文件,但如果麦克风的输入音量很小,就需调整麦克风音量,如图 8-2 所示。

图 8-1　立体声混音设置

图 8-2　打开麦克风

④打开"麦克风",为了实现边播放音乐边发言(卡拉 OK),还需要在控制面板中进行设置,如图 8-3 所示。

图 8-3　打开控制面板

⑤双击"硬件和声音",从"控制面板"打开"音频管理器",如图 8-4 所示。

图 8-4　打开音频管理器

⑥手动将系统的默认设备更改为"立体声混音",如图 8-5 所示。

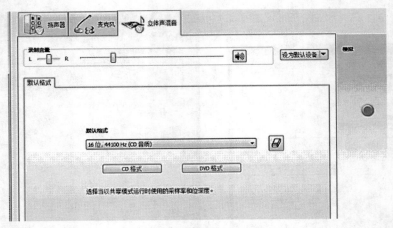

图 8-5　立体声混音设置

　　麦克风选项卡中的设置主要是调节麦克风音量的,"麦克风增强"按钮是控制对方听见你的声音大小的关键,系统默认增强值为零,因此,对方几乎听不见你的声音,可根据自己的实际情况进行调节。需要注意的是:"录制音量"和"播放音量"不能设置成"静音模式",不然对方也将无法听见自己的说话声,如图 8-6 所示。

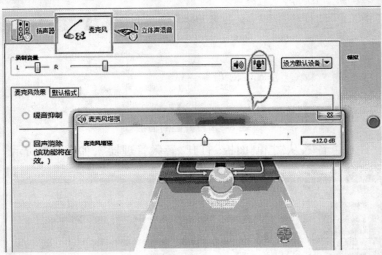

图 8-6　设置麦克风

　　立体声混音选项卡中需要注意的是:"录制音量"不宜过高,如果感觉有爆音,可以尝试将音量调小一点。

　　经过以上设置,Windows 7 系统中录音的硬件设定已经完成,开启录音所使用的软件,如录音机、Cooledit 等,即可开始录音了。

任务二　使用 Windows 7 系统的多媒体播放器

一、任务描述

小李新购买了一台计算机,希望在休闲时间利用计算机听音乐、看电影。

二、任务准备

1.流媒体概述

流媒体是应用流技术在网络上传输的多媒体格式文件。流媒体技术就是把连续的动画、音视频等多媒体格式文件经过压缩处理后放在网站视频服务器上,让用户一边下载一边观看、收听的网络传输技术。流媒体就像"水流"一样从流媒体服务器源源不断地"流"向客户机。

流媒体文件格式是支持采用流式传输及播放的媒体格式。流式传输方式是将视频和音频等多媒体文件经过特殊的压缩方式分成一个个压缩包,由服务器向用户计算机连续、实时传送。在采用流式传输方式的系统中,用户不必像非流式播放那样等到整个文件全部下载完毕后才能看到其中的内容,而是只需经过几秒或几十秒的启动延时即可在用户计算机上利用相应的播放器对压缩的视频或音频等流式媒体文件进行播放,剩余的部分将继续进行下载,直至播放完毕。

目前流媒体的主要文件格式有 RM、ASF、MOV、MPEG-1、MPEG-2、MPEG-4、MP3 等。

2.流媒体技术

（1）顺序流式传输

顺序流式传输是顺序下载,在下载文件的同时用户可观看在线媒体,在给定时刻,用户只能观看已下载的那部分,而不能跳到还未下载的前面部分。顺序流式传输比较适合高质量的短片段,如片头、片尾和广告,由于该文件在播放前观看的部分是无损下载的,这种方法保证电影播放的最终质量。这意味着用户在观看前,必须经历延迟,对较慢的连接尤其如此。顺序流式传输不适合长片段和有随机访问要求的视频,如讲座、演说与演示。顺序流式传输不支持现场广播,严格来说,它是一种点播技术。

（2）实时流式传输

实时流式传输是指保证媒体信号带宽与网络链接配匹,使媒体可被实时观看到。实时流与 HTTP 流式传输不同,它需要专用的流媒体服务器与传输协议。实时流式传输总是实时传送,特别适合现场事件,也支持随机访问,用户可快进或后退以观看前面或后面的内容。理论上,实时流一经播放就可不停止,但实际上,可能会发生周期暂停。实时流式传输必须配匹连接带宽,这意味着在以调制解调器速度连接时图像质量较差。而且,由于出错丢失的信息被忽略掉,网络拥挤或出现问题时,视频质量较差。实时流式传输需要特定服务器,如 QuickTime Streaming Server、RealServer 与 Windows Media Server。还需要特殊网络协议,如 RTSP（Realtime Streaming Protocol）或 MMS（Microsoft Media Server）。这些协议在有防火墙时有时会出现问题,导致用户不能看到一些地点的实时内容。

3.流媒体播放方式

（1）单播

在客户端与媒体服务器之间需要建立一个单独的数据通道,从一台服务器送出的每个数据包只能传送给一个客户机,这种传送方式称为单播。

（2）组播

IP 组播技术构建了一种具有组播能力的网络,允许路由器一次将数据包复制到多个通道上。采用组播方式,单台服务器能够对几十万台客户机同时发送连续数据流而无延时。媒体服务器只需发送一个信息包,而不是多个;所有发出请求的客户端共享同一信息包。信息可发送到任意地址的客户机,减少网络传输的信息包的总量。网络利用效率大大提高,成本大幅下降。

（3）点播

点播连接是客户端与服务器之间的主动连接。在点播连接中,用户通过选择内容项目来初始化客户端连接。用户可以开始、停止、后退、快进或暂停流。点播连接提供了对流的最大控制,但这种方式因每个客户端各自连接服务器,会迅速用完网络带宽。

（4）广播

广播指的是用户被动接收流。在广播过程中,客户端接收流,但不能控制流,如用户不能暂停、快进或后退该流。广播方式中数据包的单独一个拷贝将发送给网络上的所有用户。

三、任务实施

Windows Media Player 12 支持 CD、MP3 等多种格式数字音频文件,它不仅是一个媒体播放器,还是一款既实用又简单的 CD 播放、刻录、翻录软件,它提供了直观易用的界面,你可将 CD 放到 CD-ROM 驱动器中播放 CD,也可将你喜爱的音乐刻录成 CD。

1.创建播放列表

使用 Windows Media Player 播放多媒体文件、CD 唱片的操作步骤如下:

①单击"开始"→"所有程序"→"Windows Media Player"命令,打开"Windows Media Player"窗口,如图 8-7 所示。

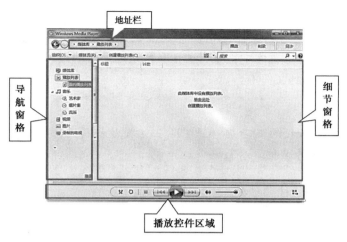

图 8-7　"Windows Media Player"窗口

②单击"导航窗格"中的播放列表,在"细节窗格"中单击"单击此处"后,在"导航窗格"中输入播放列表的标题,如图 8-8 所示。

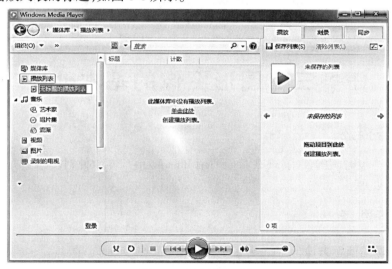

图 8-8　新建播放列表

③浏览媒体库,选择要添加到播放列表的项目。可通过将这些项目拖放到导航窗格中播放列表名称上来添加项目。

2.播放 CD 或 DVD

①将要播放的光盘插入驱动器。通常情况下,光盘将自动开始播放。如果光盘未自动播放,或者你想要播放已插入的光盘,请打开 Windows Media Player,然后在播放器媒体库的导航窗格中单击该光盘的名称。

②如果你插入的是 DVD,则单击 DVD 标题或章节名称。当你在播放器媒体库中开始播放 DVD 或 VCD 时,播放器会自动切换到"正在播放"模式。

3.从 CD 翻录音乐

①为达到最佳效果,请确保在开始操作之前先连接 Internet。将计算机连接 Internet 时,播放器会尝试从联机数据库中检索有关正在翻录的曲目的媒体信息;然后,播放器在翻录期间将这些信息添加到文件中。

> **温馨提示**
>
> 计算机未连接 Internet 时也可翻录 CD,但是播放机将无法识别 CD 的名称、创建 CD 的艺术家或歌曲的名称。

②将音频 CD 放入 CD 驱动器。

③如果要为翻录过程中创建的文件选中其他格式(如 MP3 而不用 WMA)或其他比特率(如 192 kB/s 而非 128 kB/s),请在播放机库中单击"翻录设置"菜单,然后单击"格式"或"音频质量"。

④如果不想翻录所有歌曲,则在播放机库中清除不想翻录的歌曲旁边的复选框。在"正在播放"模式下单击"翻录 CD"按钮或在播放机库中单击"翻录 CD"都可以开始翻录。

⑤翻录歌曲之后,可在播放机库中查找和播放这些歌曲。

任务三　图形图像的基本处理

一、任务描述

小李通过一段时间的使用,现在希望利用 Photoshop CS6 软件对图像进行放大缩小、图像合成效果的处理。

二、任务准备

1.图形图像的表示方法

(1)矢量图和位图

矢量图不用大量的单个点来建立图像,而是用一个指令集合来描述图像。

点阵图又称位图,是对视觉信号在空间和亮度上做数字化处理后获得的数字图像。点阵图由若干个像素组成,把描述图像中各个像素点的亮度和颜色的数位值对应一个矩阵进行存储,这些矩阵值映射成图像。点阵图可以装入内存直接显示。

(2)位图文件大小的计算

文件的字节数=图像分辨率(x 方向的像素数×y 方向的像素数)×图像量化位数(二进制颜色位数)/8

2.多媒体数据基础

（1）图像信息处理基础

在各种多媒体信息中,图形、图像的使用是人们研究和应用较多的一类媒体信息。

图像是指由输入设备捕捉的实际场景画面,或以数字化形式存储的任意画面。像素是图像的基本组成单位。人们在评价一幅图像时,最基本的指标就是图像的清晰度和颜色还原的真实度。也就是说,图像的质量与图像的分辨率及颜色深度有直接关系。

①分辨率:用来量化说明图像清晰度和精细度的数值,是指单位长度内所包含像素点的数目,通常用像素/英寸(dpi)表示,如 600 dpi 就是表示该图像在每英寸的长度上有 600 个像素点。dpi 的数值越大,像素点的数目越多,图像对细节的表现力越强,清晰度也就越高。

在计算机应用领域中,分辨率有 3 种类型:屏幕分辨率、显示分辨率和图像分辨率。

屏幕分辨率:显示器屏幕上的最大显示区域,即水平与垂直方向的像素个数。它是由显示器硬件条件决定的,一般个人计算机显示器的屏幕分辨率为 72 dpi 或 96 dpi。

显示分辨率:显示适配器(显卡)的分辨率。显示分辨率由水平方向的像素总数和垂直方向的像素总数构成,在计算机中通常用 CGA、VGA、EGA、SVGA 等标准来描述。例如,标准 VGA 显示分辨率为 640×480,常见显示分辨率标准有 640×480、800×600、1 024×768、1 280×1 024、1 600×1 280 等。

图像分辨率:数字化图像的大小,即该图像的水平与垂直方向的像素个数。

②像素:构成位图图像的最小单位。

图像文件大小:用字节表示图像文件大小时,一幅未经压缩的数字图像的数据量大小计算为:

$$图像数据量大小 = 像素总数 × 图像深度 ÷ 8$$

【例如】 一幅 640×480 的 256 色图像为:640×480×8/8 = 307 200 字节 = 300 kB;一幅 1 024×768的 24 位真彩色图像大小为 1 024×768×24/8 kB = 2 304 kB。

温馨提示

上述例子中,图像深度表述的一个是 256 色,一个是 24 位,因此代入公式中的值不同。

（2）音频信息处理基础

计算机音频技术主要包括声音的采集、数字化、压缩/解压缩以及声音的播放。

数字化主要包括采样和量化这两个方面。

①采样频率(sampling rate):将模拟声音波形转换为数字时,每秒钟所抽取声波幅度样本的次数,单位 Hz(赫兹)。

②量化数据位数(也称量化级):每个采样点能够表示的数据范围,经常采用的有 8 位、12 位和 16 位。

音频数字化就是将模拟的(连续的)声音波形数字化(离散化),以便利用数字计算机进行处理的过程,主要参数包括采样频率(Sample Rate)和采样数位/采样精度(Quantizing,

也称量化级)两个方面,这二者决定了数字化音频的质量。采样频率是对声音波形每秒钟进采样的次数。根据这种采样方法,采样频率是能够再现声音频率的一倍。人耳听觉的频率上限在 20 kHz 左右,为了保证声音不失真,采样频率应在 40 kHz 左右。经常使用的采样频率有 11.025、22.05 和 44.1 kHz 等。采样频率越高,声音失真越小,音频数据量越大。采样数位是每个采样点的振幅动态响应数据范围,经常采用的有 8 位、12 位和 16 位。例如,8 位量化级表示每个采样点可以表示 256 个(0~255)不同量化值,而 16 位量化级则可表示 65 536 个不同量化值。采样量化位数越高音质越好,数据量也越大。

反映音频数字化质量的另一个因素是通道(或声道)个数。记录声音时,如果每次生成一个声道数据,称为单声道;每次生成两个声波数据,则称为立体声(双声道)。

数字音频的存储量:可用以下公式估算声音数字化后每秒所需的存储量(未经压缩的)。

$$存储量 = \frac{采样频率 \times 采样数位}{8(字节数)}$$

若使用双声道,存储量再增加一倍。

例如,数字激光唱盘(CD-DA,红皮书标准)的标准采样频率为 44.1 kHz,采样量化位数为 16 位,立体声。1 min CD-DA 音乐所需的存储量为 44.1×16×2×60÷8 kB = 10 584 kB。

三、任务实施

(1)图像放大缩小

使用 Photoshop CS6 图形图像处理软件,把素材中的图片通过放大镜功能进行放大或缩小操作。具体操作步骤如下:

①打开 Photoshop CS6,接着打开"koala.jpg"图片,并将其存储为"koala.psd",如图8-9所示。

图 8-9 打开"koala.jpg"

②选择"工具箱"→"缩放工具"命令,如图 8-10 所示,打开"缩放工具"工具栏,选择"缩小"工具,如图 8-11 所示,单击图片,缩小后的效果如图 8-12 所示。

③保存文件。

图 8-10　"缩放工具"　　　　　　　　　　图 8-11　"缩小"工具

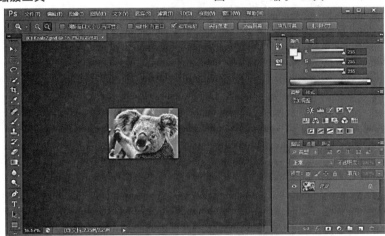

图 8-12　图像缩小后的效果

（2）图像合成

通过使用 Photoshop CS6 图形图像处理软件，把素材中的一位小孩合成两个小孩的效果，并保持原画布颜色。具体操作步骤如下：

①在 Photoshop CS6 中打开"欢笑.jpg"图片，并将其存储为"欢笑.psd"，如图 8-13 所示。

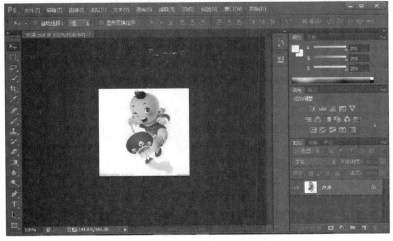

图 8-13　打开"欢笑.jpg"图片

②使用快捷键"Ctrl+J"复制图层,得到"图层 1",如图 8-14 所示。

③选择"图像"→"画布大小",打开"画布大小"对话框,设置参数宽度为 15 cm。

④单击"确定"按钮,然后使用工具箱中的"移动工具"移动"图层 1"中的图像到画布的右侧,左侧用透明的栅格色填充。

⑤依次选择"编辑"→"变换"→"水平翻转"命令,改变"图层 1"中的图像位置,如图 8-15 所示。

⑥保存文件。

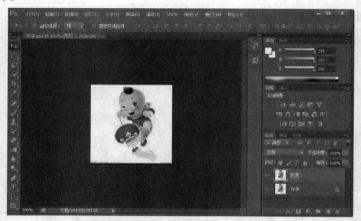

图 8-14　复制图层

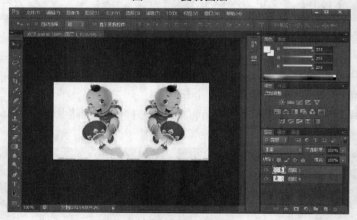

图 8-15　图像水平翻转后的效果

项目小结

通过本项目的学习,能让学生理解多媒体、多媒体技术及流媒体的基本概念,并学会使用 Windows 7 系统多媒体声音的处理方法,使用 Windows 7 系统多媒体播放器及图像的基本处理方法。

项目考核

一、单选题

1.多媒体计算机必须配置(　　)。

　A.触摸屏、CD-ROM 驱动器、数字照相机、电影卡

　B.声音卡、CD-ROM 驱动器、VGA 显示器、扬声器

　C.声音卡、CD-ROM 驱动器、电影卡、视频卡

　D.视频卡、CD-ROM 驱动器、声音卡、VGA 显示器

2.多媒体计算机系统的两大组成部分是(　　)。

　A.多媒体器件和多媒体主机

　B.音箱和声卡

　C.多媒体输入设备和多媒体输出设备

　D.多媒体计算机硬件系统和多媒体计算机软件系统

3.多媒体计算机软件系统的核心是(　　)。

　A.多媒体操作系统　　　　　　　B.多媒体数据处理软件

　C.多媒体驱动软件　　　　　　　D.多媒体应用软件

4.具有多媒体功能的微型计算机系统,常用 CD-ROM 作为外存储器,它是(　　)。

　A.只读硬盘　　　B.可读可写存储器　　C.只读存储器　　　D.只读大容量软盘

5.计算机多媒体信息不包括(　　)。

　A.文本、图形　　　B.音频、视频　　　C.图像、动画　　　D.光盘、声卡

二、判断题

1.多媒体计算机可以处理图像和声音信息,但不能处理文字。　　　　　　　　　(　　)

2.多媒体技术中的关键技术之一是数据的压缩与解压缩技术,其目的是提高对数据的存储和传输效率。　　　　　　　　　　　　　　　　　　　　　　　　　　　　(　　)

3.MP3 是利用 MPEG Audio Layer 3 的技术,将音乐文件进行压缩。　　　　　(　　)

三、填空题

1.多媒体技术是计算机交互式综合处理多媒体信息_____、_____、_____、_____、_____、_____等,使多种信息建立逻辑连接,集成为一个具有交互性的系统。

2.不经过压缩,保存一幅 1 024×768 的 24 位真彩色位图需要的存储空间为_____ kB。(要求填写最终的计算结果)

项目九　信息安全与防护

　　本项目将简要介绍信息安全相关理论知识和信息安全相关工具的使用,以及信息安全法律法规等内容。

知识目标

- ◆　了解信息和信息安全概念;
- ◆　了解信息安全的划分及相关信息安全技术;
- ◆　了解信息安全相关法律法规;
- ◆　掌握计算机病毒相关概念及防护方法。

技能目标

- ◆　熟练运用 360 杀毒软件对计算机进行病毒查杀和处理。

任务一　信息安全相关理论知识

一、任务描述

　　一天,小王上网浏览新闻时,看到了斯诺登的相关报道,并知道了棱镜项目的存在;而就在前几个星期,他同学的 QQ 号被盗。小王结合自身的专业特点,决定从书籍和网络上找寻一些信息安全的资料来好好学习信息安全,以便在计算机爱好者协会上做一些分享。

二、任务准备与实施

1.信息安全相关概念

　　(1)信息安全

　　信息安全是指保护信息及信息系统在信息存储、处理、传输过程中不被非法访问或修改,且对合法用户不发生拒绝服务的相关理论、技术和规范。

　　信息安全至少应提供下述 3 个方面的内涵属性(也称为 CIA):

　　• 保密性:保证信息只提供给授权者使用,而不泄露给未授权者。

- 完整性:保证信息从真实的发信者传送到真实的收信者,传送过程中没有被他人添加、删除和替换。

- 可用性:保证信息和信息系统随时为授权者提供服务,不会出现非授权者滥用及对授权者拒绝服务的情况。

除此之外,可能还需保证信息的真实性、可控性和抗否性。

（2）计算机安全

为数据处理系统建立和采取的技术及管理的安全保护,保护计算机硬件、软件、数据不因偶然的或恶意的原因而遭到破坏、更改和暴露。此定义包含以下两个方面的内容:

- 物理安全:计算机及相关设备的安全,如防火、防盗、防雷、防电磁泄漏、防鼠虫害等。

- 逻辑安全:计算机中信息的完整性、保密性和可依赖性,它可通过使用口令、加密、权限设置等方法来实现。

计算机安全一般包括实体安全、网络与信息安全和运行安全,其中最重要的是存储数据的安全。

（3）网络安全

网络安全是指防止网络环境中的数据、信息被泄露和篡改,以及确保网络资源可由授权方按需使用的方法和技术。网络安全从其本质上讲是网络上的信息安全。

当今世界,各行各业都朝着数字化、网络化、智能化的方向发展,信息、计算机和网络已密不可分。从信息安全的角度来看,计算机安全与网络安全的含义基本一致,计算机安全更侧重静态信息的保护,网络安全则更侧重于动态信息的保护。

2.信息安全威胁

常见的信息安全威胁包括信息泄露、破坏信息完整性、拒绝服务、非授权访问、窃听、假冒、网络钓鱼、社会工程攻击、特洛伊木马（Trojan Horse）、陷阱门、重放攻击、抵赖、计算机病毒、人员不慎、媒体废弃、物理入侵、窃取等。这些威胁的主要来源有自然灾害、意外事故、计算机犯罪、黑客行为、内外部泄密、网络协议自身缺陷以及网络嗅探等。

3.信息安全技术

从广义上看,信息安全技术包括物理安全技术、计算机平台安全技术、数据安全技术、通信安全技术和网络安全技术5个方面。

- 物理安全技术:主要保障信息系统相关设备,如计算机、打印机、路由器、防火墙等的防灾、防盗、防电磁泄漏、防鼠虫害等的相关技术。

- 计算机平台安全技术:主要包括身份鉴别技术、信息认证技术、访问控制技术、病毒防治技术以及漏洞扫描技术等。

- 数据安全技术:主要包括数据加密技术、密钥管理技术、信息隐藏技术、内容安全技术和容灾恢复技术等。

- 通信安全技术:主要包括专网技术、模拟置乱技术、猝发通信技术、扩频通信技术、混沌通信技术等。

● 网络安全技术：主要包括身份认证技术、访问控制技术、网络监控技术、安全评估与审计技术、防火墙技术、虚拟专用网络技术、入侵检测与防御技术、网络隔离技术、网络安全扫描技术和匿名通信技术等。

（1）加密技术

曾经有一部风靡一时的电影《风语者》讲述的是：第二次世界大战初期，在太平洋战场上，日军总能用各种方法破译美军的密电码，这令美军在战场上吃尽了苦头。为了改变这种局面，1942年，29名印第安纳瓦霍族人被征召入伍，因为他们的语言外族人听不懂，所以美军将他们训练成了专门的译电员，人称"风语者"。

事实上，这些"风语者"使用自己的语言传递机密军事信息的行为就是在加密。加密技术是信息安全的核心技术。加密技术作为保障数据安全的一种方式，早在古罗马时期就已经很流行了，相传凯撒常用一种"密表"给他的朋友写信，这里的"密表"在密码学上称为"凯撒密表"。用现代的眼光看，凯撒密表是一种相当简单的加密变换，就是把明文中的每一个字母用它在字母表上位置后面的第三个字母代替（如 A 用 D 表示），如图9-1所示。

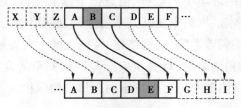

图 9-1　凯撒密表原理

当然，随着计算机密码学的发展，类似于凯撒密表的古典加密方法或传统的替换—换位加密法已经过时，使用计算机技术就可以轻易破解。常用的现代加密技术包括对称密钥加密技术和非对称密钥加密技术。对称密钥加密技术的加密密钥和解密密钥相同，主要加密算法有 DES、AES、IDEA、RC 系列和 Blowfish 等。非对称密钥加密技术使用收信方的公钥进行加密，使用收信方的私钥进行解密。公钥一般是公开的密钥（向通信的参与者公开）；而私钥是严格保密的，只属于合法持有者本人所有。著名的非对称密钥加密算法有 RSA 算法、ElGamal 算法、ECC 算法和背包算法（多个公钥、一个私钥）等。在非对称密钥体系中，如果使用发送者的私钥进行加密，接收者使用发送者的公钥进行解密，这就是典型的数字签名，就犹如传统的手写签名一样。数字签名可以使得接收方能够通过公钥核实发送者，发送方事后不能否认该签名，其他人员也不能伪造该签名。Windows 系统下的 EFS（加密文件系统）使用 AES 加密算法对文件进行加密和使用 RSA 算法对 AES 算法中的对称密钥进行加密。

密码技术的使用使得数据具有机密性，数字签名技术的使用使得数据具有抗否性。而数据的完整性需要依赖消息摘要技术（Message Digest）来实现，一旦数据改变，生成的摘要就会发生变化。

（2）防火墙技术

在古代,人们常常就地取材,建造木质结构的房屋。一旦发生火灾,这种结构的房屋难免被付之一炬。于是古人就在房屋的周围搭建坚固的石块堆砌成墙,称为防火墙,用以阻挡火势的蔓延。在计算机网络世界里,防火墙作为内外网络的屏障,保护内部网络的机密信息不因外部网络的不安全而遭受窃取和篡改。防火墙通过有效、细致的访问控制规则来满足用户必要的通信和信息共享需求,屏蔽其他任何未经授权的网络访问,并能监视网络运行状态。防火墙原理如图9-2所示。

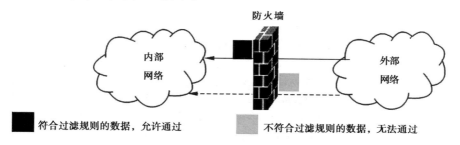

图9-2 防火墙原理

防火墙按OSI(开放系统互联参考模型)模型层次,可划分为网络层防火墙(即包过滤防火墙)和应用层防火墙(即代理防火墙);按产品形式,可划分为硬件防火墙和软件防火墙。

在Windows 7系统下也有防火墙,其防火墙的开启方法是:在"控制面板"里找到"Windows防火墙"(把查看方式设置为大图标),打开后弹出如图9-3所示的对话框,单击左边的"打开或关闭Windows防火墙",将弹出如图9-4所示的对话框。

图9-3 Windows 7系统防火墙

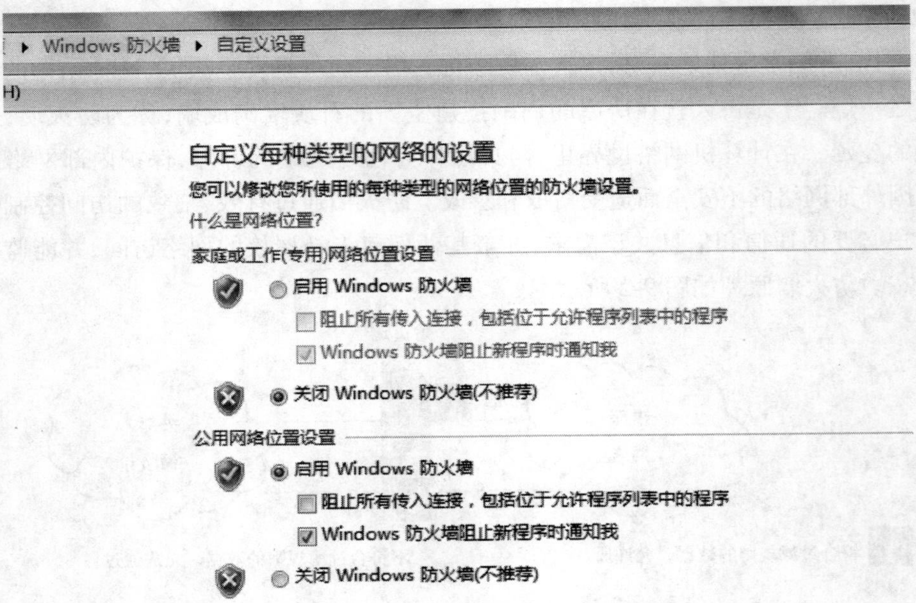

图9-4　Windows 7 系统防火墙自定义设置

在图9-4中,当连接到一个网络时会询问是连接到家庭网络、公用网络还是办公网络,可根据情况选择一个网络。一般家庭网络是受信任的网络,可以不开启防火墙,而公用网络是不受信任的网络,需要开启防火墙。当然二者都可以开启防火墙。

(3)身份鉴别技术

身份鉴别技术可以识别访问者的身份,同时还可验证访问者声称的身份。常见的身份鉴别技术有口令、某种令牌(如磁卡)、生物识别技术(如指纹、视网膜、DNA、面部、声音等)。有了身份鉴别技术,接下来就可以使用访问控制技术控制并限制用户的访问活动。使用口令进行身份验证,如图9-5所示。

想 一 想

验证码是为了验证什么?

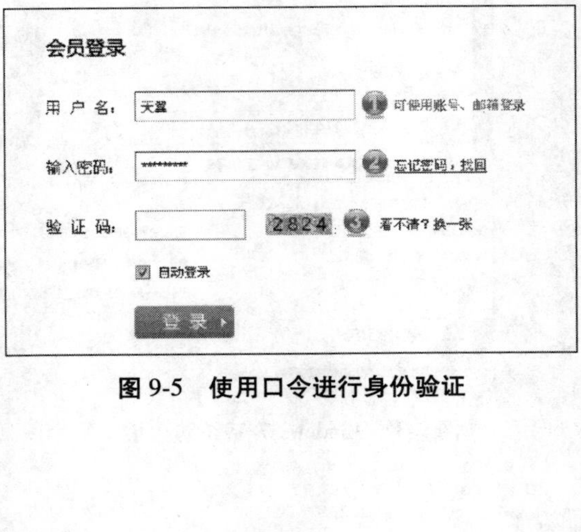

图9-5　使用口令进行身份验证

（4）内容审查技术

检查内容是否合法,是否是病毒或木马,如论坛、贴吧、微信、微博等都有自身的内容检查机制,而大多数邮件系统(如 QQ 邮箱、网易邮箱等)也都有自己的垃圾邮件过滤机制和防病毒、木马机制,防止垃圾邮件的泛滥或病毒、木马对计算机的侵害。

4.信息安全风险评估

安全是一个形容词,如何确定网络信息是安全的还是不安全的? 这就需要对信息系统进行安全风险评估。一般认为,信息系统的安全风险是一种潜在的、尚未发生但可能发生的安全事件。存在的风险一旦转化为真实的安全事件就会危害信息系统的安全性。任何信息系统都有安全风险。因此,安全的信息系统,实际是指信息系统在实施了风险评估并作出风险控制后,仍然存在的残余风险可被接受的信息系统。因此,要追求信息系统的安全,就不能脱离全面、完整的信息系统的安全评估,就必须运用风险评估的思想和规范对信息系统开展风险评估。

5.信息安全相关法律、法规

①宪法——公民的通信自由和通信秘密受法律的保护。

《中华人民共和国宪法》第二章"公民的基本权利和义务"第四十条规定:"中华人民共和国公民的通信自由和通信秘密受法律的保护。除因国家安全或者追查刑事犯罪的需要,由公安机关或者检察机关依照法律规定的程序对通信进行检查外,任何组织或者个人不得以任何理由侵犯公民的通信自由和通信秘密。"

②刑法——计算机犯罪。

《中华人民共和国刑法》第六章,妨碍社会管理秩序罪,第一节,扰乱公共秩序罪第二百八十五条、第二百八十六条、第二百八十七条。

- 第二百八十五条:非法侵入计算机信息系统罪。

违反国家规定,侵入国家事务、国防建设、尖端科学技术领域的计算机信息系统的,处三年以下有期徒刑或者拘役。违反国家规定,侵入前款规定以外的计算机信息系统或者采用其他技术手段,获取该计算机信息系统中存储、处理或者传输的数据,或者对该计算机信息系统实施非法控制,情节严重的,处三年以下有期徒刑或者拘役,并处或者单处罚金;情节特别严重的,处三年以上七年以下有期徒刑,并处罚金。提供专门用于侵入、非法控制计算机信息系统的程序、工具,或者明知他人实施侵入、非法控制计算机信息系统的违法犯罪行为而为其提供程序、工具,情节严重的,依照前款的规定处罚。单位犯前三种罪的,对单位判处罚金,并对其直接负责的主管人员和其他直接责任人员,依照各该款的规定处罚。

- 第二百八十六条:破坏计算机信息系统罪。

违反国家规定,对计算机信息系统功能进行删除、修改、增加、干扰,造成计算机信息系统不能正常运行,后果严重的,处五年以下有期徒刑或者拘役;后果特别严重的,处五年以上有期徒刑。违反国家规定,对计算机信息系统中存储、处理或者传输的数据和应用程序进行删除、修改、增加的操作，后果严重的，依照前款的规定处罚。故意制作、传播计算机病毒等破坏性程序，影响计算机系统正常运行，后果严重的，依照第一款的规定处罚。单位犯前三种罪的，对单位判处罚金，并对其直接负责的主管人员和其他直接责任人员，依照第一款的规定处罚。

● 第二百八十七条：利用计算机实施犯罪的提示性规定。

利用计算机实施金融诈骗、盗窃、贪污、挪用公款、窃取国家秘密或者其他犯罪的，依照本法有关规定定罪处罚。

③治安管理处罚法。

《中华人民共和国治安管理处罚法》第三章，违反治安管理的行为和处罚，第一节扰乱公共秩序的行为和处罚第二十九条规定：

故意制作、传播计算机病毒等破坏性程序，影响计算机信息系统正常运行的。

《中华人民共和国治安管理处罚法》其他规定（与非法信息传等播相关）：第四十二条、第四十七条、第六十八条。

④保守国家秘密法。

⑤电子签名法——电子签名与传统手写签名和盖章具有同等的法律效力。

⑥全国人大关于维护互联网安全的决定。

⑦计算机信息系统安全保护条例。

⑧商用密码管理条例。

⑨计算机信息系统安全专用产品检测和销售许可证管理办法。

⑩计算机信息系统保密管理暂行规定。

⑪计算机病毒防治管理办法。

⑫最高人民法院、最高人民检察院关于办理利用信息网络实施诽谤等刑事案件适用法律若干问题的解释。

任务二　查杀计算机病毒

一、任务描述

某天，小李反映最近一段时间计算机运行速度非常慢，已严重影响了计算机的正常使用，想让小王诊断一下。小王经过一番检查，初步判断计算机中了病毒，需要安装杀毒软件进行病毒查杀。

二、任务准备

1.计算机病毒的概念

计算机病毒(Computer Virus)在《中华人民共和国计算机信息系统安全保护条例》中被明确定义:"编制或者在计算机程序中插入的破坏计算机功能或者毁坏数据,影响计算机使用并能自我复制的一组计算机指令或者程序代码"。由此可知,计算机病毒是人为编制的具有破坏作用的特殊程序或代码片段。

计算机病毒依附存储介质进入硬盘、U盘、光盘等构成传染源。病毒激活是将病毒放在内存,并设置触发条件,触发条件是多样化的,可以是时钟、系统的日期、用户标识符,也可以是系统一次通信等。条件成熟的病毒就开始自我复制到传染对象中,进行各种破坏活动等。

2.计算机病毒的特征

计算机病毒具有传染性、隐蔽性、破坏性、潜伏性、可激发性等特点。

3.计算机病毒的分类

常见的计算机病毒有系统病毒(前缀为 Win95、Win32、PE、W32、W95 等)、蠕虫病毒(前缀为 Worm)、木马病毒(前缀为 Trojan)、脚本病毒(前缀为 Script)、宏病毒(前缀为 Macro)、后门病毒(前缀为 Backdoor)、玩笑病毒(前缀为 Joke)、破坏性病毒(前缀为 Harm)等。

4.计算机病毒的症状

计算机感染了病毒后的症状很多,其中以下 10 种最为常见:计算机系统运行速度明显减慢;经常无缘无故地死机或重新启动;丢失文件或文件损坏;打开某网页后弹出大量对话框;文件无法正确读取、复制或打开;以前能正常运行的软件经常发生内存不足的错误,甚至死机;出现异常对话框,要求用户输入密码;显示器屏幕出现花屏、奇怪的信息或图像;浏览器自动链接到一些陌生的网站;鼠标或键盘不受控制等。

5.计算机病毒的传染途径

通过因特网传播,它是病毒传播的主要途径;通过移动存储介质传播,通过光盘等传播。

6.计算机病毒的防治

在计算机的日常使用过程中,应经常备份、及时升级、定期杀毒、访问有度,做到"以防为主,以治为辅,防治结合"。重要的文件可以备份到某个云盘上,对计算机上的各种软件包括杀毒软件要及时升级,应设置每月杀毒计划(一般杀毒软件都有此功能),计算机使用者在上网过程中应尽量访问大的、知名的网站,严禁点击来历不明的链接。常见的杀毒软件有 360 杀毒、金山毒霸、瑞星杀毒、百度杀毒等。

三、任务实施

1.安装360杀毒软件和360安全卫士

可从360官网下载杀毒软件和360安全卫士。双击下载的文件即可安装杀毒软件,如图9-6所示,单击"更改目录"按钮可以改变安装目录,一般默认即可。安装好后,就会弹出如图9-7所示的窗口。

图9-6 安装360杀毒软件

图9-7 安装好后的360杀毒软件界面

2.全盘扫描病毒

单击任务栏右侧通知区域中的图标"□"也可弹出如图9-7所示的窗口。单击"全盘扫描"图标按钮即可对整个硬盘进行扫描,但需要花较长时间;"快速扫描"时间比较短,但是只对运行系统必需的位置进行扫描。另外,也可单击右下角的"自定义扫描"图标进行扫描。

3.设置定期扫描病毒

单击右边顶部的"设置"二字,会弹出如图9-8所示的对话框,在该对话框中单击左边的"病毒扫描设置"项,接下来用鼠标勾选下方的"启用定时扫描",可设置扫描类型为"全盘扫描"(或快速扫描),单击"每月"单选按钮,并设置一个日期和时间。当到达预定时间点,只要计算机开着,杀毒软件将进行自动扫描操作。

图9-8　360杀毒软件的定时扫描设置

知识拓展

　　使用360安全卫士可以专门进行木马病毒的扫描，同时还可对系统进行垃圾清理、漏洞修复和加速优化等。

项目小结

　　信息是事务运动的状态和状态的变化方式，是与能量、物质一起构成物质世界的三大要素之一；信息技术通常被分为信息获取、信息传送、信息处理和信息检索4类技术。常见的信息系统包括决策支持系统、管理信息系统和专家系统等。信息安全是指保护信息及信息系统在信息存储、处理、传输过程中不被非法访问或修改，而且对合法用户不发生拒绝服务的相关理论、技术和规范。信息安全面临的威胁主要来自自然灾害、意外事故、计算机犯罪、黑客行为、内外部泄密、网络协议自身缺陷以及网络嗅探等。国家逐步颁布相关法律规范网络行为、保障相关权益。该项目最后讲述了如何养成查杀病毒的良好习惯，保障个人计算机系统的相对安全与稳定。

拓展训练

　　1.加密计算机中的文件，要求对加密证书进行备份，并对加密进行测试（如把文件复制到其他计算机或用其他用户登录计算机查看文件）。

　　2.建立用户和组，并设置文件夹访问权限。

　　3.打开计算机中的防火墙，允许某一程序或功能通过防火墙进行通信。

项目考核

一、单选题

1.计算机病毒是指在计算机磁盘上进行自我复制的（　　　）。

    A.一段程序　　　　　B.一条命令　　　　　C.一个文件　　　　　D.一个标记

2.计算机病毒的特征不包括（　　　）。

    A.破坏性　　　　　B.传染性　　　　　C.毁灭性　　　　　D.隐蔽性

3.计算机病毒不可能潜伏在（　　　）。

    A.外存　　　　　B.内存　　　　　C.光盘　　　　　D.U 盘

4.信息安全技术是指保障网络信息安全的方法，（　　　）是保护数据在网络传输过程中不被窃听、篡改或伪造的技术，它是信息安全技术的核心。

    A.访问控制技术　　　B.加密技术　　　　C.数字签名技术　　　D.防火墙技术

5.为保护计算机网络不受外部网络的攻击，最常采取的技术措施是（　　　）。

    A.访问控制技术　　　B.加密技术　　　　C.数字签名技术　　　D.防火墙技术

6.三国演义中"蒋干盗书"的故事说的是：赤壁之战时，蒋干从周瑜处偷走了东吴事先伪造好的蔡瑁、张允的投降书，交给曹操，曹操一怒之下将二人斩首示众，致使曹操失去了仅有的两位水军将领，最后落得"火烧三军命丧尽"的下场。这说明信息具有（　　　）。

    A.共享性　　　　　B.时效性　　　　　C.真伪性　　　　　D.价值相对性

7.下列说法中，正确的是（　　　）。

    A.信息的泄露在信息的传输和存储过程中都会发生

    B.信息的泄露在信息的传输和存储过程中都不会发生

    C.信息的泄露只在信息的传输过程中发生

    D.信息的泄露只在信息的存储过程中发生

二、判断题

1.传播网络谣言，并以此牟利，这只是属于个人思想道德问题，不构成犯罪。（　　　）

2.信息产业是指将信息转变为商品的行业，它包括软件、数据库、各种无线通信服务和在线信息服务等，而 IT 设备的生成制造则不包括在内（被划为制造业）。（　　　）

3.用户 A 通过计算机网络将同意签订合同的消息发送给用户 B，为了防止用户 A 否认发送过的消息，应该在计算机网络中使用数字签名。（　　　）

4.防火墙是万能的，可以阻挡任何未经非法的内容。（　　　）

5.计算机病毒也有良性的，这种病毒不会破坏计算机的数据或程序。当该类病毒运行时，它只会占用计算机资源，而不会导致计算机系统瘫痪。（　　　）

6.木马程序是目前比较流行的病毒文件，它通过将自身伪装吸引用户下载执行，进而可以任意毁坏、窃取用户的文件，甚至远程操作中毒的计算机。（　　　）

三、填空题

1.为了保障信息在网络传输过程中不被非法窃听，应对信息进行_____传输。

2.计算机病毒主要通过_____传播。

附　录

附录 1　全国高等院校计算机等级考试（重庆考区）考试大纲（2013 年）

一级考试大纲

一、考核基本要求

1.了解计算机基础知识,掌握计算机系统的基本组成及工作原理。

2.掌握计算机操作系统的基本知识。

3.具备使用微机系统的基本能力,掌握 Windows 的使用方法。

4.熟练掌握一种汉字输入法,要求达到 20 字/分。

5.掌握 Office 办公自动化软件的功能、基本知识、使用方法和基本操作。

6.了解数据库基本知识及基本操作。

7.了解网页制作技术及基本操作。

8.了解多媒体技术及基本知识。

9.掌握计算机网络的基本知识。

10.掌握信息技术与信息安全基本常识、计算机病毒及防治常识。

11.了解计算机及应用新技术。

12.上机考试要求:

上机考试时间为 1 小时,内容包括 Windows 操作、Word 操作(含文字录入)、Excel 操作、PowerPoint 操作、网页制作和数据库操作。

二、考试内容

(一)计算机基础知识

1.计算机的发展、特点、分类及应用。

2.数制的概念,二、八、十及十六进制的表示和相互转换。

3.计算机的数与编码,计算机中数的表示,字符、汉字的编码。

4.计算机中信息的存储单位:位、字节、字、字长的概念。

5.汉字常用输入方法(熟练掌握一种);了解汉字输入码(外码)、内码、字库的概念。

(二)计算机系统基本组成

1.计算机系统的概念。

2.硬件系统。

(1)计算机的"存储程序"工作原理。

(2)硬件系统组成框图：

①中央处理器功能。

②存储器功能及分类：内存储器(RAM、ROM、EPROM、EEROM、Cache)；外存储器(硬盘、光盘、U 盘等)。

③外围设备功能及分类：键盘、鼠标、显示器、打印机、光驱和其他常用外围设备。

④总线结构(数据总线、地址总线、控制总线)。

⑤通用串行总线接口 USB。

(3)计算机的主要性能指标(运算速度、字长、内存容量、外围设备配置、软件配置、可靠性及性价比等)。

3.软件系统。

(1)系统软件。

(2)应用软件。

4.程序设计基础。

(1)指令和程序的概念。

(2)程序设计语言的分类及区别：机器语言、汇编语言、高级语言(面向过程)、4GL(非过程化,面向对象)。

(3)数据类型、控制结构的基本概念。

(三)操作系统

1.操作系统的基本概念、发展及分类。

2.操作系统的主要功能。

3.文件系统。

4.Windows 的基本知识及基本操作(Windows 7 及以上版本,2014 年 9 月执行)。

(四)办公自动化操作(Office 2010 及以上版本,2014 年 9 月执行)

1.字处理软件 Word 的使用。

①字处理的基本概念。

②Word 的基本功能、运行环境、启动和退出。

③文档的创建、打开、保存和关闭。

④文档的编辑、插入、查找、修改、替换、复制、删除和移动。

⑤文档的排版：字符格式、段落格式和页面格式的设置,打印文档。

⑥表格制作：表格的插入、修改,数据的填写与计算。

⑦图形的插入、简单处理及图文混排。

⑧文档修饰功能。

2.电子表格软件 Excel 的使用。

①电子表格的基本概念。

②Excel 的基本功能、运行环境、启动和退出。

③工作簿与工作表的概念,工作簿的保存与打开。

④工作表的创建、编辑和排版。

⑤工作表数据管理与应用。

⑥用工作表数据制作图表的基本操作。

3.电子文稿软件 PowerPoint 的使用。

①PowerPoint 的基本概念。

②PowerPoint 的基本功能、运行环境、启动和退出。

③PowerPoint 的制作及放映。

④PowerPoint 的超级链接功能。

(五)数据库基本知识及操作

1.数据库及数据库系统的基本知识。

2.关系数据模型。

3.数据库基本操作。

①建立数据库及数据表。

②数据查询。

(六)计算机网络基本知识

1.计算机网络基本知识。

①计算机网络的发展、分类和组成。

②计算机网络的拓扑结构。

③OSI/RM 七层协议的基本概念。

④TCP/IP 四层协议的基本概念。

⑤常用的计算机网络传输介质。

⑥因特网的作用及典型服务类型。

⑦常用网络连接设备的功能(网卡、调制与解调、集线器、交换机、路由器等)。

2.计算机局域网。

①局域网的种类、常用网络设备、组网方法。

②常用网络操作系统。

3.Internet 基本知识。

①IPv4 和 IPv6 地址表示。

②上网设置。

③域名及域名解析过程。

④Internet 的接入方法、Internet 信息服务种类。

⑤Internet 浏览器及搜索引擎的使用。

⑥文件上传与下载软件的使用。

⑦电子邮件的使用(账户设置、POP3 收件和 SMTP 发件服务器)。

4.网页设计与网站建立。

5.电子商务和电子政务的基本概念和主要功能。

(七)多媒体基础知识

1.多媒体与流媒体概念。

2.多媒体计算机系统的基本组成。

3.多媒体信息数字化和压缩与存储技术。

4.多媒体信息的计算机表示方法。

5.图像的分辨率、采样、量化、数字化、像素的概念。

6.多媒体信息(声音合成、声音片段截取、图像合成、图像放大缩小、动画、视频信息)的基本处理方法。

(八)信息技术与信息安全基本常识

1.软件工程概述及软件开发(软件的生命周期、软件开发过程、软件质量评价)。

2.信息技术的概念、发展、应用、信息产业。

3.信息系统概述、应用类型、信息系统开发(特点、指导原则、方法、方式、组织管理等),了解常见信息系统(MIS、DSS、ES 等)。

4.信息安全与计算机安全、网络安全的联系及区别。

5.信息安全技术在网络信息安全中的作用。

6.网络信息安全的解决方案及个人网络信息安全的策略。

7.计算机病毒的概念、种类、主要传播途径及预防措施。

8.信息素养与知识产权保护。

三、试卷结构及成绩评定方法

1.笔试题型及分值(考试时间 1 小时)。

①单项选择题(共 30 小题,每小题 1.5 分,共 45 分)。

②判断分析题(共 30 小题,每小题 1.5 分,共 45 分)。

③填空题(共 10 个空,每空 1 分,共 10 分)。

2.上机题型及分值(考试时间 1 小时)。

①汉字录入(20 分)。

②Word 编辑和排版(30 分)。

③Excel 操作(30 分)。

④Windows 基本操作(10 分)。

⑤PowerPoint 操作、网页制作和数据库选做一题(10 分)。

3.成绩评定方法

①笔试和上机分别计分,两门考试均为 60 分以上为及格成绩,均为 85 分以上为优秀成绩。

②本考试每年举行两次,考生可重复参加考试,并允许分别以笔试和上机更好的成绩刷新上次考试成绩。

附录2　全国高等学校(重庆考区) 非计算机专业计算机等级考试

一级笔试试题(2015年4月)

一、单选题(每题1.5分,45分)

1.微机系统中,1 GB 表示的二进制位数是(　　)bit。

  A.1 024×1 024　　　　　　　　　　B.1 024×1 024×8

  C.1 024×1 024×1 024　　　　　　　D.1 024×1 024×1 024×8

2.以下给出的模型中,(　　)不是数据库常见的数据模型。

  A.层次模型　　　B.概念模型　　　C.网状模型　　　D.关系模型

3.在下列传输介质中,信号质量不受电磁干扰的是(　　)。

  A.双绞线　　　B.光纤　　　C.同轴电缆　　　D.通信卫星

4.目前使用的智能手机中,与微信摇红包不相关的说法是(　　)。

  A.定位　　　B.匹配对象　　　C.随机分配　　　D.手机信号

5.全文搜索引擎一般采用(　　)方式来获取所需信息。

  A.人工　　　B.关键字搜索　　　C.蜘蛛程序　　　D.检索工具

6.由于采用了(　　)技术,使得在网络上连续实时播放的音视频等多媒体文件能够让用户一边下载一边观看(收听)。

  A.多媒体　　　B.ADSL　　　C.流媒体　　　D.智能化

7.计算机内部普遍采用二进制形式表示数据信息,其主要优点是(　　)。

  A.容易实现　　　　　　　　　　B.方便记忆

  C.书写简单　　　　　　　　　　D.符合人们的使用习惯

8.CPU 由运算器和控制器构成,其运算器又称为(　　)。

  A.ALU(算术逻辑单元)　　　　　B.CPU

  C.EPROM　　　　　　　　　　　D.ROM

9.主频又称为(　　)频率,它在很大程度上代表了 CPU 运算、处理数据的速度。

  A.速度　　　B.存取　　　C.时钟　　　D.运行

10.关系数据库系统能够实现的3种基本关系运算是(　　)、投影和连接。

  A.排序　　　B.查询　　　C.选择　　　D.统计

11.计算机网络的主要功能是(　　)。

  A.分布处理　　　　　　　　　　B.协同工作

  C.提高计算机可靠性　　　　　　D.数据通信、资源共享

12.在计算机运行中突然断电,存储媒体(　　)中的信息将会丢失。

  A.RAM　　　B.ROM　　　C.U 盘　　　D.硬盘

13.计算机的 CPU 能直接执行(　　　)程序。

    A.C 语言   B.高级程序语言   C.机器语言   D.汇编语言

14.即插即用硬件是指(　　　)。

    A.不需要 CMOS 支持即可使用硬件

    B.在 Windows 系统所能使用的硬件

    C.安装在计算机上不需要配置任何驱动程序就可使用的硬件

    D.硬件安装在计算机上后,系统会自动识别并完成驱动程序的安装和配置

15.用户可以使用(　　　)命令来检测当前网络连接是否正常。

    A.Ping   B.FTP   C.Telnet   D.Ipconfig

16.当前使用的台式计算机中,其中中央处理器(CPU)主要是由(　　　)公司生产的。

    A.IBM   B.Intel   C.NEC   D.曙光

17.3 个二进制位可以表示(　　　)种状态。

    A.8   B.7   C.4   D.3

18.存储一个 32×32 点阵汉字字型信息的字节数是(　　　)。

    A.64B   B.128B   C.256B   D.512B

19.计算机软件是指所使用的(　　　)。

    A.各种程序的集合   B.有关文档资料

    C.各种指令的集合   D.数据、程序和文档资料的集合

20.用高级语言 VC++编写的源程序,必须通过其语言处理程序进行(　　　),编程目标程序后才能在计算机上运行。

    A.解释   B.汇编   C.编译   D.翻译

21.操作系统的主要作用之一是(　　　)。

    A.控制管理计算机的软硬件资源   B.实现企业目标管理

    C.将源程序编译为目标程序   D.实现软硬件的转换

22.题 22 图是一张在 Excel 2010 中进行数据统计的工作表,该工作表的第一行图标 成绩 表示该文档应用了(　　　)功能。

    A.分类汇总   B.分页   C.排序   D.筛选

23.如题 22 图的工作表,可以隐藏部分行(列),通过此文档可以推算出最多有(　　　)个字段(列)。

    A.6   B.7   C.8   D.9

24.(　　　)不属于 TCP/IP 的四层体系结构。

    A.应用层   B.会话层   C.传输层   D.网络层

25.在一个局域网中,需要使用(　　　)对设备进行互连。

    A.路由器   B.交换机   C.网关   D.防火墙

26.下列域名中,表示政府机构的是(　　　)。

    A.www.cq.net.cn   B.www.cq.gov.cn   C.www.cq.ac.cn   D.www.cq.edu.cn

27.在科技充分发达的今天,世界上任何地方有大事发生,都会迅速传遍地球的任一角落,这说明信息具有(　　　)。

  A.传递性   B.时效性   C.真伪性   D.价值相对性

28.若是用电子邮件传递(　　　),需要在编写新邮件的界面中添加附件。

  A.汉字   B.英文字母   C.数字   D.文件

二、判断题(正确的打√,错误的打×,每小题 1.5 分,共 45 分)

1.I/O 接口位于总线与设备之间,所有的外部设备都是通过各自的接口电路连在计算机上。(　　　)

2.从逻辑磁盘根目录开始到指定文件所在目录的整个路径,称为相对路径。(　　　)

3.在 PowerPoint 演示文稿中,不能插入 Word 表格。(　　　)

4.计算机网络发展的关键阶段是体系结构的建立。(　　　)

5.网卡(网络适配器)是实现局域网/广域网通信的关键设备。它有固定的 MAC 地址(物理地址),不同网卡的 MAC 地址可以相同。(　　　)

6.对于负数来说,其原码、反码和补码的表示方法都是相同的。(　　　)

7.微机系统的总线由数据总线、地址总线和控制总线 3 个部分组成。(　　　)

8.在 Word 中,如果无意删除了某一段文本则只能重新录入。(　　　)

9.计算机与其他计算工作的本质区别是它能够存储程序和程序控制。(　　　)

10.点距是彩色显示器的一项重要技术指标,点距越小,可达到的分辨率就越高,画面就越清晰。(　　　)

11.操作系统是硬件的一级扩充,是计算机的核心控制软件。(　　　)

12.目前智能手机上的系统软件能通过 Wi-Fi 来进行升级。(　　　)

13.由于多媒体信息的数据量巨大,因此,多媒体信息的压缩与解压缩技术就成了解决存储、网络传输等领域中最为关键的技术。(　　　)

14.计算机处理的任何文件和数据存入磁盘后就能被 CPU 所使用。(　　　)

15.USB 接口是一种数据的高速传输接口。目前,移动硬盘、优盘、鼠标、扫描仪等设备均可通过 USB 接口进行连接。(　　　)

16.微机的运算速度通常是用单位时间内执行指令的条数来表示的。(　　　)

17.在开发软件的过程中,需求信息是由程序员给出的。(　　　)

18.只要安装了杀毒软件,以后就不会被病毒侵害。(　　　)

19.英文字符的标准 ASCII 编码是由 7 位二进制数组成的。(　　　)

20.在计算机系统中,一个字节等于 16 个二进制位。(　　　)

21.为了实现中西文兼容,区分汉字和 ASCII 码字符,汉字机内码的最高位为 1,而 ASCII 码的最高位为 0。(　　　)

22.一个完整的计算机系统应包括主机和应用程序。(　　　)

23.计算机软件系统中最靠近硬件层的是办公软件。(　　　)

24.操作系统有处理器管理、存储管理、设备管理、文件管理和作业管理等五大管理功能。(　　　)

25.TCP/IP 协议体系中,协议层有网络接口层、互联网层、表示层和应用层。　　（　　）

26.在计算机网络中,为网络提供共享资源的基本设备是路由器。　　（　　）

27.OSI 参考模型把开发系统的通信功能划分为 7 个层次,每一层的功能是独立的。它利用其下一层提供的服务并为其上一层提供服务,而与其他层的具体实现无关。　　（　　）

28.3FFE∷1245∷4562 表示 IPv6 的一个地址。　　（　　）

29.一幅数字图像由 M×N 列个取样点组成,每个取样点是数字图像的基本单位,称为像素。　　（　　）

30.根据国家有关知识产权保护的法律规定,非正版软件不得用于生产和商业目的。
　　（　　）

三、填空题（每小题 1 分,共 10 分）

1.在 Windows 中允许用户同时打开多个应用程序窗口,但任一时刻只有_____是活动窗口。

2.在 Windows 窗口中,如果想一次选定多个分散的文件或文件夹,应先按住_____键,再用鼠标单击逐个选取。

3.Internet 最基本的通信协议是_____协议。

4.二进制数的_____,与十六进制数的 32 相等。

5.已知大写字母"U"的 ASCII 码表示成十六进制数为 55H,则大写字母"Z"的 ASCII 码的十六进制数应为_____H。

6.在 Word 的页面视图文档中,复制文本使用的快捷键是 Ctrl + _____ 。

7.在数据库系统中,用二维表数据来表示实体及实体之间联系的数据模型为_____模型。

8.以地理范围将网络划分为_____、城域网和局域网。

9._____是指一种将内部网和公众访问网（如 Internet）分开的安全产品。实际上是一种隔离技术,它是提供信息安全服务,实现网络和信息安全的基础设施。

10.计算机病毒是指以危害系统为目的的特殊计算机_____。

参考文献

［1］吴宛萍,许小静,张青.Office 2010 高级应用［M］.西安:西安交通大学出版社,2016.

［2］刘杰,朱仁成.计算机应用基础实训指导［M］.西安:西安电子科技大学出版社,2013.

［3］余上,邓永生,郑殿君.计算机应用基础［M］.北京:人民邮电出版社,2014.

［4］任德齐,何婕.计算机文化基础［M］.2 版.重庆:重庆大学出版社,2015.

［5］李涛.Photoshop CS5 中文版案例教程［M］.北京:高等教育出版社,2012.

［6］梁广民,王隆杰.思科网络实验室 CCNP（路由技术）实验指南［M］.北京:电子工业出版社,2012.

［7］段利文,龚小勇.关系数据库与 SQL Server 2008［M］.2 版.北京:机械工业出版社,2013.

［8］张丽英.Dreamweaver 网页设计与应用［M］.北京:人民邮电出版社,2009.

［9］朱世波.边用边学 Office 办公应用［M］.北京:人民邮电出版社,2010.